# AMTLICHE LISTE DER SEESCHIFFE

mit

## UNTERSCHEIDUNGSSIGNALEN

der Bundesrepublik Deutschland

als

**Anhang**

zum Internationalen Signalbuch

Abgeschlossen am 1. März 1958

Herausgegeben vom Bundesminister für Verkehr
Bonn 1958

WALTER DE GRUYTER & CO · BERLIN W 35

Vormals G. J. Göschen'sche Verlagshandlung · J. Guttentag, Verlagsbuchhandlung
Georg Reimer · Karl J. Trübner · Veit & Comp.

1958

Archiv-Nr. 34 82 58

Satz: Walter de Gruyter & Co., Berlin W 35
Druck: Otto von Holten, Berlin W 35

# Vorwort

Die „Amtliche Liste der Seeschiffe mit Unterscheidungssignalen der Bundesrepublik Deutschland" ist ein Anhang zur amtlichen deutschen Ausgabe des am 1. Januar 1934 in Kraft getretenen „Internationalen Signalbuches 1931".

Die Unterscheidungssignale der Seeschiffe stimmen mit ihren Funkrufzeichen überein. Das erste oder die beiden ersten Zeichen bezeichnen die Nationalität der Schiffe. Die Bildung der Funkrufzeichen erfolgt nach Artikel 19, Abschnitt III, Ziffer 420 bis 445 der Vollzugsordnung für den Funkdienst (Ausgabe Atlantic City 1947). Die Unterscheidungssignale der deutschen Seeschiffe beginnen sämtlich mit dem Buchstaben D.

Auf Grund der Bestimmungen des am 1. Januar 1949 in Kraft getretenen Weltnachrichtenvertrages Atlantic City 1947 verfügt Deutschland, das bis dahin über alle Signalgruppen des Buchstabens D bestimmte, nur noch über die Signalgruppen DAAA bis DMZZ. Die übrigen Signalgruppen (DNAA bis DZZZ) sind anderen Staaten zugeteilt worden.

Auf die Gebrauchsanweisung des „Internationalen Signalbuches 1931" Band I, Nr. 30, 41 bis 43 und 135 sowie Band II Seite VII wird hingewiesen. Im übrigen gelten die einschlägigen Bestimmungen der Gebrauchsanweisung jedes der beiden Bände. Die Buchstaben I und J kommen nebeneinander vor, ferner kann in einem Signal die gleiche Flagge (Buchstabe) mehrmals vorkommen, so daß die Hilfsstander des „Internationalen Signalbuches 1931", Band I, Seite XXVII benutzt werden müssen (Gebrauchsanweisung „Internationales Signalbuch Band I, Nr. 79 bis 85").

Die amtliche Liste enthält zwei durch ein blaues Blatt getrennte Teile. Der erste Teil besteht aus sechs Abschnitten: a) die Kauffahrteischiffe der Bundesrepublik Deutschland, b) die Schiffe der Bundesmarine c) die Rettungsboote der Deutschen Gesellschaft zur Rettung Schiffbrüchiger, d) die Boote des Zollgrenzschutzes, e) die Bundes- und Länderfahrzeuge, f) die Feuerschiffe. Die Schiffe sind nach der Reihenfolge ihrer Unterscheidungssignale und die Feuerschiffe nach ihrer geographischen Lage von Ost nach West aufgeführt. Der zweite Teil enthält die Kauffahrteischiffe in alphabetischer Reihenfolge ihrer Namen. Der erste Teil dient also zur Feststellung eines bestimmten Schiffes nach seinem Unterscheidungssignal, der zweite zur Auffindung des Unterscheidungssignals eines Schiffes.

Das Unterscheidungssignal der mit Funk ausgerüsteten Kauffahrteischiffe und Feuerschiffe (eigene Sende- oder Empfangsanlage, Sprechfunkanlage) ist in Schrägschrift *(Kursiv)* gesetzt. Neben dem Namen der mit Wasserschallanlagen oder Funk ausgerüsteten Behördenfahrzeuge sind besondere Zeichen ihrer Bedeutung entsprechend aufgeführt. Die auf ihrer Position liegenden Feuerschiffe führen die für ihre geographische Lage in der geographischen Liste des „Internationalen Signalbuches" festgelegte Signalgruppe und außerdem das Funkrufzeichen der Feuerschiffstation. Beim Verlassen der Position führen die Feuerschiffe und die Reservefeuerschiffe ein ihnen besonders zugeteiltes Unterscheidungssignal.

Die Zuteilung der Unterscheidungssignale erfolgt durch die zuständigen Seeschiffsregisterbehörden. Jedem deutschen Kauffahrteischiff wird bei der Eintragung in das Seeschiffsregister das Unterscheidungssignal zugeteilt und in seinem Schiffszertifikat vermerkt. Solange das Schiff unter deutscher Flagge fährt, behält es das ihm einmal zugeteilte Unterscheidungssignal auch beim Wechsel seines Heimathafens, der Registerbehörde oder bei etwaiger Namensänderung.

Diese Liste wird bis auf weiteres jährlich und ein Nachtrag hierzu in der zweiten Jahreshälfte herausgegeben.

Für die Seeschiffe anderer Staaten, die das Internationale Signalbuch ebenfalls angenommen haben, sind ähnliche Listen vorhanden.

Bonn, im März 1958.

DABA — DACB

# TEIL I

## a) Die Kauffahrteischiffe

der

## Bundesrepublik Deutschland

**in der Reihenfolge der Unterscheidungssignale**

(Das Unterscheidungssignal der mit Funk ausgerüsteten Kauffahrteischiffe und Feuerschiffe ist in Schrägschrift [*Kursiv*] gesetzt. Das + hinter dem Schiffsnamen bedeutet, daß das Schiff als Voll- und Schutzdecker vermessen ist. Die Größenangaben beziehen sich auf die Vermessung als Volldecker.)

| Unterscheidungssignale | Namen der Schiffe | Heimathafen der Schiffe | Kubikmeter Nettoraumgehalt | Registertons Nettoraumgehalt | PS |
|---|---|---|---|---|---|
| *DABA* | Adeline | Leer | 250,1 | 88,28 | 130 |
| *DABB* | Adonis | Hamburg-Finkenwerder | 52,8 | 18,65 | 120 |
| *DABC* | Aachen | Bremerhaven | 405,0 | 142,90 | 600 |
| *DABD* | Anita Bolten | Hamburg | 2607,8 | 920,54 | 1700 |
| *DABE* | Alexander von Humboldt | Bremerhaven | 693,0 | 244,60 | 1000 |
| *DABF* | Bergeland | Hamburg | | | 11050 |
| *DABG* | Utgard | Hamburg | 2433,7 | 859,09 | 700 |
| *DABH* | Anhalt | Bremen-Vegesack | 258,0 | 91,08 | 150 |
| *DABI* | Estebrügge | Hamburg | 1021,8 | 360,52 | 500 |
| *DABJ* | Annelies | Hamburg-Finkenwerder | 75,9 | 26,78 | 180 |
| *DABK* | Antares | Bremerhaven | 437,3 | 154,00 | 850 |
| *DABL* | Antje | Hamburg-Finkenwerder | 66,1 | 23,32 | 180 |
| *DABM* | Maria Althoff | Hamburg | 1764,4 | 622,82 | 1000 |
| *DABN* | Alfred Theodor+ | Hamburg | 15978,7 | 5640,48 | 4000 |
| *DABO* | Auguste Levers | Hamburg | 1943,6 | 686,08 | 1100 |
| *DABP* | Balder | Glückstadt | 259,3 | 91,54 | 150 |
| *DABQ* | Bockenheim | Bremen | 4245,5 | 1498,66 | 800 |
| *DABR* | Hanseatic | Hamburg | | 14485 | 34000 |
| DABS | Beluga | Hamburg | 176,4 | 62,27 | 200 |
| *DABT* | Methan+ | Hamburg | 19999,5 | 7059,84 | 5340 |
| *DABU* | Berlin | Bremerhaven | 405,1 | 143,00 | 600 |
| *DABV* | Andreas Gayk | Bremerhaven | 562,6 | 198,62 | 800 |
| *DABW* | Lasbek+ | Hamburg | 6042,7 | 2133,09 | 2200 |
| *DABX* | Minna Schupp | Hamburg | 1843,1 | 650,63 | 725 |
| *DABY* | Ägäis | Hamburg | 744,8 | 262,90 | 300 |
| DABZ | Esso Schulau | Hamburg | 152,2 | 53,72 | 133 |
| *DACA* | Götaland | Hamburg | 628,6 | 221,90 | 800 |
| *DACB* | Brahe | Bremerhaven | 501,3 | 176,97 | 750 |

## DACC — DAFY

| Unterscheidungssignale | Namen der Schiffe | Heimathafen der Schiffe | Kubikmeter (Nettoraumgehalt) | Registertons (Nettoraumgehalt) | PS |
|---|---|---|---|---|---|
| *DACC* | Nordwind | Hamburg | 13373,7 | 4720,90 | 4200 |
| DACD | Sindbad X | Hamburg | 50,3 | 17,77 | 45 |
| *DACE* | Haveland+ | Hamburg | 14505,3 | 5120,38 | 9000 |
| DACF | Alsterdorf | Hamburg | 445,8 | 157,37 | 380 |
| *DACM* | C. P. Andersen | Hamburg | 431,1 | 152,17 | 600 |
| *DACQ* | Danzig | Hamburg | 182,8 | 64,38 | 2150 |
| *DACX* | Düsseldorf | Hamburg | 1811,1 | 639,33 | 900 |
| *DADB* | Ruhr | Hamburg | 4887,1 | 1725,13 | 1450 |
| *DADD* | Ellen | Hamburg-Finkenwerder | 60,2 | 21,24 | 120 |
| *DADE* | Emsgatt | Hamburg | 1895,1 | 668,99 | 500 |
| DADG | Ente | Hamburg | 71,3 | 25,16 | 240 |
| *DADI* | Peine | Cuxhaven | 545,7 | 192,63 | 800 |
| *DADM* | Ernst Schweckendieck | Emden | 229,4 | 80,99 | 150 |
| *DADN* | Essen | Emden | 356,4 | 125,79 | 500 |
| *DADO* | Hans-Peter | Itzehoe | 611,9 | 215,91 | 725 |
| *DADP* | Este | Hamburg | 563,5 | 198,92 | 750 |
| *DADQ* | Fairplay VII | Hamburg | 153,3 | 53,99 | 950 |
| *DADU* | Franz Schau | Bremerhaven | 403,7 | 142,49 | 600 |
| DADW | Franziska | Schulau | 54,0 | 19,06 | 180 |
| *DADX* | Pommern | Bremerhaven | 500,4 | 176,64 | 850 |
| *DADY* | Frauke | Leer | 279,8 | 98,42 | 250 |
| *DADZ* | Geeste | Bremerhaven | 487,0 | 171,80 | 750 |
| *DAEB* | Gebrüder Kähler | Bremerhaven | 604,9 | 213,54 | 800 |
| *DAED* | Gisela Oldendorff | Lübeck | 2307,0 | 814,39 | 800 |
| *DAEE* | Glückauf | Bremen | 1753,1 | 618,86 | 1300 |
| *DAEF* | Donau | Cuxhaven | 502,0 | 177,20 | 800 |
| *DAEG* | Goliath | Hamburg | 114,2 | 40,30 | 2×300 |
| *DAEH* | Gotland | Cuxhaven | 522,5 | 184,00 | 800 |
| *DAEI* | Greif | Lübeck | 954,5 | 336,98 | 450 |
| *DAEJ* | Großer Kurfürst | Emden | 265,6 | 93,75 | 500 |
| *DAEK* | Grönorth | Strande | 63,7 | 22,47 | 120 |
| *DAEL* | Gustav Borgner | Bremerhaven | 409,2 | 144,44 | 600 |
| *DAEO* | Hanna | Leer | 250,1 | 88,28 | 130 |
| *DAEQ* | Hannover | Bremen-Vegesack | 247,0 | 87,23 | 150 |
| *DAES* | Hans Böckler | Bremerhaven | 657,0 | 231,92 | 800 |
| *DAEV* | H. C. Nibbe | Hamburg-Finkenwerder | 54,7 | 19,30 | 150 |
| *DAEW* | Heidelberg | Lübeck | 1080,5 | 381,40 | 470 |
| *DAFE* | Heinrich Schulte | Emden | 291,3 | 102,56 | 500 |
| *DAFF* | Helene Russ | Hamburg | 1633,6 | 576,60 | 650 |
| *DAFK* | Heinrich Kaufmann | Bremerhaven | 660,5 | 233,14 | 800 |
| *DAFL* | Wolfsburg | Bremerhaven | 546,5 | 192,92 | 850 |
| *DAFP* | Harvestehude | Hamburg | 423,4 | 149,40 | 600 |
| *DAFQ* | Hinrich Wesselhöft | Bremerhaven | 544,3 | 192,15 | 800 |
| *DAFR* | H. M. Behrens | Bremerhaven | 541,5 | 191,15 | 800 |
| *DAFU* | Hörnum | Rendsburg | 2954,7 | 1043,02 | 800 |
| *DAFW* | Imsum | Bremen | 483,4 | 171,00 | 750 |
| *DAFY* | Ferdinand Vieth | Hamburg | 414,5 | 146,32 | 600 |

## DAGB — DAKK

| Unter-scheidungs-signale | Namen der Schiffe | Heimathafen | Kubik-meter Nettoraumgehalt | Register-tons | PS |
|---|---|---|---|---|---|
| *DAGB* | Jochen Homann | Bremerhaven | 698,4 | 246,52 | 1000 |
| *DAGF* | Julius Fock | Hamburg | 453,2 | 159,98 | 600 |
| *DAGG* | Julius Rütgers | Hamburg | 1256,3 | 443,49 | 475 |
| *DAGK* | Kassel | Cuxhaven | 524,3 | 185,08 | 750 |
| *DAGL* | Kehrwieder | Büsum | 30,8 | 10,86 | 150 |
| *DAGM* | Kolberg | Lübeck | 1085,1 | 383,03 | 500 |
| *DAGQ* | Leo Fürbringer | Emden | 259,7 | 91,68 | 245 |
| *DAGR* | Latona | Bremen | 1663,1 | 587,08 | 1020 |
| *DAGU* | Volksdorf | Hamburg | 1224,2 | 432,16 | 500 |
| *DAGV* | Lisa Essberger | Hamburg | 2249,4 | 794,05 | 280 |
| *DAGW* | Lofoten | Bremerhaven | 436,3 | 154,02 | 850 |
| *DAGX* | Lübbe Hartmann | Leer | 409,4 | 144,53 | 500 |
| *DAGZ* | Helga Wehr | Hamburg | 512,7 | 180,99 | 300 |
| *DAHB* | Lützow | Bremerhaven | 581,7 | 205,34 | 800 |
| *DAHC* | Hugo Heimke Schütt | Itzehoe | 852,7 | 301,00 | 750 |
| *DAHK* | Heidenheim | Cuxhaven | 510,1 | 180,06 | 850 |
| *DAHL* | Max Brauer | Hamburg | 414,4 | 146,29 | 600 |
| *DAHN* | Midlum | Bremen | 488,0 | 172,09 | 750 |
| *DAHO* | Minerva+ | Bremen | 5591,5 | 1973,78 | 3050 |
| *DAHQ* | Möwe | Hamburg | 190,0 | 67,07 | 750 |
| *DAHS* | Neptun | Brake | 25,8 | 9,12 | 100 |
| *DAHT* | Neptun | Hamburg | 483,0 | 170,50 | 800 |
| DAHW | Niedersachsen | Bremerhaven | 138,0 | 48,73 | 175 |
| *DAIC* | Norderney | Hamburg | 705,5 | 249,05 | 350 |
| *DAID* | Ulm | Cuxhaven | 675,1 | 231,97 | 850 |
| *DAIE* | Fanal | Kiel | 1773,8 | 626,14 | 720 |
| *DAIH* | Nordstern | Bremerhaven | 458,2 | 161,73 | 800 |
| *DAIJ* | Oberpräs. Delbrück | Hamburg | 1630,0 | 575,40 | 500 |
| *DAIK* | Oldenburg | Bremerhaven | 472,7 | 166,87 | 750 |
| *DAIL* | Orion | Emden | 233,7 | 82,48 | 150 |
| *DAIN* | Oskar Schulze | Bremerhaven | 410,1 | 144,86 | 600 |
| *DAIO* | Ostmark | Cuxhaven | 467,9 | 165,15 | 750 |
| *DAIQ* | Taucher Ottar Harmstorf I | Hamburg | 206,5 | 72,91 | 250 |
| *DAIS* | Taucher O. Wulf III. | Cuxhaven | 145,4 | 51,31 | 1320 |
| *DAIT* | Peter Schlack | Hamburg | 399,6 | 141,06 | 600 |
| *DAIV* | Pitea | Hamburg | 1514,0 | 534,44 | 600 |
| *DAJA* | Hessen | Emden | 274,3 | 96,83 | 2×150 |
| *DAJE* | Remscheid | Cuxhaven | 319,8 | 112,40 | 600 |
| *DAJG* | Rheinland | Bremen-Vegesack | 255,0 | 89,86 | 150 |
| *DAJK* | Rotersand | Bremerhaven | 589,1 | 207,95 | 750 |
| *DAJL* | Saarland | Bremen-Vegesack | 256,0 | 90,20 | 150 |
| *DAJW* | Senator | Hamburg | 1939,7 | 684,70 | 500 |
| *DAKA* | Skagerrak | Hamburg-Finkenwerder | 61,3 | 21,64 | 150 |
| *DAKB* | Skolpenbank | Bremerhaven | 436,7 | 154,02 | 800 |
| *DAKC* | Söderhamn | Hamburg | 2678,0 | 945,34 | 650 |
| *DAKJ* | Liesbeth | Burgstaaken | 18,2 | 6,43 | 46 |
| *DAKK* | Stettin | Emden | 297,1 | 104,86 | 200 |

## DAKL — DANO

| Unterscheidungssignale | Namen der Schiffe | Heimathafen der Schiffe | Kubikmeter (Nettoraumgehalt) | Registertons (Nettoraumgehalt) | PS |
|---|---|---|---|---|---|
| *DAKL* | Stillesee | Hamburg | 2162,0 | 763,18 | 700 |
| *DAKR* | Tannenberg | Emden | 454,2 | 160,82 | 800 |
| *DAKV* | Thees Bott | Hbg.-Finkenwerder | 59,8 | 21,13 | 120 |
| *DAKW* | Thor | Hamburg | 188,8 | 66,74 | 750 |
| DAKY | Thüringen | Bremen-Vegesack | 258,0 | 91,08 | 150 |
| *DALA* | Ursula | Hamburg | 431,1 | 152,17 | 600 |
| *DALC* | Victoria | Lübeck | 1194,3 | 421,60 | 500 |
| *DALE* | Vierlande | Hamburg | 546,7 | 193,00 | 850 |
| *DALF* | Vorwärts | Hamburg | 1114,4 | 393,38 | 2×500 |
| *DALG* | Venus | Bremerhaven | 412,3 | 145,53 | 600 |
| *DALH* | Wachtel | Bremen-Vegesack | 222,0 | 78,22 | 130 |
| *DALK* | Weser | Bremerhaven | 712,3 | 251,44 | 1000 |
| *DALO* | Westfalen | Bremen-Vegesack | 210,0 | 74,24 | 130 |
| *DALP* | Westpreußen | Bremerhaven | 525,0 | 185,00 | 750 |
| *DALR* | Widder | Bremen | 765,7* | 270,31* | 1070 |
| *DALT* | Wilma | Hbg-Finkenwerder | 58,7 | 20,71 | 180 |
| *DALY* | Zeus+ | Bremen | 5613,2 | 1981,45 | 3000 |
| *DAMA* | Agnes Engel | Hamburg-Finkenwerder | 52,1 | 18,41 | 150 |
| *DAMB* | Albert Pust | Bremerhaven | 403,0 | 142,50 | 600 |
| *DAMD* | Alte Liebe | Cuxhaven | 405,2 | 143,03 | 600 |
| *DAMF* | A. Kappelhoff | Emden | 261,8 | 92,42 | 150 |
| *DAMH* | Auguste Kämpf | Bremerhaven | 402,3 | 142,00 | 600 |
| *DAMI* | Bremerhaven | Bremerhaven | 405,0 | 142,90 | 600 |
| *DAMJ* | Carsten Janssen | Bremerhaven | 403,6 | 142,47 | 600 |
| *DAMM* | Cuxhaven | Cuxhaven | 405,2 | 143,02 | 600 |
| *DAMN* | Detmold | Cuxhaven | 405,2 | 143,02 | 600 |
| *DAMP* | Dradenau | Hamburg-Finkenwerder | 76,2 | 26,90 | 150 |
| *DAMQ* | Düsseldorf | Cuxhaven | 404,9 | 142,80 | 750 |
| *DAMR* | Eckernförde | Kiel | 401,9 | 141,90 | 600 |
| *DAMT* | Emma | Hamburg-Finkenwerder | 44,0 | 12,69 | 120 |
| *DAMU* | Ernst Gröschel | Bremerhaven | 403,7 | 142,50 | 600 |
| *DAMW* | Hans Bernstein | Hamburg | 3847,8 | 1358,28 | 1250 |
| *DAMX* | Gertrud | Leer | 249,1 | 87,92 | 200 |
| *DAMY* | Gonzenheim | Bremen | 6710,7 | 2368,87 | 1200 |
| *DANA* | Haga | Hamburg | 1636,2 | 577,58 | 650 |
| *DANC* | Hoffnung | Hamburg-Finkenwerder | 90,8 | 32,06 | 150 |
| *DANF* | Josef Bodden | Kiel | 401,9 | 141,89 | 600 |
| *DANG* | Karl Fock | Hamburg-Finkenwerder | 59,8 | 21,13 | 120 |
| *DANI* | Kiel | Kiel | 404,6 | 142,83 | 600 |
| *DANK* | Mannheim | Bremerhaven | 405,1 | 142,99 | 750 |
| *DANL* | Mollex IV | Hamburg | 59,2 | 20,89 | 150 |
| *DANM* | Hanne Henninga | Großefehn | 410,8 | 144,82 | 295 |
| *DANN* | München | Bremerhaven | 405,1 | 142,90 | 750 |
| *DANO* | Nesshuk | Hbg.-Finkenwerder | 72,5 | 25,59 | 180 |

* = Bruttoraumgehalt.

## DANP — DCAR

| Unterscheidungssignale | Namen der Schiffe | Heimathafen der Schiffe | Kubikmeter Nettoraumgehalt | Registertons Nettoraumgehalt | PS |
|---|---|---|---|---|---|
| *DANP* | Niedersachsen | Cuxhaven | 411,2 | 145,14 | 600 |
| *DANR* | Otto Bröhan | Hamburg | 424,3 | 149,78 | 600 |
| *DANS* | Rechtenfleth | Bremen | 268,0* | 94,59* | 1065 |
| *DANT* | Rosengarten | Hamburg-Finkenwerder | 62,9 | 22,20 | 120 |
| *DANW* | Schlutup | Kiel | 401,9 | 141,89 | 600 |
| *DANX* | Schwertfisch | Bremerhaven | 552,3 | 194,95 | 800 |
| *DANY* | Seeadler | Hamburg-Finkenwerder | 38,5 | 13,59 | 90 |
| *DAOA* | Sophie | Leer | 251,4 | 80,73 | 200 |
| *DAOB* | Stade | Cuxhaven | 405,2 | 143,04 | 600 |
| *DAOC* | Christiane Schulte | Hamburg | 3634,6 | 1283,01 | 1150 |
| DAOF | Dr. Eichelbaum | Emden | 259,7 | 91,60 | 250 |
| *DAOG* | Elbe | Emden | 271,8 | 95,94 | 150 |
| *DAOH* | Sparenburg | Emden | 257,2 | 90,80 | 180 |
| *DAOI* | Christel | Büsum | 57,5 | 20,30 | 180 |
| *DAOT* | Kurefjord | Bremen | 152,9 | 53,97 | 500 |
| *DAOU* | Franz Thiele | Emden | 258,4 | 91,21 | 200 |
| *DAOX* | Wilhelm Kaisen | Bremerhaven | 661,4 | 233,48 | 800 |
| *DAOY* | Göttingen | Cuxhaven | 672,8 | 237,50 | 750 |
| DAOZ | Bardenfleth | Bremen | 53,9 | 19,02 | 560 |
| *DAPA* | Eberhart Essberger | Hamburg | 947,6 | 334,50 | 325 |
| *DAPB* | Sylt | Hamburg | 953,8 | 336,71 | 450 |
| *DAPD* | Sperber | Bremen | 1035,8 | 365,68 | 900 |
| *DAPF* | Stella | Emden | 399,5 | 141,09 | 2×180 |
| *DAPH* | Lacklan | Hamburg | 14690,2 | 5185,66 | 2950 |
| *DAPI* | Frigga | Hamburg | 9571,4 | 3378,70 | 2000 |
| *DAPJ* | Hermod | Hamburg | 9176,0 | 3239,12 | 1500 |
| *DAPK* | Hermann Fritzen | Emden | 6761,8 | 2386,91 | 1600 |
| *DAPM* | Regulus | Bremerhaven | 60,3 | 21,28 | 150 |
| *DAPN* | Carl Wilkens | Hamburg | 418,3 | 147,67 | 600 |
| *DCAA* | Walter Behrens | Köln | 499,6 | 176,38 | 250 |
| *DCAB* | Sigrid | Köln | 496,4 | 175,24 | 250 |
| *DCAC* | Antha | Köln | 388,2 | 135,27 | 265 |
| *DCAD* | Wittekind | Köln | 377,0 | 133,08 | 265 |
| *DCAE* | Daniel Denker | Köln | 20,2 | 7,12 | 125 |
| *DCAF* | Edmund Halm | Köln | 1765,4 | 623,18 | 1200 |
| *DCAG* | Erika Hendrik Fisser | Köln | 1724,3 | 608,69 | 925 |
| DCAH | Adler | Köln | 415,7 | 146,76 | 500 |
| *DCAI* | Waldemar Peter+ | Köln | 4551,8 | 1606,61 | 2000 |
| *DCAJ* | Wilhelm Numssen | Köln | 846,0 | 298,64 | 500 |
| DCAK | Overstolz vom Rhein | Köln | 88,7 | 31,30 | 300 |
| DCAL | Wirbellay | Kaub | 484,0 | 171,00 | — |
| DCAM | Rauschelay | Kaub | 484,0 | 171,00 | — |
| DCAP | Scharhörn | Düsseldorf | 47,9 | 16,91 | 110 |
| DCAQ | Hermann Gunther | Duisburg | 139,3* | 49,16* | 200 |
| *DCAR* | Rhein | Duisburg-Ruhrort | 524,5 | 185,14 | 200 |

* = Bruttoraumgehalt.

## DCAS — DCCQ

| Unterscheidungssignale | Namen der Schiffe | Heimathafen der Schiffe | Kubikmeter (Nettoraumgehalt) | Registertons (Nettoraumgehalt) | PS |
|---|---|---|---|---|---|
| DCAS | Heimkehr | Duisburg | 272,8 | 96,29 | 250 |
| *DCAT* | Oberhausen | Duisburg-Ruhrort | 3233,0 | 1141,24 | 2400 |
| DCAU | Ruhr | Duisburg-Ruhrort | 419,5 | 148,10 | 250 |
| *DCAV* | Ruhrort+ | Duisburg-Ruhrort | 3309,4 | 1168,22 | 2400 |
| *DCAW* | Duisburg+ | Duisburg-Ruhrort | 3364,1 | 1187,54 | 2400 |
| *DCAX* | Tazacorte | Duisburg-Ruhrort | 4789,9 | 1690,84 | 3600 |
| DCAY | Helga | Düsseldorf | 28,7 | 10,14 | 125 |
| DCAZ | Norfa | Düsseldorf | 13,3 | 4,70 | 120 |
| *DCBA* | Homberg | Duisburg-Ruhrort | 3216,0 | 1135,25 | 2400 |
| DCBB | Franz | Duisburg | 298,4 | 105,35 | — |
| *DCBC* | Ute | Düsseldorf | 854,3 | 301,57 | 500 |
| DCBD | Mosel | Duisburg-Ruhrort | 452,3 | 159,74 | 300 |
| DCBE | Adele | Hamburg | 135,3 | 47,76 | 50 |
| DCBF | Adelgunde | Haren/Ems | 284,9 | 100,57 | 110 |
| DCBG | Adelheid | Haren/Ems | 285,6 | 100,80 | 75 |
| DCBH | Adelheid | Westrhauderfehn | 138,7 | 48,98 | 70 |
| *DCBI* | Erin Nübel | Emden | 1062,3 | 374,98 | 1250 |
| DCBJ | Adolf | Haren/Ems | 260,6 | 92,01 | 75 |
| DCBK | Albatross | Norddeich | 22,4 | 7,89 | 125 |
| *DCBL* | Tim. S. | Haren/Ems | 525,1 | 185,36 | 350 |
| DCBM | Alex | Haren/Ems | 281,6 | 99,40 | 120 |
| DCBN | Gerd Specht | Borkum | 227,3 | 80,22 | 50 |
| DCBO | Melior | Haren/Ems | 235,5 | 83,12 | 290 |
| DCBP | Helena Schepers | Haren/Ems | 343,8 | 121,37 | 150/180 |
| *DCBQ* | Altair | Emden | 226,1 | 79,81 | 250 |
| *DCBR* | Amalie | Leer | 271,3 | 95,77 | 130 |
| *DCBS* | Willem Mennen+ | Emden | 7396,1 | 2610,82 | 3000 |
| DCBT | Angela | Haren/Ems | 384,0 | 135,54 | 70 |
| DCBU | Angela | Haren/Ems | 203,6 | 71,88 | 125 |
| DCBV | Angela Elisa | Haren/Ems | 305,4 | 108,00 | 75 |
| DCBW | Angelina | Haren/Ems | 364,2 | 128,56 | 150 |
| DCBX | Nordmark | Norddeich | 13,6 | 4,81 | 90 |
| DCBY | Anna | Haren/Ems | 306,5 | 108,18 | 150 |
| DCBZ | Anna | Westrhauderfehn | 210,7 | 74,36 | 100 |
| *DCCB* | Timberto | Haren/Ems | | 225,00 | 295 |
| *DCCC* | Dora Fritzen | Emden | 18235,0 | 3436,96 | 7200 |
| *DCCE* | Anni Nübel+ | Emden | 3513,3 | 1240,18 | 1500 |
| DCCF | Anna | Leer | 265,0 | 93,48 | 130 |
| *DCCG* | Hödur | Emden | 8560,8 | 3021,98 | 3500 |
| DCCH | Hinerk | Haren/Ems | 426,6 | 150,60 | 300 |
| DCCI | Anna-Maria | Haren/Ems | 220,7 | 77,92 | 115 |
| DCCJ | Anna-Maria | Ditzum | 165,6 | 58,47 | 90/100 |
| DCCK | Anna Wilhelmine | Westrhauderfehn | 111,1 | 39,23 | 70 |
| *DCCL* | Rita | Haren/Ems | 299,9 | 105,86 | 200 |
| DCCM | Annele | Bensersiel | 117,3 | 41,41 | 50 |
| DCCN | Antine | Borkum | 73,9 | 26,09 | 75 |
| DCCO | Antje | Rorichmoor | 77,7 | 27,43 | 36 |
| DCCP | Anton | Haren/Ems | 258,4 | 91,22 | 120 |
| DCCQ | Ariadne | Borkum | 214,6 | 75,74 | 90 |

## DCCR — DCEM

| Unter-scheidungs-signale | Namen der Schiffe | Heimathafen der Schiffe | Kubik-meter Nettoraumgehalt | Register-tons Nettoraumgehalt | PS |
|---|---|---|---|---|---|
| DCCR | Frisia II | Emden | 572,6 | 202,12 | 600 |
| DCCS | Arktur | Westrhauderfehn | 132,7 | 46,85 | 70 |
| DCCT | Armin | Haren/Ems | 294,7 | 104,03 | 200 |
| DCCU | Arnold | Haren/Ems | 356,2 | 125,78 | 220 |
| DCCV | Maike Meyer-Gerhards | Borkum | 281,1 | 99,24 | 50 |
| DCCW | Peter Wessels | Emden | 405,0 | 142,98 | 600 |
| DCCX | Baltrum I | Baltrum | 213,5 | 75,37 | 2×125 |
| DCCY | Baltrum II | Baltrum | 68,5 | 24,19 | 100 |
| DCCZ | Käthe Wessels | Emden | 250,7* | 88,50* | 900 |
| DCDA | Barbara | Ditzum | 27,5 | 9,69 | 120 |
| DCDB | Maria-Lena | Haren/Ems | 260,2 | 91,85 | 100 |
| DCDC | Bernhard | Haren/Ems | 352,0 | 124,25 | 150 |
| DCDD | Bernhardus | Haren/Ems | 288,7 | 101,90 | 190 |
| DCDE | Heimat | Neuharlingersiel | 15,1 | 5,34 | 145 |
| DCDF | Hertha I | Norderney | 15,7 | 5,53 | 125 |
| DCDG | Brandaris | Langeoog | 359,7 | 126,96 | 135 |
| DCDH | Burkana | Emden | 83,4 | 29,43 | 50 |
| DCDI | G. M. Daneker | Emden | 385,5 | 136,07 | 600 |
| DCDJ | Capella | Bensersiel | 64,5 | 22,77 | 90 |
| DCDK | Capella | Bensersiel | 216,4 | 76,41 | 145 |
| *DCDL* | Ilse Fritzen+ | Emden | 10231,4 | 3611,67 | 8500 |
| *DCDM* | Carl Thiele | Emden | 285,4 | 100,74 | 390 |
| DCDN | Rudolph Wendt | Leer | 401,1 | 141,58 | 750 |
| *DCDO* | C. H. Metger | Emden | 285,4 | 100,74 | 390 |
| *DCDP* | Johann Schulte | Emden | 385,5 | 136,07 | 600 |
| DCDQ | Christina | Haren/Ems | 365,5 | 129,02 | 150 |
| *DCDR* | Jann Saathoff | Emden | 387,9 | 136,93 | 600 |
| DCDS | Concordia | Norddeich | 30,8 | 10,86 | 70 |
| DCDT | Adler | Leer | 119,7 | 42,26 | 60 |
| DCDU | Kondor | Norddeich | 15,1 | 5,31 | 50 |
| DCDV | Cornelia | Warsingsfehn | 263,9 | 93,17 | 95 |
| *DCDW* | Cornelia | Leer | 261,1 | 92,18 | 150 |
| DCDX | Pelikan | Greetsiel | 12,1 | 4,27 | 100 |
| DCDY | Cum Deo | Haren/Ems | 282,7 | 99,80 | 150 |
| DCDZ | Emsland | Düsseldorf | 22,3 | 7,86 | 395 |
| *DCEA* | Paul Rosenberg | Emden | 405,6 | 143,18 | 600 |
| DCEB | Consul Breuer | Emden | 401,1 | 141,58 | 750 |
| DCEC | Delphin | Norddeich | 35,8 | 12,63 | 90 |
| DCED | Dia Aubel | Emden | 279,4* | 98,63* | 300 |
| *DCEE* | Gerhard Elfring | Haren/Ems | 525,0 | 185,33 | 300 |
| *DCEF* | Th. Klingenberg | Emden | 387,9 | 136,93 | 600 |
| *DCEG* | Fritzen I | Emden | 71,6 | 25,28 | 850 |
| *DCEH* | Großer Bär | Emden | 101,3 | 35,76 | 1000 |
| DCEI | Jann Looden | Greetsiel | 16,4 | 5,80 | 80 |
| DCEJ | Pirola | Warsingsfehn | 447,9 | 158,10 | — |
| *DCEK* | Dorothea Siemering | Hamburg | 560,4 | 197,82 | 240 |
| DCEL | Dortmund | Emden | 260,2 | 91,85 | 150 |
| DCEM | Dr. Eichelbaum | Neuharlingersiel | 32,1 | 11,34 | 120 |

*** = Bruttoraumgehalt.**

## DCEN — DCGI

| Unter-scheidungs-signale | Namen der Schiffe | Heimathafen der Schiffe | Kubikmeter (Nettoraumgehalt) | Registertons (Nettoraumgehalt) | PS |
|---|---|---|---|---|---|
| *DCEN* | Henriette Wilhelmine Schulte | Emden | 19943,9 | 7040,20 | 5340 |
| DCEO | Ebenezer | Neuharlingersiel | 31,4 | 11,08 | 80 |
| DCEP | Herrentor | Emden | 445,3 | 157,20 | 310 |
| DCEQ | Jan Gerdes | Haren/Ems | 420,0 | 148,25 | 150 |
| *DCER* | Juist | Emden | 111,6 | 39,38 | 900 |
| DCES | Otto Bolte | Emden | 405,6 | 143,18 | 600 |
| DCET | Hermann Kiepa | Haren/Ems | 404,6 | 142,83 | 230 |
| DCEU | Elisabeth | Haren/Ems | 243,7 | 86,03 | 110 |
| DCEV | Elisabeth | Potshausen | 287,6 | 101,53 | 120 |
| DCEW | Elisabeth | Greetsiel | 164,2 | 57,95 | 90 |
| *DCEX* | Carola Schulte | Emden | 9533,7 | 3365,40 | 4100 |
| DCEY | Elise | Haren/Ems | 308,9 | 109,05 | 150 |
| DCEZ | Ledingerland | Leer | 370,9 | 130,92 | 100 |
| *DCFA* | Gertrud Fritzen | Emden | 10637,6 | 3755,08 | 10000 |
| DCFB | Elli Schaa | Leer | 208,8 | 73,70 | 75/90 |
| DCFC | Else | Haren/Ems | 233,8 | 82,53 | 70 |
| DCFD | Else | Emden | 244,1 | 86,17 | 125 |
| DCFE | Elternsegen | Haren/Ems | 234,8 | 82,89 | 165 |
| DCFF | Christian I | Koppeln/Schlei | 188,1 | 66,40 | 150 |
| DCFG | Ems | Duisburg-Ruhrort | 279,3 | 98,59 | 150 |
| DCFH | Ems | Varelerhafen | 82,9 | 29,28 | 36 |
| *DCFI* | Gesche Rohden | Emden | 492,5 | 173,85 | 405 |
| DCFJ | Blinkfüer | Emden | 105,7 | 37,31 | 150 |
| DCFK | Norderney | Emden | 111,6 | 39,38 | 750 |
| DCFL | Emsstrom | Haren/Ems | 237,5 | 83,82 | 120 |
| DCFM | Engelbert | Haren/Ems | 282,9 | 99,88 | 95/125 |
| DCFN | Eos | Haren/Ems | 317,4 | 112,06 | 125 |
| DCFO | Aurich | Emden | 448,1 | 158,17 | 300 |
| DCFP | Erna | Warsingsfehn | 269,0 | 94,94 | 112 |
| *DCFQ* | Helena | Haren/Ems | 553,9 | 195,53 | 295 |
| DCFR | Exelsior | Holte | 134,6 | 47,50 | 55 |
| DCFS | Schwimmkran II | Leer | 263,2 | 92,90 | — |
| DCFT | Mars | Warsingsfehn | 268,6 | 94,81 | 80 |
| *DCFU* | Elisabeth Schulte + | Emden | 4307,3 | 1520,46 | 2250 |
| DCFV | Flott | Greetsiel | 237,4 | 83,80 | 100 |
| DCFW | Dele | Haren/Ems | 532,3 | 187,91 | 340 |
| DCFX | Santa Maria | Haren/Ems | | 173,00 | 300 |
| DCFY | Fortuna | Warsingsfehn | 208,9 | 73,74 | 85 |
| DCFZ | Fortuna | Rhaudermoor | 382,1 | 134,90 | 280 |
| DCGA | Fortuna | Hamburg | 124,5 | 43,96 | 80 |
| DCGB | Edith I | Spetzerfehn | 247,7 | 87,43 | 80 |
| DCGC | Fortuna I | Spiekeroog | 64,9 | 22,92 | 50 |
| DCGD | Franziska | Haren/Ems | 236,5 | 83,48 | 100 |
| *DCGE* | Bina | Haren/Ems | 424,7 | 149,91 | 200 |
| DCGF | Frauke | Warsingsfehn | 194,2 | 68,54 | 50 |
| DCGG | Variatie | Neermoor | 269,4 | 95,10 | 70 |
| *DCGH* | Adelheid Sibum | Emden | 683,1 | 241,15 | 299 |
| DCGI | Aquamarin | Emden | 109,8 | 38,77 | 80 |

## DCGJ — DCIG

| Unter-scheidungs-signale | Namen der Schiffe | Heimathafen | Kubik-meter Nettoraumgehalt | Register-tons | PS |
|---|---|---|---|---|---|
| DCGJ | Marie | Haren/Ems | 380,9 | 134,47 | 190 |
| DCGK | Frisia I | Norderney | 589,3 | 208,01 | 600 |
| DCGL | Frisia XVI | Norderney | 61,3 | 21,62 | 75 |
| DCGM | Frisia III | Norderney | 253,1 | 89,33 | 450 |
| DCGN | Frisia V | Norderney | 100,6 | 35,52 | 100 |
| DCGO | Frisia VI | Norderney | 152,5 | 53,83 | 150 |
| DCGP | Frisia VII | Norderney | 82,1 | 28,98 | 75 |
| DCGQ | Frisia IX | Norderney | 388,7 | 137,20 | 250 |
| DCGR | Frisia X | Norderney | 385,3 | 136,00 | 350 |
| DCGS | Langeoog I | Langeoog | 137,8 | 48,64 | 125 |
| DCGT | Frisia XIV | Norderney | 134,1 | 47,63 | 90 |
| DCGU | Frisia XV | Norderney | 266,1 | 93,94 | 260 |
| DCGV | Fünf Gebrüder | Ditzum | 32,0 | 11,30 | 140 |
| DCGW | Gebrüder | Neuharlingersiel | 13,0 | 4,58 | 20 |
| *DCGX* | Leerort | Emden | 1494,8 | 527,66 | 580 |
| DCGY | Geen Tied | Greetsiel | 16,8 | 5,94 | 75 |
| DCGZ | Geeske | Bensersiel | 78,9 | 27,84 | 50 |
| *DCHA* | Bürgermeister Diekmann | Emden | 416,6 | 147,05 | 750 |
| DCHB | Gerda | Westrhauderfehn | 138,5 | 49,81 | 93 |
| DCHC | Gerhard | Haren/Ems | 405,5 | 143,13 | 180 |
| DCHD | Gerhardine | Borkum | 82,1 | 28,98 | 75 |
| DCHE | Germania | Warsingsfehn | 132,6 | 46,81 | 70 |
| DCHF | Gertrud | Haren/Ems | 275,8 | 97,36 | 180 |
| DCHG | Geschwisterliebe | Haren/Ems | 311,9 | 110,09 | 150 |
| DCHH | Gesina | Haren/Ems | 303,3 | 107,06 | 90 |
| DCHI | Gesine | Ostgroßefehn | 197,4 | 69,68 | 36 |
| *DCHJ* | Atlantis | Norderney | 309,8 | 109,36 | 600 |
| DCHK | Hanna | Norderney | 60,2 | 21,23 | 50 |
| DCHL | Gesine | Leer | 261,1 | 92,18 | 150 |
| DCHM | Osterems | Greetsiel | 16,4 | 5,80 | 120 |
| DCHN | G. F. Zimmermann | Emden | 290,1 | 102,42 | 390 |
| DCHO | Glückauf | Haren/Ems | 290,1 | 102,42 | 100 |
| *DCHQ* | Heinrich Lutter | Emden | 405,6 | 143,18 | 600 |
| *DCHR* | Herm Kiepe | Haren/Ems | 508,6 | 179,52 | 300 |
| DCHS | Gott mit uns | Haren/Ems | 385,2 | 135,98 | 110 |
| *DCHT* | Herman Akkermann | Borkum | 50,3 | 17,74 | 120 |
| DCHU | Thea | Warsingsfehn | 61,6 | 28,80 | 36 |
| DCHV | Hanne | Spetzerfehn | 174,2 | 61,51 | 75 |
| *DCHW* | Emil Fox | Emden | 416,6 | 147,05 | 750 |
| DCHX | Hans | Haren/Ems | 300,1 | 105,94 | 150 |
| DCHY | Hansgrete | Hamburg | 114,3 | 40,35 | 70 |
| DCHZ | Albrecht Geerds | Emden | 250,7* | 88,50* | 750 |
| DCIB | Hayo | Leer | 294,8 | 104,05 | 150 |
| DCIC | Heimat | Haren/Ems | 296,8 | 104,77 | 50 |
| DCID | Heimkehr | Emden | 216,4 | 76,38 | 150 |
| DCIE | Heinrich Brons | Emden | 263,5 | 93,00 | 245 |
| DCIF | Heinrich Elfring | Haren/Ems | 231,2 | 81,62 | 100 |
| DCIG | Lux | Emden | 316,8 | 111,82 | 330 |

* = Bruttoraumgehalt.

## DCIH — DCLA

| Unter-scheidungs-signale | Namen der Schiffe | Heimathafen | Kubikmeter (Nettoraumgehalt) | Registertons (Nettoraumgehalt) | PS |
|---|---|---|---|---|---|
| DCIH | Heinz | Haren/Ems | 295,3 | 104,24 | 70 |
| DCII | Etta | Norddeich | 15,2 | 5,37 | 150 |
| DCIJ | Helene II | Haren/Ems | 174,9 | 61,74 | 75 |
| *DCIK* | Carl Fritzen+ | Emden | 14871,0 | 5249,47 | 5700 |
| *DCIL* | Helgoland | Emden | 117,5 | 41,47 | 500 |
| DCIM | Henny | Warsingsfehn | 252,9 | 89,27 | 120 |
| *DCIN* | Jakob Ekkenga | Emden | 891,4 | 314,67 | 500 |
| *DCIO* | Herm | Haren/Ems | 279,1 | 98,52 | 200 |
| DCIP | Hermangela | Haren/Ems | 296,5 | 104,66 | 110 |
| DCIQ | Hermine | Haren/Ems | 315,5 | 111,58 | 105 |
| *DCIR* | Hermine | Leer | 263,6 | 93,05 | 100 |
| DCIS | Ingo | Papenburg | 337,2 | 83,72 | 75/90 |
| DCIT | Hertha Johanne | Rhaudermoor | 592,5 | 209,16 | 150 |
| DCIU | Jakob Emmius Rass | Norderney | 15,0 | 5,29 | 125 |
| DCIV | Hilde | Leer | 236,4 | 83,46 | 245 |
| *DCIW* | Gerhard Ekkenga | Emden | 405,6 | 143,18 | 600 |
| *DCIX* | Maria Anna Schulte | Emden | 3458,7 | 1219,15 | 1600 |
| DCIY | Bernd Boll | Haren/Ems | | 140 | 200 |
| DCIZ | Hinderk Looden | Greetsiel | 15,3 | 5,39 | 50 |
| DCJA | Unitas | Leer | 555,7 | 196,17 | 310 |
| DCJB | Hoffnung | Rhaudermoor | 293,4 | 103,57 | 90 |
| *DCJC* | Siebenbürgen | Leer | 850,6 | 300,26 | 390 |
| DCJD | Erika | Norddeich | 15,7 | 5,53 | 116 |
| *DCJE* | Martina | Haren/Ems | 339,8 | 119,94 | 195 |
| DCJF | Unitas-S | Haren/Ems | 517,2 | 182,58 | 195 |
| DCJG | Iduna | Haren/Ems | 248,6 | 87,75 | 120 |
| DCJH | Alexander | Haren/Ems | | 164,00 | 195 |
| DCJI | Wega | Greetsiel | 16,1 | 5,68 | 120 |
| DCJJ | Immanuel | Holterfehn | 206,2 | 72,79 | 75 |
| DCJK | Insulaner | Norderney | 102,2 | 36,07 | 36 |
| DCJN | Jantje | Borkum | 67,4 | 23,78 | 35 |
| DCJP | Johann Hermann | Haren/Ems | 307,3 | 108,49 | 150 |
| *DCJQ* | Johann Wessels | Emden | 149,2 | 52,60 | 650 |
| *DCJR* | Johann Wessels | Emden | 296,4 | 104,64 | 390 |
| DCJS | Johanna | Warsingsfehn | 136,4 | 48,15 | 25 |
| DCJV | Johanne | Haren/Ems | 254,3 | 89,92 | 95 |
| DCJZ | Johannes | Haren/Ems | 232,0 | 81,91 | 90 |
| DCKA | Johannes | Norddeich | 21,5 | 7,59 | 150 |
| *DCKB* | Jop | Haren/Ems | 502,3 | 177,32 | 300 |
| DCKF | Jupiter | Warsingsfehn | 226,3 | 79,89 | 110 |
| DCKG | Jupiter | Petkum | 107,3 | 37,88 | 70 |
| DCKK | Katharina | Haren/Ems | 376,9 | 133,04 | 75 |
| DCKL | Katharina Elisabeth | Juist | 127,9 | 45,16 | 50 |
| DCKN | Kehrewieder | Ihlowerfehn | 149,3 | 52,71 | 75 |
| DCKT | Klara Katharina | Greetsiel | 266,3 | 94,01 | 120 |
| DCKV | Konkordia | Haren/Ems | 301,2 | 106,34 | 100 |
| DCKW | Jogela | Haren/Ems | 514,0 | 181,44 | 200 |
| DCKZ | Langeoog II | Emden | 55,1 | 19,44 | 90 |
| DCLA | Langeoog IV | Langeoog | 192,0 | 67,77 | 220 |

## DCLB — DCOQ

| Unterscheidungssignale | Namen der Schiffe | Heimathafen der Schiffe | Kubikmeter Nettoraumgehalt | Registertons Nettoraumgehalt | PS |
|---|---|---|---|---|---|
| DCLB | Caroline | Langeoog | 151,3 | 53,41 | 50 |
| DCLC | Laurenz | Haren/Ems | 245,1 | 86,53 | 100 |
| DCLD | Lauria | Haren/Ems | 224,5 | 79,25 | 90 |
| DCLH | Lena | Haren/Ems | 230,1 | 81,22 | 100 |
| DCLJ | Lena Katharina | Haren/Ems | 290,4 | 102,50 | 100 |
| DCLK | Lene | Leer | 207,4 | 73,22 | 90 |
| DCLL | Liberté | Greetsiel | 66,6 | 23,52 | 56/60 |
| DCLM | Liesbeth | Haren/Ems | 298,8 | 105,47 | 70/75 |
| DCLN | Liesbeth-Grete | Haren/Ems | 306,3 | 108,12 | 70 |
| DCLO | Lilie | Norden | 242,4 | 85,56 | 50 |
| DCLP | Lina | Elisabethfehn | 40,8 | 14,39 | 12 |
| DCLQ | Liny | Greetsiel | 66,7 | 23,55 | 42 |
| DCLR | Lübbert | Haren/Ems | 358,5 | 126,55 | 150 |
| DCLU | Margaretha | Haren/Ems | 277,3 | 97,88 | 120 |
| DCLW | Maria | Haren/Ems | 291,6 | 102,94 | 120 |
| DCLX | Maria | Haren/Ems | 255,7 | 90,25 | 90 |
| DCLY | Maria Christina | Haren/Ems | 288,5 | 101,83 | 70 |
| DCLZ | Maria Elfring | Haren/Ems | 198,4 | 70,22 | 110 |
| DCMA | Maria Elise | Haren/Ems | 282,4 | 99,68 | 110 |
| DCMB | Maria Gebina | Haren/Ems | 214,7 | 75,80 | 75 |
| DCME | Marie | Leer | 258,0 | 91,06 | 130 |
| DCMF | Borkum | Emden | 258,7* | 91,33* | 375 |
| DCMG | Marie-Hermine-Elise | Ditzum | 146,5 | 51,73 | 50 |
| DCMH | Mar.BR. Schlichting | Norddeich | 30,8 | 10,86 | 95 |
| DCMI | Martha | Bensersiel | 264,8 | 93,48 | 130 |
| DCML | Mein Glück | Greetsiel | 16,6 | 5,85 | 75 |
| DCMQ | Meteor | Bensersiel | 76,7 | 27,06 | 50 |
| DCMS | Minchen | Haren/Ems | 241,5 | 85,26 | 120 |
| *DCMT* | Min.-Dir. Streil | Emden | 346,9 | 122,45 | 390 |
| DCMY | Möwe | Haren/Ems | 276,3 | 97,53 | 120 |
| DCNB | Münster | Emden | 264,1 | 93,24 | 100 |
| DCNC | Mutterliebe | Haren/Ems | 246,4 | 86,98 | 150 |
| DCND | Muttersegen | Haren/Ems | 293,5 | 103,61 | 235 |
| DCNG | Norden | Varelerhafen | 55,9 | 19,72 | 50 |
| DCNI | Norderney | Emden | 154,7* | 54,61* | 185 |
| DCNN | Nordstern | Warsingsfehn | 56,6 | 19,98 | 15 |
| DCNT | Odin | Haren/Ems | 299,4 | 105,68 | 215 |
| DCNU | Orion | Westrhauderfehn | 331,7 | 117,09 | 105 |
| DCNV | Osterems | Borkum | 25,6 | 8,84 | 75 |
| DCNW | Ostfriesland | Juist | 59,4 | 20,96 | 30 |
| DCNZ | Ottina | Haren/Ems | 255,4 | 90,17 | 200 |
| DCOA | Paula | Haren/Ems | 292,6 | 103,04 | 120 |
| DCOC | Perle | Carolinensiel | 72,4 | 25,56 | 50 |
| *DCOH* | Prinz Homburg | Emden | 265,0 | 93,53 | 240 |
| DCOJ | Quo Vadis | Haren/Ems | 296,0 | 104,50 | 120 |
| DCOL | Regina | Haren/Ems | 255,7 | 90,26 | 180 |
| DCOO | Reimar | Haren/Ems | 293,3 | 103,51 | 120 |
| DCOP | Reinhard | Haren/Ems | 266,8 | 94,17 | 75 |
| DCOQ | Reinhold | Haren/Ems | 294,5 | 103,97 | 75 |

* = Bruttoraumgehalt.

## DCOR — DCSP

| Unterscheidungssignale | Namen der Schiffe | Heimathafen der Schiffe | Kubikmeter Nettoraumgehalt | Registertons Nettoraumgehalt | PS |
|---|---|---|---|---|---|
| DCOR | Resi | Norderney | 180,7 | 63,77 | 100 |
| DCOS | Res Nova | Haren/Ems | 247,1 | 87,23 | 180 |
| *DCOT* | Rheinland | Emden | 754,2 | 266,22 | 800 |
| DCOU | Ria | Haren/Ems | 242,3 | 85,55 | 150 |
| DCOW | Rudolf | Haren/Ems | 362,1 | 127,83 | 225 |
| DCOY | Salva Nos | Haren/Ems | 242,6 | 85,65 | 145 |
| DCOZ | Schwalbe | Wyk/Föhr | 123,8 | 43,69 | 150 |
| DCPF | Seeadler | Emden | 86,7 | 30,60 | 108 |
| *DCPG* | Wangerooge | Emden | 110,6 | 39,04 | 500 |
| DCPK | Seehund | Papenburg | 150,5 | 53,12 | 100 |
| DCPM | Seelust | Spiekeroog | 59,9 | 21,13 | 75 |
| DCPR | Sirius | Westrhauderfehn | 95,1 | 33,50 | 50 |
| DCPU | Spes Mea | Haren/Ems | 248,8 | 87,82 | 180 |
| DCPW | Spiekeroog | Spiekeroog | 70,7 | 24,97 | 110 |
| DCPX | St. Joseph | Haren/Ems | 383,8 | 135,31 | 150 |
| DCPY | St. Nikolaus | Haren/Ems | 290,9 | 102,69 | 75 |
| DCPZ | Steffi | Haren/Ems | 307,0 | 108,35 | 190 |
| DCQA | Stephan | Haren/Ems | 256,7 | 90,60 | 125 |
| DCQB | Störtebecker | Borkum | 21,9 | 7,73 | 32 |
| DCQD | Susanna-Maria | Haren/Ems | 216,4 | 76,38 | 70 |
| DCQE | Taucher Picksack | Oldersum | 10,1 | 3,56 | 75 |
| DCQF | Tempo | Haren/Ems | 201,6 | 71,17 | 90/110 |
| DCQH | Stölkenhörn | Hamburg | 238,1 | 84,04 | 120 |
| DCQJ | Thekla Helene | Haren/Ems | 217,4 | 76,73 | 75 |
| DCQK | Theo-Grete | Haren/Ems | 218,3 | 98,94 | 110 |
| *DCQL* | Tim | Haren/Ems | 268,6 | 94,82 | 150 |
| DCQM | Tini | Emden | 139,1 | 49,11 | 75 |
| DCQN | Tjeda | Emden | 41,2 | 14,56 | 36/40 |
| DCQP | Trientje | Iheringsfehn | 83,7 | 29,53 | 35 |
| DCQS | Ursula | Emden | 218,2 | 77,01 | 100 |
| DCQU | Hoffnung E | Warsingsfehn | 103,2 | 36,42 | 50 |
| DCQY | Vertrauen | Warsingsfehn | 158,7 | 56,03 | 50 |
| DCRA | Vier Gebrüder | Warsingsfehn | 60,1 | 21,22 | 25 |
| DCRB | Vier Gebrüder | Carolinensiel | 47,3 | 16,71 | 75 |
| DCRC | Victoria | Emden | 218,2 | 77,01 | 120/180 |
| DCRG | Vorwärts | Neuharlingersiel | 31,2 | 11,02 | 90 |
| DCRI | Vorwärts | Rhaudermoor | 313,8 | 110,75 | 77 |
| DCRN | Westerems | Borkum | 25,0 | 8,84 | 75 |
| DCRP | Wiking | Greetsiel | 13,0 | 4,58 | 75 |
| DCRQ | Liese-Lore | Haren/Ems | 472,1 | 166,66 | 150 |
| DCRS | Wilhelmine | Warsingsfehn | 268,8 | 94,88 | 120 |
| DCRT | Wilhelmine | Westrhauderfehn | 49,1 | 17,34 | 36 |
| DCRW | Wilma | Haren/Ems | 304,4 | 107,45 | 180 |
| DCSA | Zwei Gebrüder | Warsingsfehn | 166,8 | 58,88 | 70 |
| DCSD | Baltic | Haren/Ems | 423,4 | 149,47 | 150 |
| *DCSH* | Konsul Schulte | Emden | 7912,4 | 2793,09 | 1900 |
| DCSJ | Petschili | Emden | 384,2 | 135,62 | 396 |
| DCSL | Langeoog VI | Langeoog | 50,4 | 17,81 | 30 |
| DCSP | Carl Dantziger | Emden | 263,9* | 93,27* | 430 |

* = Bruttoraumgehalt.

| DCSS — DCVU | | | | | |
|---|---|---|---|---|---|
| Unter-scheidungs-signale | Namen der Schiffe | Heimathafen der Schiffe | Kubikmeter (Nettoraumgehalt) | Registertons (Nettoraumgehalt) | PS |
| DCSS | Mellum | Emden | 94,4 | 33,32 | 375 |
| DCSU | Almina | Großefehn | 93,4 | 33,14 | 50 |
| DCTC | Helgoland | Düsseldorf | 166,5* | 84,77* | 220 |
| DCTH | Käthe | Haren/Ems | 221,0 | 78,02 | 50 |
| DCTI | Heimkehr | Cuxhaven | 91,6 | 32,33 | 70 |
| DCTJ | Robbe | Norden | 172,9 | 61,03 | 40 |
| DCTL | Heimat | Norderney | 20,5 | 7,22 | |
| DCTO | E. S. I. 1 | Neuharlingersiel | 123,5 | 43,61 | — |
| DCTP | E. S. I. 2 | Neuharlingersiel | 124,1 | 43,80 | — |
| DCTQ | E. S. I. 3 | Neuharlingersiel | 144,7 | 51,07 | — |
| DCTR | Hermann | Emden | 143,9* | 50,78* | 395 |
| *DCTU* | Hendrik Fisser+ | Emden | 3997,7 | 1411,20 | 1250 |
| DCTW | Pionier II | Emden | 219,1 | 77,34 | — |
| DCTX | Vineta | Norderney | 24,5 | 8,65 | 60 |
| DCUA | Edith | Papenburg | 184,4 | 65,09 | 50 |
| DCUC | Otto Schepers | Haren/Ems | 516,8 | 182,44 | 150 |
| DCUD | Dorothea | Duisburg-Ruhrort | 163,3* | 57,66* | 245 |
| DCUE | Ems IV | Leer | 192,4* | 67,91* | 225 |
| *DCUG* | Johann Schulte | Emden | 9814,5 | 3464,53 | 2750 |
| DCUJ | Bernhard | Haren/Ems | 270,3 | 95,43 | 75 |
| *DCUL* | St. Antonius | Haren/Ems | 527,4 | 186,18 | 250 |
| *DCUM* | Rudolf Schepers | Haren/Ems | 502,6 | 177,41 | 250 |
| *DCUN* | Eliza Nübel | Emden | 8808,7 | 3109,46 | 2000 |
| *DCUO* | Hermann | Haren/Ems | 494,0 | 174,38 | 250 |
| *DCUP* | Jacobus Fritzen+ | Emden | 3902,6 | 1377,60 | 1250 |
| *DCUR* | Karl | Haren/Ems | 318,4 | 112,41 | 250 |
| *DCUS* | Otto | Haren/Ems | 522,8 | 184,55 | 250 |
| *DCUU* | Franz | Haren/Ems | 273,2 | 96,44 | 250 |
| *DCUW* | Heinrich Schulte | Emden | 4443,4 | 1568,51 | 1250 |
| *DCUX* | Katharina Dorothea Fritzen | Emden | 10660,2 | 3763,06 | 2200 |
| DCUY | Ditzum-Petkum | Ditzum | 39,2 | 13,85 | 100 |
| DCUZ | Martha | Emden | 416,1 | 146,87 | 180 |
| *DCVA* | Rolf | Haren/Ems | 273,2 | 96,44 | 250 |
| *DCVB* | Wilhelm Nübel | Emden | 4385,2 | 1547,98 | 1250 |
| *DCVC* | Christel | Haren/Ems | 522,8 | 184,55 | 250 |
| *DCVD* | La Paloma | Brake | 442,5 | 156,21 | 250 |
| DCVF | Gent Visser | Norderney | 59,7 | 21,09 | 130 |
| DCVG | Lippe | Emden | 23,9 | 8,44 | 250 |
| *DCVJ* | Justizrat Clasen | Leer | 431,1 | 152,34 | 860 |
| *DCVL* | Jakob Ekkenga | Emden | 425,1 | 150,05 | 680 |
| *DCVN* | Westfalen | Emden | 399,2 | 140,91 | 520 |
| *DCVO* | Henriette Schulte | Hamburg | 9251,9 | 3265,92 | 4000 |
| *DCVP* | Hermann Litmeyer | Haren/Ems | 389,1 | 137,36 | 300 |
| *DCVQ* | Ostfriesland | Leer | 801,1 | 282,79 | 250 |
| *DCVR* | Stadt Leer | Leer | 766,1 | 270,43 | 360 |
| *DCVS* | Reimar Edzard Fritzen | Emden | 9268,1 | 3271,64 | 4000 |
| *DCVU* | Carl Fisser | Emden | 9268,1 | 3271,64 | 4000 |

* = Bruttoraumgehalt.

## DCVV — DDDM

| Unterscheidungssignale | Namen der Schiffe | Heimathafen der Schiffe | Kubikmeter Nettoraumgehalt | Registertons Nettoraumgehalt | PS |
|---|---|---|---|---|---|
| *DCVV* | Auguste Schulte | Hamburg | 989,1 | 349,15 | 925 |
| *DCVW* | Anni Schaa | Leer | 697,8 | 246,16 | 250 |
| DCVX | Annegret I | Haren/Ems | 360,5 | 127,26 | 200 |
| *DCVZ* | Odin | Emden | 8630,4 | 3046,54 | 3200 |
| *DCWA* | Maria Schulte | Hamburg | 982,7 | 346,88 | 925 |
| DCWC | Franz | Emden | 487,1 | 171,96 | — |
| *DCWD* | Berni Nübel | Emden | 978,2 | 345,31 | 925 |
| *DCWE* | Herta Engeline Fritzen | Emden | 9161,9 | 3234,16 | 3500 |
| *DCWF* | Alwin Klein | Emden | 858,0 | 302,88 | 415 |
| *DCWI* | Franciska Hendrik Fisser | Emden | 9194,9 | 3245,80 | 4000 |
| *DCWJ* | Kondor | Haren/Ems | 397,8 | 140,43 | 300 |
| DCWK | Conrad | Haren/Ems | 512,1 | 180,76 | 300 |
| *DCWL* | Erika Fritzen | Emden | 10409,1 | 3674,41 | 2300 |
| DCWM | Alwine | Norderney | 17,1 | 6,03 | 75 |
| *DCWO* | Elisabeth Hendrik Fisser | Emden | 1845,2 | 651,36 | 1250 |
| *DCWP* | Leonore | Leer | 567,9 | 200,46 | 295 |
| *DCWQ* | Frisia IV | Norderney | 521,7 | 184,15 | 600 |
| *DCWS* | Otto Nübel | Emden | 1062,6 | 375,10 | 1250 |
| *DCWT* | Jan | Haren/Ems | 380,9 | 134,47 | 300 |
| DCWU | Angela Schepers | Haren/Ems | 332,3 | 117,31 | 135 |
| DCWW | Steinbock | Rhaudermoor | 524,5 | 185,15 | 150 |
| DCWX | Vertrauen | Haren/Ems | 330,4 | 116,62 | 150 |
| DCWY | Hinricus | Norddeich | 27,5 | 9,70 | |
| DCWZ | Frauke Hermanna | Greetsiel | 63,7 | 22,50 | 120 |
| DDAA | Thor | Norddeich | 18,8 | 6,63 | 90 |
| *DDAB* | Hendrik Okko Fisser | Emden | 8570,0 | 3025,21 | 5400 |
| *DDAC* | Lauting | Emden | 2040,1 | 720,14 | 450 |
| *DDAD* | Friesland | Leer | 539,3 | 190,36 | 300 |
| DDAE | Annemarie | Varelerhafen | 141,3 | 49,88 | — |
| DDAH | Störtebeker | Wangerooge | 44,8 | 15,81 | |
| DDAJ | Dauens | Cuxhaven | 162,1 | 57,21 | 60 |
| *DDAS* | Friesland | Wilhelmshaven | 260,1 | 91,83 | 310 |
| DDAV | Geeske | Varelerhafen | 95,5 | 33,71 | 50 |
| DDAX | Hebelina | Leer | 315,6 | 111,42 | 150 |
| DDBA | Helene-Auguste | Kiel | 59,7 | 21,09 | 140 |
| DDBX | Meike | Möltenort | 50,1 | 17,69 | 155 |
| DDBY | Mellum | Wilhelmshaven | 135,1 | 47,70 | 150 |
| *DDCI* | Holstein | Lübeck-Travemünde | 64,1 | 22,63 | 120 |
| DDCM | Saturn | Kiel | 17,6 | 6,21 | 150 |
| DDCS | Sirius | Duisburg | 37,7 | 13,22 | 75 |
| *DDCZ* | Holstein | Schulau | 57,2 | 20,21 | 150 |
| *DDDF* | Rüstringen | Wilhelmshaven | 1026,9 | 362,49 | 2×250 |
| DDDG | Hanne | Wilhelmshaven | 18,9 | 6,95 | 150 |
| *DDDJ* | Rita | Kiel | 60,9 | 21,51 | 150 |
| DDDL | Makrele | Wilhelmshaven | 63,8 | 22,52 | 120 |
| DDDM | Elfe | Wilhelmshaven | 38,7 | 13,65 | 2×50 |

| Unterscheidungssignale | Namen der Schiffe | Heimathafen der Schiffe | Kubikmeter (Nettoraumgehalt) | Registertons (Nettoraumgehalt) | PS |
|---|---|---|---|---|---|
| DDDN | Anna Bohlen | Varel | 147,3 | 51,98 | 85 |
| DDDV | Jeanlyma | Wilhelmshaven | 141,8 | 50,08 | 80 |
| DDDW | Akke Meyer | Varelerhafen | 162,9 | 57,49 | 100 |
| DDEA | Heinrich Wessels | Emden | 390,1 | 137,69 | 160 |
| DDFA | Aenna Jacobs | Brake | 140,4 | 49,56 | 100 |
| DDFI | Annegret | Brake | 98,6 | 34,80 | 60 |
| DDFN | Concordia | Brake | 45,2 | 15,98 | 22 |
| DDFO | Condor | Brake | 35,6 | 12,58 | 72 |
| DDFQ | Dietrich Ahrens | Brake | 367,6 | 129,78 | 250 |
| DDFV | Erna | Brake | 240,0 | 84,73 | 75 |
| DDGA | Frieda Luise | Dedesdorf | 147,2 | 51,97 | 120 |
| *DDGB* | Frieden | Hamburg | 36,0 | 12,70 | 180 |
| DDGC | Friedrich-August | Oldenburg | 151,1* | 53,34* | 400 |
| *DDGD* | Friesenland | Brake | 495,2 | 174,79 | 150 |
| DDGF | Gebrüder | Nordenham | 29,6 | 10,44 | 240 |
| DDGJ | Grete | Brake | 247,7 | 87,44 | 100 |
| *DDGP* | Hans-Georg | Elsfleth | 390,7 | 137,92 | 165 |
| DDGS | Heidina | Barsselermoor | 71,3 | 25,16 | 36 |
| DDGT | Heinrich | Barssel | 188,6 | 66,60 | 120 |
| DDGX | Henny | Großensiel | 109,9 | 38,82 | 60 |
| DDGY | Hermann | Barssel | 100,0 | 35,31 | 70 |
| DDHB | Hoffnung | Haren/Ems | 386,1 | 136,81 | 150 |
| DDHE | Ida | Barssel | 78,8 | 27,80 | 36 |
| DDHF | Selma Borries | Brake | 202,4 | 71,46 | 80 |
| DDHH | Ingeborg | Oldenburg | 229,6 | 81,04 | 70 |
| DDHK | Johann | Oldenburg | 335,2 | 118,34 | 110 |
| DDHL | Johann | Barssel | 192,1 | 67,80 | 90/100 |
| DDHM | Johanna | Brake | 420,2 | 148,32 | 165 |
| DDHO | Jupiter | Fedderwardersiel | 15,8 | 5,58 | 50 |
| DDHP | Karl | Oldenburg | 91,5* | 32,29* | 250 |
| DDHQ | Karl Georg | Brake | 18,7 | 6,59 | 36 |
| DDHT | Lilly | Brake | 210,1 | 74,17 | 120 |
| *DDHU* | Luise Bergmann | Brake | 380,6 | 134,35 | 200 |
| DDHZ | Margarethe | Brake | 21,1 | 7,41 | 50 |
| DDIA | Maria | Barssel | 273,7 | 96,62 | 115 |
| DDIB | Christoph Kleemeyer | Bremen | 302,5 | 106,78 | 135 |
| DDIC | Mathilde | Brake | 87,0 | 30,72 | 50 |
| DDIH | Möwe | Brake | 39,3 | 13,87 | 95 |
| DDII | Möwe | Duisburg | 122,3 | 43,16 | 75 |
| DDIP | Regina | Brake | 453,2 | 159,97 | 120 |
| *DDIQ* | Reiher | Hamburg | 36,0 | 12,70 | 150 |
| DDIU | Seeadler | Brake | 83,2 | 29,38 | 50 |
| *DDJF* | Thekla | Barssel | 409,2 | 144,45 | 200 |
| DDJI | Vorwärts | Brake | 219,0 | 77,30 | 75 |
| DDJK | Wilhelm Lühring | Brake | 332,4 | 117,35 | 180 |
| DDJM | Zwei Gebrüder | Fedderwardersiel | 29,6 | 10,44 | 150 |
| DDJR | Tiefbau | Brake | 0,7 | 0,25 | 90 |
| DDJS | Berta Jacobs | Brake | 254,0 | 89,66 | 100 |

* = Bruttoraumgehalt.

## DD JT — DDNC

| Unterscheidungssignale | Namen der Schiffe | Heimathafen der Schiffe | Kubikmeter Nettoraumgehalt | Registertons Nettoraumgehalt | PS |
|---|---|---|---|---|---|
| DDJT | Schulschiff Deutschland | Oldenburg | 2179,2 | 769,26 | |
| DDJX | Seemöve | Brake | 66,3 | 23,42 | 22 |
| DDKH | Gebrüder | Nordenham | 18,5 | 6,54 | |
| DDKJ | Elisabeth | Brake | 266,5 | 94,09 | 100 |
| *DDKK* | Elisabeth | Barssel | 748,5 | 264,23 | 250 |
| *DDKM* | Erich Ohlrogge | Brake | 4284,8 | 1512,53 | 1300 |
| *DDKN* | Charlotte | Osten | 791,1 | 279,24 | 250 |
| *DDKO* | Elli Ahrens | Brake | 406,3 | 143,41 | 250 |
| *DDKP* | Anton Wilhelm | Brake | 841,4 | 297,00 | 270 |
| *DDKQ* | Transquebec | Hamburg | 3655,1 | 1290,25 | 2400 |
| *DDKR* | Münsterland | Barssel | 792,9 | 279,88 | 250 |
| DDKS | Narwal | Oldenburg | 35,0 | 12,36 | 120 |
| DDKT | Hans | Brake | 124,5 | 43,95 | 100 |
| *DDKU* | Freya | Brake | 724,3 | 255,69 | 250 |
| *DDKV* | Else | Brake | 4010,7 | 1415,78 | 2300 |
| DDKW | Assistent I | Lemwerder | 159,7* | 56,38* | 300 |
| *DDKX* | Walter+ | Bremen | 6924,3 | 2444,26 | 3000 |
| *DDKY* | Rodenkirchen | Strohausen | 535,6 | 189,05 | 200 |
| *DDKZ* | Stadland | Brake | 583,8 | 206,09 | 520 |
| DDLA | Joan | Brake | 337,7 | 119,21 | 110 |
| *DDLB* | Seetramper+ | Brake | 1937,0 | 683,75 | 1260 |
| *DDLC* | Regine Ohlrogge | Brake | 6923,2 | 2443,90 | 4000 |
| DDLD | BSG 1 | Brake | 1147,0 | 404,90 | — |
| *DDLE* | Franz Ohlrogge+ | Brake | 8556,2 | 3020,32 | 3600 |
| DDLF | BSG 2 | Brake | 1178,1 | 415,87 | — |
| *DDLG* | Germania | Elsfleth | 718,3 | 253,57 | 300 |
| DDLH | Wesermarsch | Brake | 350,4 | 123,68 | 300 |
| *DDLI* | Jane | Elsfleth | 402,0 | 141,90 | 300 |
| *DDLJ* | Adele Ohlrogge | Brake | 8209,3 | 2897,88 | 3400 |
| *DDLK* | Unterweser | Brake | 754,3 | 266,26 | 300 |
| *DDLL* | Marlies | Brake | 755,3 | 266,60 | 300 |
| DDLM | Marie Schwinge | Brake | 774,9 | 273,53 | 300 |
| DDLN | Adolf Otholt | Brake | 393,3 | 138,83 | 390 |
| DDLO | Hilde Osterkamp | Brake | 196,1 | 69,23 | 120 |
| *DDLP* | Barbara | Elsfleth | 425,9 | 150,34 | 300 |
| DDLQ | Heinrich Brand | Elsfleth | 1374,9 | 485,34 | 830 |
| DDMR | Aade | Bremen | 357,8* | 126,31* | 560 |
| DDMS | Adler | Bremen-Vegesack | 200,0 | 70,45 | 120 |
| DDMT | Ochtum | Bremen | 255,1* | 90,06* | 750 |
| *DDMU* | Schwaneck | Bremen | 2297,6 | 811,06 | 1400 |
| *DDMV* | Berkersheim | Bremen | 20025,1 | 7068,88 | 6000 |
| *DDMW* | Blexen | Bremen | 8559,5 | 3021,49 | 11400 |
| *DDMX* | Perikles | Bremen | 624,0 | 220,28 | 1000 |
| DDMY | Auerhahn | Bremen-Vegesack | 207,0 | 73,15 | 130 |
| DDMZ | Bremen | Bremen-Vegesack | 224,0 | 79,04 | 130 |
| *DDNA* | Lilo Friederich | Bremen | 576,7 | 203,59 | 400 |
| DDNB | Brunhild | Kiel | 200,0 | 70,69 | 130 |
| *DDNC* | Contentia | Bremen | 1708,3 | 603,25 | 1050 |

*** = Bruttoraumgehalt.**

## DDND — DDPQ

| Unter-scheidungs-signale | Namen der Schiffe | Heimathafen | Kubik-meter (Nettoraumgehalt) | Register-tons (Nettoraumgehalt) | PS |
|---|---|---|---|---|---|
| *DDND* | Sternenfels | Bremen | 5786,7 | 2042,72 | 3860 |
| *DDNE* | Dankwart | Bremen | 443,0 | 156,37 | 150 |
| *DDNF* | Ursula Legenhausen | Oldenburg | 724,3 | 255,68 | 300 |
| DDNG | Dirk | Bremen | 356,6 | 125,87 | 200 |
| *DDNH* | Amsel + | Bremen | 1204,3 | 425,13 | 750 |
| DDNI | Edward | Bremen-Vegesack | 192,6 | 68,00 | 220 |
| *DDNJ* | Perseus | Bremen | 780,0 | 275,34 | 1000 |
| DDNK | Elsfleth | Bremen | 533,8* | 188,44* | 980 |
| *DDNL* | Apollo | Bremen | 967,4 | 341,51 | 1250 |
| DDNM | Ente | Bremen-Vegesack | 203,0 | 71,65 | 120 |
| DDNN | Fasan | Bremen-Vegesack | 214,0 | 75,67 | 120 |
| DDNO | Fasolt | Bremen-Vegesack | 269,8 | 95,24 | 180 |
| *DDNP* | Carpathia + | Bremen | 3664,3 | 1293,49 | 2200 |
| *DDNQ* | Blumenthal | Bremen | 8578,3 | 3028,13 | 1140 |
| *DDNR* | Albireo + | Bremen | 7389,4 | 2608,45 | 3360 |
| *DDNS* | Alphard + | Bremen | 7416,3 | 2617,95 | 3360 |
| *DDNT* | Stolzenfels | Bremen | 5809,0 | 2050,57 | 3860 |
| *DDNU* | Magdalene Vinnen + | Bremen | 9355,8 | 3302,60 | 3800 |
| *DDNV* | Arete | Bremen | 1867,2 | 659,14 | 1000 |
| DDNW | Geier | Bremen-Vegesack | 201,2 | 71,01 | 120 |
| DDNX | Gerda | Kiel | 254,5 | 89,84 | 130 |
| DDNY | Stina B | Bremen | 436,0 | 153,91 | 150 |
| DDNZ | Glück-Auf | Bremen | 283,5 | 100,09 | 90 |
| *DDOA* | Gretchen | Bremen | 327,2 | 115,49 | 200 |
| *DDOC* | Hermann Krages | Bremen | 16318,8 | 5760,55 | 4080 |
| DDOD | Habicht | Bremen-Vegesack | 198,0 | 69,72 | 120 |
| *DDOE* | Proteus + | Bremen | 1589,9 | 656,52 | 1000 |
| DDOF | Hinrich Ahrens | Bremen | 336,9 | 118,92 | 240 |
| *DDOG* | Irak | Bremen | 740,6 | 261,45 | 310 |
| DDOH | Modag | Lübeck-Travemünde | 517,3 | 182,60 | 240 |
| *DDOI* | Eugen Friederich | Bremen | 1556,7 | 584,81 | 1000 |
| *DDOJ* | Bremer Kueper | Bremen | 682,2 | 240,80 | 750 |
| *DDOK* | Tilo von Wilmosky | Bremen | 20016,0 | 7065,64 | 7500 |
| DDOL | Kolibri | Bremen-Vegesack | 217,0 | 76,69 | 130 |
| *DDOM* | Drossel + | Bremen | 1313,3 | 463,58 | 875 |
| DDOO | Lerche | Bremen-Vegesack | 222,0 | 78,22 | 130 |
| *DDOP* | Ludwig Friederich | Bremen | 761,5 | 268,82 | 535 |
| DDOS | Weserland | Bremen | 432,8 | 152,79 | 150 |
| DDOT | Meise | Bremen-Vegesack | 225,9 | 79,76 | 130 |
| *DDOV* | Mime | Bremen-Vegesack | 269,8 | 95,24 | 180 |
| DDOX | Esdörp | Hamburg | 329,8 | 116,44 | 150 |
| *DDOY* | Norder Till | Bremen | 847,8 | 299,28 | 350 |
| DDPE | Nr. 129 | Bremen | 1106,0 | 390,40 | — |
| DDPK | Heike Möller | Glückstadt | 662,6 | 233,77 | — |
| DDPL | Nr. 153 | Bremen | 774,9 | 273,53 | — |
| DDPM | Nr. 156 | Bremen | 1124,7 | 397,02 | — |
| DDPN | Nr. 157 | Bremen | 1101,9 | 388,98 | — |
| *DDPP* | Marie Fisser | Emden | 1027,5 | 362,71 | 480 |
| DDPQ | Nr. 162 | Bremen | 1188,1 | 419,41 | — |

* = Bruttoraumgehalt.

## DDPR — DDSX

| Unterscheidungs-signale | Namen der Schiffe | Heimathafen | Kubikmeter (Nettoraumgehalt) | Registertons (Nettoraumgehalt) | PS |
|---|---|---|---|---|---|
| DDPR | Nr. 163 | Bremen | 1188,1 | 419,41 | — |
| DDPU | Nr. 168 | Bremen | 1143,2 | 403,55 | — |
| DDPV | Nr. 169 | Bremen | 1190,0 | 420,07 | — |
| DDPW | Nr. 170 | Bremen | 1095,4 | 386,69 | — |
| DDPX | Nr. 171 | Bremen | 1094,3 | 386,28 | — |
| DDPY | Oldenburg | Bremen-Vegesack | 210,0 | 74,24 | 130 |
| DDQH | Sperber | Bremen-Vegesack | 198,0 | 69,70 | 120 |
| DDQL | Strauss | Bremen-Vegesack | 201,4 | 71,11 | 120 |
| DDQM | Taube | Bremen-Vegesack | 214,4 | 75,67 | 120 |
| *DDQN* | Tilly | Strohausen | 371,7 | 131,22 | 150 |
| DDQR | Weser | Bremen | 273,3 | 83,76 | 100 |
| DDQS | Anke Pahl | Hamburg | 628,0 | 221,70 | 240 |
| DDQW | Zaunkönig | Bremen-Vegesack | 203,0 | 71,52 | 120 |
| *DDQX* | Hugo Arlt | Bremen | 382,1 | 134,88 | 550 |
| DDQY | Stur | Bremen | 372,9* | 131,64* | 700 |
| *DDRA* | Fasan | Bremen | 1780,4 | 628,48 | 1100 |
| DDRB | Blumenthal | Bremen | 24,4 | 8,63 | 560 |
| *DDRC* | Argenfels | Bremen | 14379,1 | 5075,82 | 4000 |
| *DDRD* | Fauna | Bremen | 1909,2 | 673,95 | 1020 |
| *DDRE* | Arion+ | Bremen | 5172,6 | 1825,91 | 2565 |
| *DDRG* | Poel | Hamburg | 263,1 | 92,88 | 280 |
| *DDRH* | Heddernheim | Bremen | 4416,6 | 1559,04 | 1200 |
| *DDRJ* | California | Bremen | 450,0 | 158,86 | 300 |
| DDRK | Ingorata | Bremen | 18,4 | 6,51 | 23 |
| DDRM | Nr. 134 | Bremen | 1072,6 | 378,64 | — |
| *DDRN* | Bayern | Bremen-Vegesack | 217,6 | 95,89 | 180 |
| DDRP | Claus | Lübeck | 161,0 | 56,83 | 700 |
| DDRR | Löwe | Bremen | 604,1* | 213,25* | 1200 |
| DDRS | Nr. 2 | Hamburg | 809,0 | 285,59 | — |
| DDRW | Nr. 13 | Bremen | 848,4 | 299,47 | — |
| DDRX | Nr. 12 | Bremen | 828,5 | 292,58 | — |
| *DDRZ* | Lucas Pieper | Hamburg | 1049,7 | 370,53 | 520 |
| DDSA | Kolibri | Bremen | 203,3* | 71,75* | 475 |
| DDSB | Hengst | Bremen | 357,8 | 126,31 | 450 |
| DDSC | Habicht | Bremen | 213,9* | 75,50* | 360 |
| DDSF | Iran | Bremen | 1022,8 | 361,06 | 315 |
| *DDSI* | Griesheim | Bremen | 6818,1 | 2406,79 | 2800 |
| *DDSK* | Hessen | Bremen-Vegesack | 271,6 | 95,89 | 180 |
| *DDSL* | Württemberg | Bremen-Vegesack | 271,6 | 95,89 | 180 |
| DDSN | Bremerhaven | Bremen | 75,1 | 26,52 | 1065 |
| DDSO | Warfleth | Bremen | 311,7* | 110,0* | 450 |
| DDSP | Rekum | Bremen | 203,3* | 71,75* | 350 |
| DDSQ | Aumund | Bremen | 200,0* | 70,61* | 390 |
| *DDSR* | Seefalke | Bremerhaven | 83,8 | 29,57 | 2×1500 |
| *DDST* | Schleswig | Bremen-Vegesack | 377,0 | 133,07 | 200 |
| *DDSU* | Weissesee | Bremerhaven | 7422,7 | 2620,23 | 2200 |
| DDSV | Frieda Morgenroth | Bremen | 412,8 | 145,71 | 300 |
| *DDSW* | Memel | Bremen | 306,0 | 108,03 | 150 |
| *DDSX* | Holstein | Bremen-Vegesack | 377,0 | 133,07 | 200 |

* = Bruttoraumgehalt.

## DDTA — DEAC

| Unterscheidungssignale | Namen der Schiffe | Heimathafen | Kubikmeter Nettoraumgehalt | Registertons Nettoraumgehalt | PS |
|---|---|---|---|---|---|
| *DDTA* | Monika Wiards | Bremen | 9428,8 | 3328,38 | 2000 |
| *DDTC* | Pylades | Bremen | 1013,6 | 357,80 | 550 |
| *DDTD* | Vesta | Bremen | 2312,2 | 816,22 | 1020 |
| *DDTE* | Ansgaritor | Bremen | 9668,7 | 3413,06 | 2400 |
| *DDTF* | Greiffenfels | Bremen | 10662,6 | 3763,90 | 4000 |
| DDTG | Hans | Bremen | 412,8 | 145,71 | 250 |
| *DDTH* | Grete Büscher | Bremen | 760,1 | 268,32 | 250 |
| *DDTK* | Adler | Bremen | 2166,3 | 764,70 | 1500 |
| *DDTM* | Crostafels | Bremen | 10599,6 | 3741,65 | 3250 |
| *DDTN* | Geversdorf | Bremen | 712,2 | 251,39 | 250 |
| *DDTO* | Oktant | Bremen | 797,0 | 281,33 | 250 |
| *DDTP* | Axenfels | Bremen | 7775,2 | 2744,65 | 2700 |
| *DDTQ* | Argo | Bremen | 2204,1 | 778,05 | 1400 |
| *DDTR* | Falke | Bremen | 2166,3 | 764,07 | 2400 |
| *DDTS* | Nautilus | Bremen | 5056,4 | 1784,91 | 1250 |
| *DDTT* | Ilse | Hamburg | 5602,1 | 1977,54 | 1300 |
| *DDTU* | Tucana | Lübeck | 6367,7 | 2247,87 | 1350 |
| *DDTV* | Zeus II | Bremen | 814,3 | 287,45 | 250 |
| *DDTX* | Antares | Bremen | 4087,7 | 1442,97 | 2300 |
| *DDTY* | Altair | Bremen | 2521,7 | 890,16 | 1600 |
| *DDTZ* | Freiheit | Bremen | 846,6 | 298,85 | 250 |
| *DDUA* | Flut | Bremen | 701,2 | 247,54 | 250 |
| *DDUB* | Möwe | Bremen | 2123,1 | 749,46 | 1500 |
| *DDUC* | Bellona | Bremen | 1967,7 | 594,59 | 1500 |
| *DDUD* | Hector+ | Bremen | 3778,6 | 1333,83 | 2400 |
| *DDUE* | Trierstein | Bremen | 7362,6 | 2599,00 | 2850 |
| *DDUF* | Consul Arlt+ | Bremen | 4096,4 | 1446,02 | 1650 |
| *DDUG* | Lumme | Bremen | 2075,8 | 732,75 | 1500 |
| *DDUH* | Emmy Friederich | Bremen | 7603,9 | 2684,16 | 2×2250 |
| *DDUI* | Baden | Bremen | 423,5 | 149,51 | 480 |
| *DDUJ* | Helios+ | Bremen | 3799,0 | 1341,05 | 1600 |
| *DDUK* | Delia | Bremen | 1986,6 | 701,26 | 1500 |
| *DDUL* | Erpel | Bremen | 2075,7 | 732,73 | 1600 |
| *DDUM* | Hercules+ | Bremen | 3930,3 | 1387,41 | 2400 |
| *DDUN* | Rheinstein | Bremen | 4233,8 | 1494,52 | 3900 |
| DDUP | Arion | Bremen | 366,2* | 129,27* | 700 |
| DDUQ | Herkules | Bremen | 366,9* | 129,50* | 700 |
| DDUR | Steinbock | Bremen | 366,9* | 129,50* | 700 |
| DDUS | Vulcan | Bremen | 366,2* | 129,27* | 700 |
| *DDUT* | Hestia | Bremen | 3874,5 | 1367,69 | 2400 |
| *DDUU* | Lahnstein | Bremen | 4234,0 | 1494,59 | 3900 |
| DDUV | Milos | Bremen | 776,2 | 274,01 | 300 |
| *DDUW* | Imkenturm | Bremen | 1945,9 | 686,90 | 1200 |
| *DDUX* | Saarstein | Bremen | 4234,0 | 1494,59 | 3900 |
| *DDUY* | Elsbeth Wiards | Bremen | 9171,1 | 3237,41 | 3000 |
| *DDUZ* | Nordland+ | Bremen | 507,6 | 179,19 | 300 |
| *DEAA* | Atlas | Bremen | 4013,2 | 1416,67 | 2400 |
| *DEAB* | Niedersachsen | Bremen | 280,0 | 98,91 | 450 |
| DEAC | Sirius | Bremen | 368,7* | 130,15* | 700 |

* = **Bruttoraumgehalt.**

## DEAE — DECE

| Unterscheidungssignale | Namen der Schiffe | Heimathafen | Kubikmeter (Nettoraumgehalt) | Registertons (Nettoraumgehalt) | PS |
|---|---|---|---|---|---|
| *DEAE* | Innstein | Bremen | 4234,0 | 1494,59 | 3900 |
| *DEAF* | Eschersheim | Bremen | 4663,2 | 1646,11 | 1200 |
| *DEAG* | Emsstein | Bremen | 4242,4 | 1497,56 | 3900 |
| *DEAH* | Levante | Bremen | 3991,6 | 1409,04 | 2400 |
| DEAI | Maja | Bremen | 722,7 | 255,11 | 300 |
| *DEAJ* | Marga Kiepe | Bremen | 392,0 | 138,37 | 300 |
| *DEAL* | Ruhrstein | Bremen | 4238,7 | 1496,27 | 3900 |
| *DEAN* | Buntentor | Bremen | 4632,9 | 1635,43 | 1400 |
| *DEAP* | Westsee | Bremerhaven | 7419,4 | 2619,06 | 2200 |
| *DEAR* | Traunstein | Bremen | 7353,2 | 2595,68 | 4800 |
| *DEAS* | Bärenfels | Bremen | 11297,9 | 3988,17 | 3820 |
| *DEAT* | Lichtenstein | Bremen | 3612,5 | 1275,23 | 3900 |
| *DEAU* | Nordsee | Bremerhaven | 8871,9 | 3131,78 | 2900 |
| *DEAV* | Horst Arlt | Bremen | 423,9 | 149,63 | 300 |
| *DEAW* | Birkenfels | Bremen | 11280,9 | 3982,17 | 3820 |
| *DEAX* | Liebenstein | Bremen | 3612,5 | 1275,23 | 3900 |
| *DEAY* | Thule | Bremen | 420,0 | 148,25 | 300 |
| *DEAZ* | Braunfels | Bremen | 11313,9 | 3993,80 | 3820 |
| *DEBB* | Gloria+ | Bremen | 7461,4 | 2633,87 | 2750 |
| DEBC | Dudizol I | Bremen | 138,4 | 48,86 | 120 |
| *DEBD* | Albert | Bremen | 789,2 | 278,60 | 300 |
| *DEBE* | Alice | Bremen | 706,6 | 249,43 | 450 |
| *DEBF* | Heinrich | Bremen | 402,7 | 142,16 | 360 |
| *DEBG* | Flora | Bremen | 1800,2 | 635,47 | 1040 |
| *DEBH* | Castor | Bremen | 1543,2 | 544,75 | 1200 |
| *DEBI* | Altenwall | Bremen | 1613,3 | 569,51 | 650 |
| *DEBJ* | Galtgarben+ | Bremen | 1510,0 | 533,03 | 550 |
| *DEBK* | Bernhard | Bremen | 916,4 | 323,49 | 500 |
| *DEBL* | Arcturus | Bremen | 2294,8 | 810,08 | 1840 |
| *DEBM* | Ann-Christin | Bremen | 816,5 | 288,23 | 300 |
| *DEBN* | Nabob | Bremen | 13110,5 | 4628,00 | 6800 |
| *DEBO* | Gisela Meyer-Gerhards | Bremen | 785,9 | 277,42 | 360 |
| *DEBP* | Joachim Hendrik Fisser | Bremen | 715,2 | 252,47 | 1000 |
| *DEBQ* | Bremen | Bremen | 115,7 | 40,86 | 1200 |
| *DEBR* | Diamant | Bremen | 1481,5 | 522,95 | 800 |
| *DEBS* | Neptun | Bremen | 4180,4 | 1475,68 | 3050 |
| *DEBT* | Bremer Glocke | Bremen | 468,0 | 165,22 | 500 |
| *DEBU* | Kattenturm | Bremen | 2468,9 | 871,52 | 1800 |
| *DEBV* | Eifel | Bremen | 2124,1 | 749,81 | 1000 |
| *DEBW* | Justus Haslinger | Bremen | 714,8 | 252,31 | 420 |
| *DEBX* | Ägäis | Bremen | 4231,8 | 1493,82 | 2×1200 |
| *DEBY* | Barbara Meentzen | Bremen | 1476,9 | 521,33 | 800 |
| *DECA* | Ciandra+ | Bremen | 2911,1 | 1027,62 | 1200 |
| *DECB* | Kitty Porr | Hamburg | 1476,9 | 521,33 | 800 |
| *DECC* | Brandenstein | Bremen | 8938,8 | 3155,39 | 7800 |
| *DECD* | Kondor+ | Bremen | 1495,6 | 527,96 | 1250 |
| *DECE* | Bremer Roland | Bremen | 459,2 | 162,10 | 450 |

## DECG — DEEJ

| Unter-scheidungs-signale | Namen der Schiffe | Heimathafen | Kubikmeter (Nettoraumgehalt) | Registertons (Nettoraumgehalt) | PS |
|---|---|---|---|---|---|
| *DECG* | Aldebaran | Bremen | 4349,5 | 1535,36 | 3200 |
| *DECH* | Greif+ | Bremen | 1431,8 | 505,26 | 800 |
| *DECI* | Brillant | Bremen | 1481,5 | 522,95 | 800 |
| *DECK* | Pan | Bremen | 485,9 | 171,53 | 1400 |
| *DECL* | Ehrenfels | Bremen | 8455,6 | 2984,82 | 4650 |
| *DECM* | Paul Honold | Bremen | 10061,6 | 3551,74 | 3×1200 |
| *DECN* | Bieberstein | Bremen | 8946,6 | 3158,16 | 7800 |
| *DECO* | Rolandseck+ | Bremen | 2282,4 | 805,69 | 1380 |
| *DECP* | Mariaeck+ | Bremen | 2300,2 | 811,98 | 1400 |
| *DECR* | Colonia+ | Bremen | 2909,8 | 1027,18 | 1200 |
| *DECS* | Marmara | Bremen | 4207,9 | 1485,40 | 3600 |
| DECT | Dudizol III | Bremen | 154,4 | 54,50 | 120 |
| *DECU* | Drachenfels | Bremen | 8817,4 | 3112,56 | 4650 |
| *DECV* | Margarethe Honold | Bremen | 10056,2 | 3549,83 | 3600 |
| *DECW* | Turmfalke | Bremen | 714,6 | 252,26 | 490 |
| *DECX* | Falkenfels | Bremen | 8360,5 | 2951,25 | 3600 |
| *DECY* | Vinum | Bremen | 794,5 | 280,46 | 600 |
| *DECZ* | Bärenstein | Bremen | 8946,6 | 3158,16 | 7800 |
| *DEDA* | Weserstein | Bremen | 11229,4 | 3964,00 | 9000 |
| *DEDB* | Bussard | Bremen | 1463,2 | 516,52 | 1100 |
| *DEDC* | Werrastein | Bremen | 11058,2 | 3903,55 | 9000 |
| *DEDD* | Iris | Bremen | 376,8 | 133,00 | 450 |
| *DEDF* | Edda Cords+ | Bremen | 7595,2 | 2681,10 | 3000 |
| *DEDG* | Neckarstein | Bremen | 11653,7 | 4113,76 | 9000 |
| *DEDH* | Algenib | Bremen | 4342,0 | 1532,72 | 3200 |
| *DEDJ* | Veleda | Bremen | 694,2 | 245,05 | 585 |
| *DEDK* | Schwanheim | Bremen | 16458,8 | 5809,95 | 3500 |
| *DEDL* | Hafentor | Hamburg | 701,9 | 247,49 | 490 |
| *DEDM* | Ceres | Bremen | 370,0 | 130,61 | 450 |
| *DEDN* | Bornheim+ | Bremen | 7205,1 | 2543,49 | 2940 |
| *DEDO* | Pollux | Bremen | 1551,2 | 547,59 | 1600 |
| *DEDP* | Freienfels | Bremen | 8799,7 | 3106,31 | 4650 |
| *DEDQ* | Nestor+ | Bremen | 6606,1 | 2331,94 | 3335 |
| *DEDR* | Moselstein | Bremen | 11657,7 | 4115,15 | 9000 |
| *DEDS* | Schwabenstein | Bremen | 14834,4 | 5236,54 | 10560 |
| *DEDT* | Silvia+ | Bremen | 8314,2 | 2934,92 | 3000 |
| *DEDU* | Berlin | Bremen | 29128,8 | 10288,46 | 13500 |
| *DEDV* | Kurt Arlt | Bremen | 3147,2 | 1110,95 | 1650 |
| *DEDW* | Hohenfels | Bremen | 10986,6 | 3878,27 | 7200 |
| *DEDX* | Algol | Bremen | 3605,8 | 1272,84 | 2940 |
| *DEDY* | Karin Cords | Bremen | 1711,4 | 604,14 | 1000 |
| *DEDZ* | Audentia | Bremen | 1336,8 | 471,88 | 980 |
| *DEEA* | Hans Honold | Bremen | 9941,6 | 3509,38 | 3600 |
| *DEEB* | Habicht+ | Bremen | 1968,3 | 694,81 | 1330 |
| DEEC | Stier | Bremen | 65,5 | 23,13 | 700 |
| DEEE | Farge | Bremen | 84,8 | 29,94 | 1000 |
| *DEEF* | Heinrich Honold | Bremen | 9885,5 | 3489,57 | 3600 |
| *DEEH* | Wesertal | Bremen | 105,8 | 37,33 | 172 |
| DEEJ | Brake | Bremen | 84,8 | 29,94 | 1000 |

| DEEK — DEGI | | | | | |
|---|---|---|---|---|---|
| Unterscheidungssignale | Namen der Schiffe | Heimathafen | Kubikmeter (Nettoraumgehalt) | Registertons (Nettoraumgehalt) | PS |
| *DEEK* | Aries | Bremen | 3597,6 | 1269,94 | 2940 |
| *DEEL* | Goldenfels | Bremen | 11205,7 | 3995,61 | 9000 |
| *DEEM* | Havelstein | Bremen | 11146,9 | 3934,86 | 9000 |
| *DEEN* | Kahlenberg | Bremen | 417,7 | 147,43 | 300 |
| *DEEO* | Raffelberg | Bremen | 731,5 | 258,28 | 300 |
| *DEEP* | Bremer Wappen | Bremen | 1129,0 | 398,55 | 500 |
| *DEEQ* | Kurt Bastian | Bremen | 1459,0 | 515,04 | 800 |
| *DEER* | Kandelfels | Bremen | 11581,0 | 4088,10 | 8000 |
| *DEES* | Robert Meyhoefer | Bremen | 454,9 | 160,54 | 380 |
| *DEET* | Lichtenfels | Bremen | 13434,9 | 4742,53 | 5600 |
| DEEU | Aschanti IV | Bremen | 154,9 | 54,69 | 320 |
| *DEEV* | Gutenfels | Bremen | 11291,2 | 3985,81 | 9000 |
| *DEEW* | Hilda Ahrens | Bremen | 841,8 | 296,97 | 520 |
| *DEEX* | Isarstein | Bremen | 11140,8 | 3932,70 | 9000 |
| *DEEY* | Seeclipper | Bremen | 1937,0 | 683,75 | 1260 |
| *DEEZ* | Aphaia+ | Bremen | 1380,8 | 487,26 | 750 |
| *DEFA* | Kybfels | Bremen | 11571,4 | 4084,70 | 8000 |
| *DEFB* | Elisabeth Berger+ | Bremen | 5811,4 | 2051,48 | 2620 |
| *DEFC* | Vegesack | Bremen | 810,8 | 286,23 | 760 |
| *DEFD* | Bayernstein | Bremen | 14927,5 | 5269,42 | 10560 |
| *DEFE* | Thalia | Bremen | 315,1 | 111,23 | 500 |
| *DEFF* | Themis | Bremen | 367,4 | 129,68 | 500 |
| *DEFG* | Geier+ | Bremen | 1981,0 | 699,29 | 1330 |
| *DEFH* | Roland | Bremen | 19328,8 | 6823,05 | 4700 |
| *DEFI* | Adria+ | Bremen | 4820,4 | 1701,60 | 2500 |
| *DEFJ* | Brandenburg | Bremen-Vegesack | 408,7 | 144,26 | 600 |
| *DEFK* | Sachsen | Bremen-Vegesack | 408,7 | 144,26 | 600 |
| *DEFL* | Gulosenfjord | Bremen | 256,7 | 90,63 | 800 |
| *DEFM* | Schlesien | Bremen-Vegesack | 408,7 | 144,26 | 600 |
| *DEFN* | Thetis | Bremen | 364,1 | 128,54 | 500 |
| *DEFO* | Theseus | Bremen | 330,2 | 116,56 | 500 |
| *DEFP* | Mecklenburg | Bremen-Vegesack | 408,7 | 144,26 | 600 |
| *DEFR* | Pommern | Bremen-Vegesack | 408,7 | 144,26 | 600 |
| *DEFS* | Pirol+ | Bremen | 1271,0 | 448,67 | 590 |
| *DEFT* | Elisabeth | Bremen | 1400,4 | 494,36 | 1000 |
| *DEFU* | Bremer Flagge | Bremen | 485,1 | 171,24 | 500 |
| *DEFV* | Max Arlt+ | Bremen | 1263,6 | 446,05 | 750 |
| DEFW | Imsum | Bremen | 247,4* | 87,34* | 750 |
| *DEFX* | Emanuel II | Bremen | 876,2 | 309,44 | 520 |
| *DEFY* | Alexis | Bremen | 644,9 | 227,66 | 1000 |
| DEFZ | Dorum | Bremen | 247,4* | 87,34* | 750 |
| *DEGA* | Sielwall | Bremen | 774,8 | 273,50 | 500 |
| DEGB | Bär | Bremen | 82,3 | 29,05 | 840 |
| *DEGC* | Bremer Boerse | Bremen | 446,6 | 157,64 | 500 |
| *DEGE* | Stadthagen | Bremen | 418,8 | 147,84 | 600 |
| *DEGF* | Stolzenau | Bremen | 418,8 | 147,84 | 600 |
| *DEGG* | Minden | Bremen | 418,8 | 147,84 | 600 |
| *DEGH* | Windheim | Bremen | 418,8 | 147,84 | 600 |
| DEGI | Nienburg | Bremen | 418,8 | 147,84 | 600 |

* = Bruttoraumgehalt.

DEGJ — DEPI

| Unter-scheidungs-signale | Namen der Schiffe | Heimathafen | Kubik-meter Nettoraumgehalt | Register-tons | PS |
|---|---|---|---|---|---|
| *DEGJ* | Thebe | Bremen | 450,0 | 158,84 | 500 |
| *DEGK* | Lesum | Bremen | 713,4 | 251,82 | 300 |
| *DEGL* | Bremer Handel | Bremen | 746,9 | 263,66 | 750 |
| *DEGM* | Catrin | Bremen | 547,4 | 193,22 | 500 |
| *DEGN* | Mariann | Bremen | 1379,0 | 486,80 | 1000 |
| *DEGO* | Corona | Bremen | 548,1 | 193,47 | 500 |
| *DEGP* | Bremer Flotte | Bremen | 442,5 | 156,19 | 750 |
| DEGQ | Bremerlotse | Bremen | 36,2 | 12,77 | 500 |
| DEGR | Mars | Bremen | 82,3 | 29,05 | 840 |
| *DEGS* | Grohn | Bremen | 599,8 | 211,71 | 300 |
| *DEGT* | Lesum | Bremen | 248,8* | 87,83* | 750 |
| *DEGU* | Heinrich Parchmann | Bremen | 548,0 | 193,48 | 375 |
| DEGV | Wolf | Bremen | 82,3 | 29,05 | 840 |
| *DEGW* | Erich Haslinger | Bremen | 990,0 | 349,45 | 575 |
| DEGX | Dudizol IV | Bremen | 194,2 | 68,57 | 200 |
| *DEGY* | Seefalke | Bremen | 607,4 | 214,42 | 300 |
| *DEGZ* | Wümme | Bremen | 975,2 | 344,26 | 525 |
| *DENP* | Sagitta | Bremerhaven | 728,5 | 257,17 | 2000 |
| DENQ | Andreas | Bremerhaven | 63,8 | 22,54 | 120 |
| *DENT* | Maria von Jever | Bremerhaven | 548,3 | 193,54 | 850 |
| DENW | Bärbel | Lübeck-Travemünde. | 63,6 | 22,46 | 120 |
| DENX | Magnet III | Hamburg | 986,0 | 348,07 | — |
| *DENY* | Aldebaran | Bremerhaven | 732,8 | 258,58 | 1000 |
| *DENZ* | Berta | Bremerhaven | 62,6 | 22,11 | 125 |
| *DEOB* | Flachsee | Bremerhaven | 1844,6 | 651,16 | 1020 |
| *DEOC* | Malangen | Bremerhaven | 738,3 | 260,63 | 1000 |
| DEOD | Castor | Lübeck-Travemünde. | 63,7 | 22,49 | 120 |
| DEOE | Chronik | Bremerhaven | 1046,8 | 365,53 | — |
| *DEOF* | Hermann Krause | Bremerhaven | 743,4 | 262,42 | 1000 |
| *DEOG* | Hermann Ahlers | Bremerhaven | 745,6 | 263,21 | 880 |
| DEOH | Wolf I | Hamburg | 18,9 | 6,67 | 120 |
| DEOI | Heidi | Lübeck-Travemünde. | 63,6 | 22,45 | 120 |
| *DEOJ* | Karlsburg | Bremerhaven | 750,4 | 264,89 | 1000 |
| *DEOM* | J. Hinr. Wilhelms | Bremerhaven | 593,3 | 209,45 | 1000 |
| *DEON* | Braunschweig | Bremerhaven | 717,2 | 253,20 | 1000 |
| DEOO | Forelle | Hambg.-Altenwerder | 29,5 | 10,40 | 120 |
| *DEOR* | Friedel | Bremerhaven | 60,9 | 21,50 | 120 |
| *DEOU* | Birkenau + | Bremerhaven | 12369,9 | 4366,57 | 4400 |
| DEOV | Gerda | Bremerhaven | 59,7 | 21,06 | 150 |
| DEOW | Gier | Bremerhaven | 193,1 | 68,17 | |
| *DEOX* | Falkland | Bremerhaven | 755,3 | 266,62 | 1000 |
| *DEOZ* | Frankfurt a. M. | Bremerhaven | 717,2 | 253,17 | 1000 |
| *DEPB* | Heike | Bremerhaven | 64,2 | 22,66 | 150 |
| *DEPD* | Hertha | Bremerhaven | 64,5 | 22,78 | 120 |
| *DEPE* | Wiking | Bremerhaven | 741,0 | 261,57 | 1000 |
| *DEPF* | Hever | Hamburg | 647,2 | 228,45 | 275 |
| DEPG | H. Klopp | Bremerhaven | 26,6 | 9,39 | 80 |
| DEPH | Hoffnung | Neustadt/Holst. | 37,5 | 13,24 | 125 |
| *DEPI* | Hans Heinz | Heikendorf | 63,5 | 22,42 | 120 |

* = Bruttoraumgehalt.

## DEPK — DERQ

| Unterscheidungssignale | Namen | Heimathafen | Kubikmeter | Registertons | PS |
|---|---|---|---|---|---|
| | der Schiffe | | Nettoraumgehalt | | |
| DEPK | Iris | Bremerhaven | 64,0 | 22,60 | 150 |
| *DEPL* | Henry Everling | Bremerhaven | 774,7 | 273,49 | 1000 |
| DEPM | Ursel | Bremerhaven | 62,7 | 22,15 | 150 |
| *DEPN* | Reinhard | Cuxhaven | 63,5 | 22,43 | 180 |
| *DEPO* | Jan van Gent | Hamburg-Finkenwerder | 61,7 | 21,78 | 150 |
| *DEPP* | Jochen | Hamburg | 39,6 | 13,98 | 230 |
| DEPQ | Niederelbe | Hamburg-Finkenwerder | 61,7 | 21,78 | 120 |
| DEPS | Karoline | Heikendorf | 65,1 | 22,98 | 150 |
| *DEPT* | Ursula Rickmers+ | Bremerhaven | 11685,6 | 4125,00 | 4400 |
| *DEPU* | Hermes | Bremerhaven | 44,0 | 15,53 | 1900 |
| *DEPV* | Hugo Homann | Bremerhaven | 981,7 | 346,56 | 1250 |
| *DEPW* | Magnet | Bremerhaven | 803,4 | 283,60 | — |
| DEPY | Magda-Lene | Neustadt/Holst. | 29,7 | 10,48 | 125 |
| DEPZ | Jupiter | Bremerhaven | 751,1 | 265,12 | 1000 |
| *DEQA* | Mechthild | Bremerhaven | 733,6 | 258,97 | 1000 |
| *DEQC* | Germania | Bremerhaven | 733,5 | 258,92 | 1000 |
| DEQD | Nation | Bremerhaven | 1050,6 | 370,87 | — |
| *DEQF* | Ludwig Schweisfurth | Bremerhaven | 722,9 | 255,17 | 1000 |
| *DEQG* | Nordland | Hamburg | 70,3 | 24,81 | 125 |
| *DEQH* | Margarethe | Bremerhaven | 109,8 | 38,76 | 150 |
| *DEQI* | Freddy | Hamburg | 87,9 | 31,01 | 150 |
| *DEQJ* | Sancta Maria | Schulau | 69,0 | 24,35 | 125 |
| *DEQK* | Dieter | Kiel | 35,1 | 12,39 | 240 |
| *DEQL* | Albatros | Bremerhaven | 743,3 | 262,37 | 1250 |
| *DEQM* | Meteor | Schulau | 71,0 | 25,08 | 100 |
| *DEQN* | Fatima | Lübeck-Travemünde | 71,1 | 25,11 | 125 |
| *DEQP* | Hein Mück | Bremerhaven | 416,5 | 147,01 | 760 |
| DEQQ | Ilse-Marlen | Hbg.-Finkenwerder | 65,2 | 23,01 | 150 |
| *DEQS* | Dohrnbank | Bremerhaven | 754,4 | 266,30 | 1000 |
| *DEQT* | Traute | Lübeck-Travemünde | 61,7 | 21,78 | 150 |
| *DEQU* | Nixe | Hbg.-Finkenwerder | 61,8 | 21,80 | 130 |
| *DEQW* | Johannes Krüss | Bremerhaven | 752,2 | 265,52 | 1000 |
| *DEQZ* | Bockholm | Flensburg | 1358,7 | 472,62 | 850 |
| DERA | Henny | Cuxhaven | 62,8 | 22,17 | 120 |
| *DERB* | Geestemünde+ | Bremerhaven | 15909,4 | 5616,03 | 7740 |
| DERC | Traute Schumacher | Bremerhaven | 15,5 | 5,31 | 120 |
| *DERD* | Uranus | Lübeck-Travemünde | 26,8 | 9,47 | 100/150 |
| DERF | Nordsee | Bremerhaven | 251,9* | 88,93* | 450 |
| *DERG* | Doris | Bremerhaven | 61,9 | 21,85 | 150 |
| DERH | Renate Holling | Rendsburg | 172,0 | 60,70 | 90 |
| DERI | Adler | Bremerhaven | 21,3 | 7,51 | 50 |
| *DERJ* | Cuxhaven+ | Bremerhaven | 15509,5 | 5616,04 | 8000 |
| *DERK* | Wilhelm Peter | Kiel | 58,9 | 20,79 | 120 |
| *DERM* | Wilma | Leer | 59,0 | 20,83 | 125 |
| DERO | Dora | Bremerhaven | 12,1 | 4,29 | 75 |
| DERP | Ingeborg | Bremerhaven | 87,5 | 30,90 | 75 |
| *DERQ* | Essen | Bremerhaven | 696,3 | 245,79 | 1000 |

* = Bruttoraumgehalt.

## DERR — DETU

| Unterscheidungssignale | Namen der Schiffe | Heimathafen | Kubikmeter Nettoraumgehalt | Registertons Nettoraumgehalt | PS |
|---|---|---|---|---|---|
| *DERR* | Frankfurt/Main | Bremerhaven | 465,3 | 164,24 | 750 |
| *DERS* | Ludwig Janssen | Bremerhaven | 680,1 | 240,08 | 1000 |
| *DERT* | Saarbrücken | Bremerhaven | 696,9 | 246,00 | 1590 |
| *DERU* | Hinrich Sieghold | Bremerhaven | 1622,3 | 572,68 | 850 |
| *DERW* | Heinrich Meins | Bremerhaven | 983,2 | 347,08 | 1200 |
| *DERX* | Straßburg | Bremerhaven | 656,1 | 231,62 | 850 |
| *DESA* | Jörg-Peter | Hamburg | 681,3 | 246,37 | 300 |
| DESB | St. Monika | Emden | 343,0 | 121,07 | 250 |
| *DESC* | Perseus | Bremerhaven | 543,6 | 191,89 | 900 |
| *DESD* | Wartburg | Bremerhaven | 656,1 | 231,62 | 850 |
| *DESE* | Koopmann Bohn | Bremerhaven | 62,7 | 22,12 | 150 |
| DESF | Margot Jacobs | Brake | 301,7 | 106,50 | 120 |
| DESG | Sirius | Arnis/Schlei | 30,7 | 10,82 | 120 |
| *DESH* | Taurus | Bremerhaven | | 120,00 | 120 |
| *DESJ* | Paul Meentzen | Bremerhaven | 646,6 | 228,25 | 800 |
| *DESK* | Gneisenau | Lübeck-Travemünde | 62,5 | 22,07 | 120 |
| DESL | Nordenham | Bremerhaven | 1356,5 | 478,83 | 1000 |
| *DESN* | Island | Bremerhaven | 664,8 | 234,67 | 1000 |
| *DESO* | Schleswig-Holstein | Bremerhaven | 653,6 | 230,71 | 800 |
| *DESP* | Marlies | Bremerhaven | 64,5 | 22,82 | 150 |
| *DESQ* | Osnabrück | Bremerhaven | 640,1 | 225,95 | 750 |
| *DESR* | Fladengrund | Bremerhaven | 657,5 | 232,10 | 860 |
| *DESS* | Carl Kämpf | Bremerhaven | 786,4 | 277,59 | 1250 |
| *DEST* | Erna | Cuxhaven | 57,0 | 20,13 | 120 |
| *DESU* | Sonne | Bremerhaven | 582,4 | 205,60 | 800 |
| *DESW* | Schütting | Bremerhaven | 705,1 | 248,90 | 750 |
| *DESX* | Hans vom Hoff | Bremerhaven | 667,4 | 239,12 | 850 |
| *DESY* | Hans Kunkel | Bremerhaven | 582,4 | 205,60 | 800 |
| *DESZ* | Heinrich Bueren | Bremerhaven | 679,6 | 239,88 | 875 |
| DETA | Neptun | Bremerhaven | 58,9 | 20,70 | 125 |
| DETB | Orion | Lübeck-Travemünde. | 60,9 | 21,51 | 120 |
| *DETC* | Germania | Heiligenhafen | 60,1 | 21,21 | 120 |
| *DETD* | Thüringen | Bremerhaven | 737,8 | 260,43 | 1000 |
| *DETE* | Margarete Elisabeth | Kiel | 63,1 | 22,26 | 120 |
| *DETF* | Inge | Heiligenhafen | 62,2 | 21,96 | 120 |
| DETG | Wega | Lübeck-Travemünde. | 59,7 | 21,09 | 120 |
| *DETH* | Rolano | Schulau | 55,8 | 19,71 | 120 |
| *DETI* | Neptun III | Niendorf | 59,5 | 21,02 | 120 |
| DETJ | Seelust | Heikendorf | 60,1 | 21,22 | 120 |
| *DETK* | Hanne | Lübeck-Travemünde | 60,3 | 21,30 | 120 |
| DETL | Pollux | Lübeck-Travemünde. | 60,9 | 21,51 | 120 |
| DETM | Atlantic | Lübeck-Travemünde. | 62,4 | 22,03 | 120 |
| DETN | Fortuna | Hbg.-Finkenwerder | 59,2 | 20,89 | 120 |
| *DETO* | Tübingen | Bremerhaven | 509,6 | 179,88 | 700 |
| DETP | Rainer Falko | Lübeck-Travemünde | 62,9 | 22,20 | 120 |
| *DETQ* | Bernhard Grundmann | Bremerhaven | 679,6 | 239,88 | 850 |
| *DETR* | Elke-Brigitte | Heiligenhaven | 61,1 | 21,57 | 120 |
| *DETS* | Paula | Bremerhaven | 63,6 | 22,46 | 150 |
| *DETU* | Anneliese | Kiel | 59,5 | 21,02 | 150 |

## DETV — DFAW

| Unterscheidungssignale | Namen der Schiffe | Heimathafen der Schiffe | Kubikmeter Nettoraumgehalt | Registertons Nettoraumgehalt | PS |
|---|---|---|---|---|---|
| *DETV* | Richard Kaselowsky. | Bremerhaven....... | 648,8 | 229,01 | 875 |
| *DETW* | Nymphe .......... | Hamburg-Finkenwerder..... | 58,1 | 20,51 | 165 |
| DETY | Theoja III ........ | Cuxhaven ......... | 64,4 | 22,73 | 240 |
| *DEUA* | Gotland .......... | Kiel.............. | 58,9 | 20,78 | 120 |
| *DEUB* | Friedrich Busse..... | Bremerhaven....... | 679,6 | 239,88 | 875 |
| *DEUC* | Hannelore......... | Lübeck-Travemünde. | 59,5 | 21,02 | 120 |
| *DEUD* | Peter von Danzig ... | Lübeck-Travemünde. | 59,6 | 21,04 | 120 |
| *DEUE* | Gudrun ........... | Laboe ............ | 59,2 | 20,89 | 150 |
| *DEUF* | Neuwerk.......... | Niendorf.......... | 66,3 | 23,41 | 120 |
| *DEUG* | Salzburg.......... | Bremerhaven ...... | 737,8 | 260,48 | 1000 |
| *DEUH* | Roland ........... | Bremerhaven....... | 676,9 | 238,95 | 1000 |
| *DEUI* | Gerh. van Heukelum | Bremerhaven....... | 641,4 | 226,41 | 875 |
| *DEUJ* | Haltenbank ....... | Bremerhaven....... | 672,7 | 237,46 | 1000 |
| *DEUK* | Wesel ............ | Bremerhaven....... | 402,1 | 141,95 | 750 |
| *DEUL* | Saturn ........... | Bremerhaven ...... | 940,0 | 331,82 | 1250 |
| *DEUM* | Mönchengladbach ... | Bremerhaven ...... | 555,1 | 195,95 | 850 |
| *DEUN* | Mond............. | Bremerhaven....... | 555,1 | 195,95 | 800 |
| *DEUP* | Preußen .......... | Bremerhaven....... | 675,4 | 238,40 | 750 |
| *DEUQ* | Hein Davidsen...... | Bremerhaven....... | 578,0 | 204,05 | 875 |
| DEUR | Union 5 .......... | Bremerhaven ...... | 72,0 | 25,43 | 850 |
| *DEUS* | Bonn ............. | Bremerhaven....... | 507,4 | 179,11 | 720 |
| *DEUT* | Anna Busse ....... | Bremerhaven....... | 537,4 | 189,70 | 800 |
| *DEUU* | Süderau .......... | Bremerhaven....... | 1971,9 | 696,09 | 1430 |
| *DEUV* | Norderau+ ........ | Bremerhaven....... | 4051,1 | 1430,05 | 1430 |
| *DEUW* | Andenes .......... | Bremerhaven....... | 674,9 | 238,24 | 1000 |
| DEUX | Rogge I .......... | Bremerhaven....... | 370,9 | 130,93 | — |
| DEUY | Rogge XVII ....... | Bremerhaven....... | 686,7 | 242,40 | — |
| DEUZ | Rogge XVIII....... | Bremerhaven....... | 686,7 | 242,40 | — |
| DFAA | Carl ............. | Bremerhaven....... | 101,0* | 35,67* | 145 |
| DFAB | Nordsee........... | Bremerhaven....... | 205,6* | 72,59* | 350 |
| DFAC | Rogge 25 ......... | Bremerhaven....... | 318,8 | 112,55 | — |
| *DFAE* | Dortmund ......... | Bremerhaven....... | 670,9 | 236,82 | 990 |
| *DFAF* | Regulus........... | Bremerhaven....... | 671,9 | 237,19 | 1000 |
| *DFAG* | Max Gundelach..... | Bremerhaven ...... | 557,8 | 196,72 | 850 |
| *DFAH* | van Ronzelen....... | Bremerhaven ...... | 771,3 | 272,27 | 800 |
| *DFAI* | Teutonia.......... | Bremerhaven ...... | 571,0 | 201,56 | 800 |
| *DFAJ* | Speyer............ | Bremerhaven ...... | 620,2 | 218,92 | 800 |
| *DFAK* | Max Pust ......... | Bremerhaven ...... | 668,2 | 235,86 | 1000 |
| *DFAL* | Delphin........... | Bremerhaven ...... | 458,1 | 161,71 | 800 |
| *DFAM* | Nürnberg ......... | Bremerhaven ...... | 713,4 | 251,82 | 880 |
| *DFAN* | Bremen ........... | Bremerhaven ...... | 670,9 | 236,82 | 990 |
| *DFAO* | Frisia............ | Bremerhaven ...... | 686,7 | 242,41 | 1000 |
| *DFAP* | Varuna ........... | Bremerhaven ...... | 20,0 | 7,08 | 10/12 |
| *DFAQ* | Helgoland ........ | Bremerhaven ...... | 676,1 | 238,66 | 1000 |
| *DFAR* | Hans Homann ..... | Bremerhaven ...... | 557,9 | 196,95 | 850 |
| *DFAU* | Stadt Herten ...... | Bremerhaven ...... | 742,8 | 262,22 | 880 |
| *DFAV* | Bremerhaven ...... | Bremerhaven ...... | 1517,6 | 535,71 | 1000 |
| *DFAW* | Alemannia ........ | Bremerhaven ...... | 746,2 | 263,41 | 1000 |

* = Bruttoraumgehalt.

## DFAX — DFLP

| Unter-scheidungs-signale | Namen der Schiffe | Heimathafen der Schiffe | Kubik-meter (Nettoraumgehalt) | Register-tons (Nettoraumgehalt) | PS |
|---|---|---|---|---|---|
| *DFAX* | Christian Homann... | Bremerhaven ...... | 563,1 | 198,77 | 820 |
| *DFAY* | Friedenau$^{+}$......... | Bremerhaven ...... | 14420,3 | 5090,38 | 5800 |
| *DFAZ* | Mosel | Bremerhaven ...... | 555,9 | 196,22 | 820 |
| *DFBA* | Gustav Dahrendorf.. | Bremerhaven ...... | 806,4 | 284,67 | 1250 |
| DFGI | Gebrüder .......... | Otterndorf ......... | 19,7 | 6,95 | 100 |
| DFGK | Gerhard ........... | Geversdorf......... | 113,5 | 40,07 | 50 |
| DFGR | Grete ............. | Cuxhaven ......... | 31,3 | 11,06 | 75 |
| DFGX | Hans Friedrich ..... | Oberndorf ......... | 185,9 | 65,61 | 60 |
| DFHH | Ilse ............... | Cuxhaven.......... | 5,2 | 1,84 | 40 |
| DFHK | Insulaner .......... | Helgoland ......... | 147,6 | 52,11 | 80 |
| DFHL | Irmgard ........... | Cuxhaven ......... | 20,1 | 7,10 | 75 |
| DFHO | Johann............ | Oberndorf ......... | 80,3 | 28,33 | 30 |
| DFHQ | Theoja II ......... | Cuxhaven ......... | 108,4 | 38,28 | 120 |
| *DFHS* | Roland von Wedel........... | Cuxhaven ......... | 80,0 | 28,24 | 150 |
| DFID | Margretha.......... | Ostrhauderfehn ..... | 322,6 | 113,87 | 75 |
| DFIG | Marion ........... | Cuxhaven ......... | 13,8 | 4,87 | 40 |
| DFIO | Nige Oge .......... | Neufeld........... | 20,8 | 7,35 | 80 |
| DFIQ | Nordlicht .......... | Cuxhaven ......... | 19,6 | 6,92 | 100 |
| *DFIZ* | Präsident Freiherr von Maltzahn..... | Cuxhaven ......... | 49,4 | 17,43 | 120 |
| *DFJC* | Rügen ............ | Cuxhaven ......... | 26,9 | 9,50 | 100 |
| DFJD | Sathurn............ | Hamburg .......... | 264,5 | 93,36 | 165 |
| DFJL | Seemöwe .......... | Cuxhaven.......... | 18,1 | 6,37 | 70 |
| DFJO | Seestern .......... | Cuxhaven.......... | 16,9 | 5,96 | 75 |
| *DFKD* | Lisa I ............. | Hamburg .......... | 89,1 | 31,44 | 160 |
| DFKE | Taucher Sievers .... | Cuxhaven......... | 63,6 | 22,49 | 150 |
| DFKG | Traute ............ | Neuhaus/Oste...... | 79,6 | 28,09 | 22 |
| *DFKS* | Schlesien.......... | Cuxhaven ......... | 656,1 | 231,61 | 750 |
| *DFKU* | Sachsen........... | Cuxhaven ......... | 656,1 | 231,62 | 750 |
| *DFKV* | Koblenz .......... | Cuxhaven ......... | 645,5 | 227,87 | 800 |
| DFKX | Hochsee I ......... | Cuxhaven ......... | 136,7* | 48,25* | 225 |
| *DFKZ* | Seeteufel.......... | Bremen........... | 975,0 | 344,18 | 300 |
| *DFLA* | Franken .......... | Cuxhaven ......... | 608,4 | 214,78 | 850 |
| DFLB | Hornsriff........... | Hbg.-Finkenwerder.. | 60,1 | 21,09 | 120 |
| *DFLC* | Dithmarschen ...... | Cuxhaven ......... | 60,9 | 21,51 | 120 |
| *DFLD* | Jürgen Dieter ...... | Cuxhaven ......... | 61,7 | 21,77 | 120 |
| *DFLE* | Anita ............. | Hbg.-Finkenwerder.. | 59,0 | 21,08 | 120 |
| *DFLF* | Bayern ........... | Cuxhaven ......... | 608,4 | 214,78 | 850 |
| *DFLG* | Alte Liebe ........ | Heikendorf......... | 60,3 | 21,30 | 120 |
| DFLH | Gretchen .......... | Otterndorf ......... | 102,8 | 36,31 | 25 |
| *DFLI* | Butendiek.......... | Haffkrug.......... | 59,7 | 21,09 | 120 |
| DFLJ | Witten ........... | Cuxhaven ......... | 640,1 | 225,95 | 750 |
| *DFLK* | Münster .......... | Cuxhaven ......... | 528,7 | 186,62 | 850 |
| *DFLL* | Schwaben.......... | Cuxhaven ......... | 602,3 | 212,63 | 850 |
| *DFLM* | Pinguin........... | Cuxhaven ......... | 59,5 | 21,02 | 120 |
| *DFLN* | Karlsruhe.......... | Cuxhaven ......... | 640,1 | 225,95 | 800 |
| *DFLO* | Freiburg i. Br....... | Cuxhaven.......... | 509,6 | 178,88 | 900 |
| *DFLP* | Waltraut........... | Cuxhaven ......... | 62,9 | 22,21 | 120 |

* = Bruttoraumgehalt.

## DFLQ — DFSS

| Unterscheidungssignale | Namen der Schiffe | Heimathafen | Kubikmeter Nettoraumgehalt | Registertons Nettoraumgehalt | PS |
|---|---|---|---|---|---|
| *DFLQ* | Fladengrund | Neustadt/Holst. | 60,1 | 21,23 | 150 |
| *DFLR* | Fischereidirektor Meinken | Cuxhaven | 59,7 | 21,90 | 180 |
| *DFLS* | Ronald | Osten | 405,0 | 142,96 | 250 |
| *DFLT* | Helgoland | Lübeck-Travemünde | 63,2 | 22,31 | 150 |
| DFLV | Günther | Cuxhaven | 86,4 | 30,51 | — |
| *DFLW* | Darmstadt | Cuxhaven | 476,0 | 168,1 | 920 |
| DFLZ | Hermann Fischer | Cuxhaven | 39,6 | 13,09 | 120 |
| *DFMA* | Hildesheim | Cuxhaven | 640,1 | 225,95 | 800 |
| DFMB | John Olbers I | Cuxhaven | 101,6 | 35,87 | 100 |
| DFME | Hermann | Oberndorf | 42,9 | 15,13 | 12 |
| *DFMG* | Borkum | Cuxhaven | 548,4 | 193,58 | 850 |
| *DFMH* | Friedrichshafen | Cuxhaven | 548,4 | 193,58 | 850 |
| *DFMI* | Emmy Ottens | Cuxhaven | 2129,4 | 751,67 | 670 |
| *DFMJ* | Heidelberg | Cuxhaven | 506,5 | 178,51 | 900 |
| *DFMK* | Taucher O. Wulf II | Cuxhaven | 68,5 | 24,19 | 290 |
| *DFML* | Lore Ottens | Cuxhaven | 2149,4 | 758,75 | 850 |
| *DFMN* | Kurmark | Cuxhaven | 678,2 | 239,42 | 1000 |
| *DFMO* | Mark Brandenburg | Cuxhaven | 671,6 | 237,06 | 1000 |
| *DFMP* | Duisburg | Cuxhaven | 548,3 | 193,54 | 850 |
| *DFMQ* | Hannover | Cuxhaven | 670,8 | 236,78 | 1000 |
| *DFMR* | Wuppertal | Cuxhaven | 713,4 | 251,82 | 875 |
| *DFMS* | Harald Ottens | Cuxhaven | 2394,3 | 845,19 | 1150 |
| *DFMT* | Lörrach | Cuxhaven | 516,4 | 182,29 | 735 |
| *DFMU* | Heimatland | Cuxhaven | 58,1 | 20,55 | 120 |
| DFMV | Margrit | Cuxhaven | 58,2 | 20,55 | 120 |
| DFMW | Uta | Cuxhaven | 62,7 | 22,13 | 120 |
| *DFMY* | Andernach | Cuxhaven | 520,4 | 183,69 | 1000 |
| *DFMZ* | Westfalen | Cuxhaven | 766,8 | 270,66 | 1000 |
| *DFNA* | Württemberg | Cuxhaven | 766,8 | 270,66 | 1000 |
| *DFNB* | Hof | Cuxhaven | 717,2 | 253,17 | 1000 |
| *DFNC* | Baden | Cuxhaven | 753,3 | 265,93 | 1000 |
| DFND | Sperber | Cuxhaven | 27,3 | 9,62 | 120 |
| *DFNE* | Land Hadeln | Otterndorf | 887,2 | 313,19 | 490 |
| DFNF | Taucher Otto Wulf IV | Cuxhaven | 100,3 | 35,41 | 500 |
| DFNG | Antje | Otterndorf | 30,4 | 10,72 | 120 |
| DFNH | Seelotse | Cuxhaven | 21,4 | 7,56 | 275 |
| DFNI | Man to | Cuxhaven | 79,6 | 28,09 | 750 |
| *DFRP* | Sabine | Uetersen | 1138,9 | 402,03 | 290 |
| DFSJ | Luci | Barnkrug | 138,7 | 48,96 | 25 |
| DFSK | Henny | Assel | 127,0 | 44,82 | 20 |
| DFSL | Frieda | Assel | 65,6 | 23,15 | 18 |
| *DFSM* | Stadersand+ | Stade | 868,0 | 306,40 | 500 |
| DFSN | Waltraut | Grünendeich | 110,5 | 38,99 | 60 |
| DFSO | Wilhelmine Oltmann | Stade | 464,8 | 164,09 | 250 |
| DFSP | Johanne | Drochtersen | 78,1 | 27,56 | 25 |
| DFSQ | Mary | Barnkrug | 129,5 | 45,73 | 25 |
| DFSR | Emma Fitschen | Assel | 62,7 | 22,14 | 16 |
| DFSS | Margaretha | Barnkrug | 105,2 | 37,14 | 25 |

## DFST — DFUX

| Unterscheidungssignale | Namen der Schiffe | Heimathafen | Kubikmeter (Nettoraumgehalt) | Registertons (Nettoraumgehalt) | PS |
|---|---|---|---|---|---|
| DFST | Anna | Ostendorf | 114,5 | 40,41 | 24/28 |
| DFSU | Adolph | Gauensiek | 79,6 | 28,11 | 28 |
| DFSV | Alwine | Barnkrug | 65,5 | 23,13 | 25 |
| DFSW | Margareta | Assel | 127,7 | 45,09 | 45 |
| DFSX | Katharina Becker | Westmoorende | 67,1 | 23,68 | 25 |
| DFSY | Johanne | Assel | 77,1 | 27,22 | 25 |
| DFSZ | Anne | Assel | 90,8 | 32,06 | 25 |
| *DFTA* | Oste | Stade | 670,7 | 214,52 | 300 |
| DFTB | Anna | Gräpel | 154,6 | 54,57 | 50 |
| DFTC | Undine | Gauensiek | 63,4 | 22,38 | 18 |
| DFTD | Henny | Keitum/Sylt | 24,4 | 8,62 | 25 |
| DFTE | Johanna | Hamburg | 85,1 | 30,03 | 30 |
| DFTF | Alma | Dornbusch | 98,3 | 34,71 | 25 |
| *DFTG* | Heinz Bernhard | Stade | 381,6 | 134,71 | 290 |
| DFTH | Pohlmann II | Assel | 88,2 | 31,13 | 75 |
| DFTI | Germane | Stade | 383,1 | 135,23 | 250 |
| DFTK | Vaterland | Stade | 650,7 | 229,68 | 500 |
| *DFTL* | Gunda | Stade | 376,6 | 132,95 | 290 |
| *DFTM* | Hermann Elsen | Stade | 376,9 | 133,06 | 290 |
| *DFTN* | Jan Suhr | Stade | 510,1 | 180,07 | 300 |
| DFTO | Rita Holst | Stade | 410,3 | 144,85 | 270 |
| *DFTP* | Renate Becker | Stade | 334,5 | 118,06 | 300 |
| *DFTQ* | Atlantis | Stade | 517,2 | 182,59 | 300 |
| *DFTR* | Helga Dehde | Stade | 333,9 | 117,87 | 300 |
| *DFTS* | Holstentor | Lübeck | 612,6 | 216,24 | 520 |
| *DFTT* | Hanngrid | Stade | 519,6 | 183,42 | 450 |
| *DFTU* | Basbeck | Osten | 721,9 | 254,81 | 520 |
| *DFTV* | Rebena | Stade | 665,8 | 235,04 | 300 |
| *DFTW* | Lühe | Stade | 530,1 | 187,13 | 300 |
| DFTX | Hanno | Stade | 529,4 | 186,86 | 160 |
| *DFTY* | Alk | Dornbusch | 525,5 | 185,52 | 300 |
| *DFTZ* | Groverort | Stade | 712,0 | 251,35 | 300 |
| *DFUA* | Hinrich Kolster | Osten | 646,2 | 228,12 | 300 |
| *DFUB* | Klaus Jagemann | Stade | 404,5 | 142,80 | 300 |
| DFUH | Adda | Grünendeich | 355,1 | 125,36 | 160 |
| DFUJ | Adele | Wischhafen | 204,1 | 72,03 | 30 |
| DFUK | Adele | Bützfleth | 96,1 | 33,91 | 66 |
| DFUL | Agnes | Krautsand | 286,1 | 100,98 | 60 |
| DFUM | Alma | Bützfleth | 175,1 | 61,83 | 75 |
| DFUN | Alwine | Assel | 201,2 | 71,02 | 70 |
| DFUO | Amalie | Wischhafen | 121,0 | 42,73 | 50 |
| DFUP | Amalie | Abbenfleth | 154,9 | 54,67 | 80 |
| DFUQ | Amanda | Ritsch/Kehdingen | 128,0 | 45,19 | 80 |
| DFUR | Amanda | Grünendeich | 119,1 | 42,04 | 36 |
| DFUT | Anna | Wischhafen | 262,7 | 92,78 | 48 |
| DFUU | Anna | Krautsand | 110,8 | 39,12 | 60 |
| DFUV | Anna | Assel | 234,5 | 82,77 | 100 |
| DFUW | Anna Dieckmann | Emden | 113,6 | 40,09 | 25 |
| DFUX | Anna-Maria | Dornbusch | 113,0 | 39,88 | 100 |

## DFUY — DFXC

| Unterscheidungssignale | Namen der Schiffe | Heimathafen | Kubikmeter Nettoraumgehalt | Registertons Nettoraumgehalt | PS |
|---|---|---|---|---|---|
| DFUY | Anne | Bützfleth | 158,2 | 55,84 | 90 |
| DFUZ | Anni | Wischhafen | 150,0 | 52,93 | 75 |
| DFVB | Marianne Söhl | Ritsch/Kehdingen | 93,8 | 32,95 | 36 |
| DFVC | Bertha | Hamburg | 121,8 | 42,99 | 60 |
| DFVD | Betty | Krautsand | 195,1 | 68,86 | 60 |
| DFVE | Catharina | Abbenfleth | 222,1 | 78,39 | 120 |
| DFVF | Comet | Krautsand | 117,6 | 41,52 | 75 |
| DFVG | Contentia | Assel | 106,0 | 37,43 | 35 |
| DFVH | Cremon | Dornbusch | 116,9 | 41,28 | 85 |
| DFVI | Daheim | Krautsand | 166,9 | 58,91 | 50 |
| DFVK | Dora | Dornbusch | 83,2 | 29,36 | 25 |
| DFVL | Edelweiß | Krautsand | 258,3 | 91,17 | 75 |
| DFVM | Elisabeth | Wischhafen | 163,0 | 57,55 | 80 |
| DFVN | Marlies II | Uetersen | 96,5 | 34,07 | 25 |
| DFVO | Ella | Bützfleth | 154,7 | 54,61 | 100 |
| DFVP | Else Marie | Heiligenhafen | 101,4 | 35,78 | 35 |
| DFVR | Jan Reinhold | Nordstrand | 130,2 | 45,97 | 50 |
| DFVS | Frieda | Dornbusch | 91,1 | 32,15 | 50 |
| DFVT | Frieda Elisabeth | Wischhafen | 225,0 | 79,42 | 75 |
| DFVW | Grete | Krautsand | 199,7 | 70,50 | 70 |
| DFVX | Günter | Wischhafen | 260,9 | 92,08 | 50 |
| DFVZ | Hans | Krautsand | 167,8 | 59,22 | 75 |
| DFWA | Walter | Lübeck | 218,7 | 77,19 | 120 |
| DFWB | Heini | Hamburg-Neuenfelde | 260,7 | 92,04 | 150 |
| DFWC | Heinrich | Dornbusch | 109,4 | 38,60 | 75 |
| DFWD | Helios | Stade | 112,9 | 39,84 | 55 |
| DFWE | Elke-Marie | Krautsand | 147,7 | 52,15 | 90 |
| DFWF | Hoffnung | Krautsand | 208,9 | 73,74 | 90 |
| DFWG | Ro. 14 | Hamburg | 124,6 | 43,97 | 36 |
| DFWH | Ida | Krautsand | 254,9 | 89,99 | 50 |
| DFWI | Irma | Gauensiek | 132,0 | 46,60 | 50 |
| DFWJ | Johanna | Gauensiek | 291,5 | 102,90 | 75 |
| DFWK | Johanne | Neuland/Kehdingen | 122,0 | 43,05 | 50 |
| DFWL | Johanne | Bützfleth | 196,6 | 69,38 | 50 |
| DFWM | Johanne | Mühlenhafen | 216,4 | 76,38 | 55 |
| DFWN | Johannes Emil | Krautsand | 108,3 | 38,22 | 40 |
| DFWO | John Friedrich | Krautsand | 153,3 | 54,11 | 80 |
| *DFWQ* | Käte | Hamburg | 334,5 | 118,07 | 200 |
| DFWR | Käthe | Bremervörde | 200,2 | 70,66 | 75 |
| DFWT | Katharina | Mühlenhafen | 191,9 | 67,78 | 70 |
| DFWU | Kehrwieder | Wischhafen | 201,4 | 71,09 | 75 |
| DFWV | Herta Marlies | Hamburg | 89,4 | 31,55 | 25 |
| DFWW | Magda | Krautsand | 141,6 | 49,98 | 100 |
| DFWX | Margaretha | Stade | 267,8 | 94,53 | 80 |
| DFWY | Margaretha | Gauensiek | 125,8 | 44,42 | 75 |
| DFWZ | Margaretha | Krautsand | 168,7 | 59,54 | 75/95 |
| DFXA | Margrid | Krautsand | 405,6 | 143,19 | 150 |
| DFXB | Maria | Abbenfleth | 98,9 | 34,91 | 35 |
| DFXC | Maria Dorothea | Assel | 77,4 | 27,32 | 25 |

## DFXD — DFZF

| Unterscheidungssignale | Namen der Schiffe | Heimathafen der Schiffe | Nettoraumgehalt Kubikmeter | Nettoraumgehalt Registertons | PS |
|---|---|---|---|---|---|
| DFXD | Marie | Bützfleth | 69,4 | 24,49 | 75 |
| DFXE | Marie | Ritsch/Kehdingen | 197,6 | 69,75 | 75 |
| DFXG | Mary | Königreich | 112,8 | 39,83 | 25 |
| DFXH | Mathilde | Wischhafen | 211,4 | 74,62 | 50 |
| DFXI | Merkur | Freiburg/Elbe | 106,0 | 37,41 | 50 |
| DFXJ | Meta Adele | Gauensiek | 273,5 | 96,55 | 75 |
| DFXK | Norderelbe | Hamburg | 123,0 | 43,43 | 60 |
| *DFXL* | Paul Gährs | Estebrügge | 399,6 | 141,06 | 150 |
| DFXM | Persia | Dornbusch | 158,5 | 55,00 | 75 |
| DFXN | Peter | Krautsand | 130,7 | 46,15 | 45 |
| DFXO | Peter | Ritsch/Kehdingen | 144,0 | 50,85 | 55 |
| DFXQ | Rebecka | Barnkrug | 91,9 | 32,45 | 75 |
| DFXR | Ruhr | Bützfleth | 260,5 | 91,97 | 110 |
| DFXS | Seeadler | Wischhafen | 132,0 | 46,60 | 80 |
| DFXU | Sophie | Laboe | 118,8 | 41,95 | 36 |
| DFXV | Süderelbe | Dornbusch | 164,3 | 57,99 | 75 |
| DFXX | Heinz-Georg | Barssel | 214,8 | 75,84 | 75 |
| DFXZ | Venus | Oberndorf | 215,8 | 76,19 | 90 |
| DFYA | Venus | Gauensiek | 111,1 | 39,20 | 75 |
| DFYB | Vineta | Barnkrug | 116,5 | 41,14 | 60 |
| DFYC | Walter | Weserdeich | 113,6 | 40,10 | 80 |
| DFYD | Windhuk | Assel | 100,7 | 35,54 | 70 |
| DFYE | Windsbraut | Borstel/Jork | 161,8 | 57,11 | 100 |
| DFYF | Windsbraut | Wischhafen | 287,1 | 101,38 | 80 |
| DFYG | Windsbraut | Laboe | 100,5 | 35,51 | 50 |
| DFYH | Keen Tied | Itzehoe | 115,1 | 40,61 | 80 |
| DFYI | Lisa | Krautsand | 77,4 | 27,33 | 15 |
| DFYJ | Adele | Neuland/Kehdingen | 122,7 | 43,32 | 25 |
| DFYK | Trinchen | Freiburg | 115,2 | 40,67 | 25 |
| DFYL | Johanna | Wischhafen | 182,3 | 64,34 | 60 |
| DFYN | Uranus | Abbenfleth | 130,0 | 46,02 | 60 |
| DFYO | Johanna | Freiburg/Elbe | 128,5 | 45,30 | 80 |
| DFYP | Dora | Freiburg/Elbe | 151,0 | 53,31 | 40 |
| DFYQ | Frieda | Bützfleth | 108,4 | 38,27 | 25 |
| DFYR | Sirene | Freiburg/Elbe | 127,6 | 45,03 | 25/28 |
| DFYS | Bertha | Abbenfleth | 170,7 | 60,26 | 80 |
| DFYT | Cäcilie | Freiburg/Elbe | 118,5 | 41,84 | 25 |
| DFYU | Marie | Gauensiek | 85,5 | 30,16 | 25 |
| DFYV | Johanne | Grünendeich | 178,1 | 62,88 | 75 |
| DFYW | Johannes | Estebrügge | 222,1 | 78,39 | 100 |
| DFYX | Frieda | Gräpel | 124,0 | 43,76 | 30 |
| DFYY | Anni | Gräpel | 108,8 | 38,40 | 30 |
| DFYZ | Friedrich | Bremervörde | 86,2 | 30,43 | 25 |
| DFZA | Betty | Gräpel | 94,1 | 33,23 | 30 |
| DFZB | Frieda | Barnkrug | 218,2 | 77,04 | 75 |
| DFZC | Sophie | Wischhafen | 124,6 | 43,98 | 30 |
| *DFZD* | Jürgen | Stade | 405,0 | 142,96 | 250 |
| *DFZE* | Ruth-Dieter | Stade | 508,9 | 179,63 | 200 |
| *DFZF* | Anna Sietas | Grünendeich | 962,4 | 339,72 | 250 |

## DFZH — DGBE

| Unterscheidungssignale | Namen der Schiffe | Heimathafen der Schiffe | Kubikmeter (Nettoraumgehalt) | Registertons (Nettoraumgehalt) | PS |
|---|---|---|---|---|---|
| DFZH | Fortuna | Wischhafen | 63,3 | 22,36 | 30 |
| DFZJ | Magda Elfers | Assel | 166,1 | 58,63 | 100 |
| DFZK | Heinz | Lühe | 192,6 | 67,99 | — |
| DFZL | Elfriede | Assel | 32,6 | 11,50 | 24 |
| DFZM | Gerda Adele | Elm/Stade | 130,2 | 45,95 | 25 |
| DFZN | Courier | Dornbusch | 76,4 | 26,95 | 18 |
| DFZO | Ponape | Grünendeich | 180,2 | 63,60 | 40 |
| DFZP | Johannes Leopold | Itzehoe | 111,3 | 39,28 | 25 |
| DFZQ | Johanne-Marie | Bützfleth | 101,8 | 35,92 | 25 |
| DFZR | Claus | Bützfleth | 63,9 | 22,54 | 25 |
| *DFZS* | Hanni-Lene | Bremen | 796,6 | 281,20 | 250 |
| DFZT | Anna | Assel | 110,7 | 39,09 | 25 |
| DFZU | Gretchen | Ritsch/Kehdingen | 83,4 | 29,44 | 40 |
| DFZV | Adele | Barnkrug | 54,9 | 19,38 | 22 |
| *DFZW* | Rolf Behrmann | Krautsand | 422,8 | 149,24 | 250 |
| *DFZX* | Schwinge | Stade | 338,5 | 119,49 | 180 |
| *DFZY* | Renate | Stade | 462,6 | 163,30 | 250 |
| DFZZ | Cremona 2 | Hamburg | 438,0 | 154,52 | 240 |
| DGAA | Heinrich | Stade | 82,0 | 28,96 | 50 |
| DGAB | Aar | Hamburg | 497,6 | 175,64 | 250 |
| DGAC | Achim Griese | Kiel | 422,3 | 149,07 | 200 |
| *DGAD* | Scheersberg | Hamburg | 1507,5 | 532,15 | 1650 |
| DGAE | Jens Jensen | Hamburg | 282,9 | 99,87 | 165 |
| DGAF | Jan Wilfried | Hamburg | 299,9 | 105,88 | 150 |
| *DGAG* | Bernd Leonhardt | Hamburg | 9671,4 | 3414,0 | 3500 |
| DGAH | Adele | Hamburg | 268,4 | 94,75 | 75 |
| DGAI | Adelheid | Hamburg | 277,6 | 97,99 | 80 |
| DGAJ | Adelheid | Hamburg | 111,0 | 39,20 | 75 |
| DGAK | Antje Adelheid | Hamburg | 113,3 | 40,01 | 120 |
| DGAL | Adler | Hamburg | 276,1 | 97,46 | 75 |
| *DGAM* | Dieksand | Hamburg-Finkenwdr. | 60,2 | 21,24 | 130 |
| DGAN | Mikado | Hamburg | 92,7* | 32,71* | 240 |
| DGAO | Eckstein | Leer | 372,8 | 131,60 | 145 |
| DGAP | Agnes | Hamburg | 136,5 | 48,20 | 70 |
| *DGAQ* | Neuwied | Hamburg | 1497,1 | 528,27 | 800 |
| DGAR | A. H. Both | Hamburg | 751,3 | 265,19 | 200 |
| DGAS | Albatross | Hamburg-Finkenwdr. | 41,7 | 14,72 | 80 |
| DGAT | Albert | Hamburg | 110,0 | 38,84 | 50 |
| *DGAU* | Sankt Marien | Hamburg | 1851,1 | 653,44 | 1500 |
| DGAV | Eversand | Bremen | 175,1* | 61,81* | 735 |
| DGAW | Albert Gido | Hamburg | 239,7 | 84,61 | 85 |
| DGAX | Alida | Hamburg | 160,4 | 56,64 | 75 |
| *DGAY* | Angeln | Hamburg | 839,2 | 296,29 | 520 |
| DGAZ | Alita III | Hamburg | 260,3 | 91,88 | 125 |
| DGBA | Fehmarn III | Hamburg | 89,8 | 31,70 | 60 |
| DGBB | Allegro | Hamburg | 213,4 | 75,34 | 110 |
| DGBC | Alma | Hamburg | 402,3 | 142,03 | 150 |
| DGBD | Alma | Hamburg | 122,3 | 43,17 | 70 |
| DGBE | Alma | Hamburg | 271,7 | 95,90 | 75 |

* = **Bruttoraumgehalt.**

## DGBF — DGDC

| Unter-scheidungs-signale | Namen der Schiffe | Heimathafen | Kubikmeter Nettoraumgehalt | Registertons Nettoraumgehalt | PS |
|---|---|---|---|---|---|
| DGBF | Alma | Hamburg | 118,1 | 41,69 | 75 |
| DGBG | Alster | Hamburg | 103,6 | 36,56 | 50 |
| *DGBH* | Pickhuben | Hamburg | 963,7 | 340,18 | 1050 |
| DGBI | Alteland | Hamburg | 238,5 | 84,18 | 72 |
| *DGBJ* | Laumühlen | Hamburg | 404,3 | 142,73 | 300 |
| *DGBK* | Inka Ritscher+ | Hamburg | 925,7 | 326,77 | 300 |
| DGBL | A. M. 1 | Hamburg | 137,8 | 48,64 | 100 |
| DGBM | A. M. 2 | Hamburg | 78,2 | 27,62 | 55 |
| *DGBN* | Birte Hugo Stinnes | Kiel | 13765,8 | 4859,34 | 6000 |
| DGBO | Othmarschen | Hamburg | 186,8 | 65,95 | 420 |
| DGBP | Amandus | Hamburg | 142,9 | 50,46 | 75 |
| DGBQ | Georgswerder | Hamburg | 72,6 | 25,63 | 850 |
| DGBR | Amazone | Hamburg | 353,1 | 124,63 | 150 |
| *DGBS* | Amor | Hamburg-Finkenwdr. | 38,9 | 13,74 | 120 |
| DGBT | Andome | Hamburg | 124,1 | 43,82 | 75 |
| DGBU | Anita | Hamburg | 281,8 | 85,35 | 135 |
| *DGBV* | Ness | Hamburg | 1290,8 | 455,67 | 1530 |
| DGBW | Seefalke III | Hamburg | 174,0 | 61,44 | 130 |
| DGBX | Anna | Hamburg | 196,6 | 69,40 | 90 |
| DGBZ | Cheeta | Hamburg | 109,2 | 38,55 | 60 |
| DGCA | Anna | Hamburg | 98,7 | 34,85 | 50 |
| DGCB | Mittelrhein | Emden | 102,2 | 36,09 | 50 |
| *DGCC* | Anna | Hamburg-Finkenwdr. | 49,7 | 17,54 | 120 |
| *DGCD* | Alsterfleet | Hamburg | 1754,7 | 619,42 | 800 |
| *DGCE* | Bilbao | Hamburg | 3436,5 | 1213,07 | 2520 |
| *DGCF* | Ernst G. Russ | Hamburg | 21008,7 | 7416,07 | 7200 |
| DGCG | Anna-Frieda | Hamburg | 285,8 | 100,88 | 90/115 |
| DGCH | Anna-Helene | Hamburg | 298,8 | 105,47 | 90 |
| DGCI | Nordland I | Wyk/Föhr | 128,6 | 45,39 | 50 |
| DGCJ | Hilda-S | Hamburg | 124,6 | 43,99 | 50 |
| DGCK | Anna Marie | Hamburg | 292,3 | 103,17 | 110 |
| *DGCL* | Anna Marta | Hamburg | 378,7 | 133,67 | 200 |
| DGCM | Anna Thekla | Hamburg | 277,4 | 97,92 | 100 |
| *DGCN* | Anna Woldmann | Hamburg-Finkenwdr. | 70,9 | 25,04 | 200 |
| *DGCO* | Annchen Peters | Hamburg | 971,3 | 342,87 | 350 |
| DGCP | Anne-Elfriede | Hamburg | 156,6 | 55,28 | 100 |
| DGCQ | Anne Helene | Hamburg | 145,5 | 51,38 | 95 |
| *DGCR* | Flensburg | Hamburg | 4045,3 | 1428,00 | 3500 |
| DGCS | Annemarie | Hamburg | 459,1 | 126,06 | 150 |
| DGCT | Anni | Hamburg | 183,9 | 64,93 | 90 |
| DGCU | Anni | Hamburg | 329,2 | 116,21 | 80 |
| *DGCV* | Eros | Hamburg | 888,7 | 313,72 | 500 |
| DGCW | Antares | Hamburg | 324,9 | 114,70 | 100 |
| *DGCX* | Antje | Hamburg | 735,9 | 259,76 | 180 |
| DGCY | Antje Mahler | Hamburg | 369,9 | 130,58 | 120 |
| DGCZ | Antje Oltmann | Hamburg | 410,1 | 144,75 | 300 |
| DGDA | Aquarius | Emden | 146,6 | 51,74 | 120 |
| DGDB | Argonaut | Orth/Fehmarn | 236,5 | 83,50 | 80 |
| *DGDC* | Arnolde | Hamburg | 421,3 | 148,74 | 165 |

## DGDD — DGEY

| Unterscheidungssignale | Namen der Schiffe | Heimathafen | Kubikmeter (Nettoraumgehalt) | Registertons (Nettoraumgehalt) | PS |
|---|---|---|---|---|---|
| *DGDD* | Münsterland | Hamburg | | 6627,00 | 5800 |
| DGDE | Astrid | Hamburg | 95,9 | 33,84 | 150 |
| *DGDF* | Atlantik | Hamburg | 413,1 | 145,82 | 150 |
| *DGDG* | Audieck | Hamburg-Finkenwdr. | 60,9 | 21,51 | 120 |
| DGDH | Auguste | Hamburg | 330,7 | 116,73 | 120 |
| DGDI | Auguste | Hamburg | 4,3 | 1,53 | 525 |
| DGDJ | Aurora | Hamburg | 117,5 | 41,49 | 100 |
| DGDK | Ausdauer | Hamburg | 4905,1 | 731,50 | 2×180 |
| DGDL | Aventura | Hamburg | 275,4 | 97,22 | 150 |
| DGDM | Baldur | Hamburg | 111,4 | 39,31 | 60 |
| *DGDN* | Antje | Hamburg | 3,0 | 1,06 | 15 |
| DGDO | Barnkrug | Hamburg | 159,5 | 56,32 | 120 |
| *DGDP* | Jupiter | Hamburg | 37,4 | 13,21 | 250 |
| DGDQ | Baumwall | Hamburg | 10,2 | 3,59 | 525 |
| DGDR | E. u. M. Schwimmkran III | Hamburg | 1253,3 | 442,41 | — |
| *DGDS* | Magnet II | Hamburg | 869,4 | 306,88 | — |
| DGDT | Berger V | Bremerhaven | 906,5 | 319,99 | — |
| DGDU | Berger VII | Hamburg | 907,9 | 320,49 | — |
| DGDV | Berta Louise | Hamburg | 256,9 | 90,68 | 70 |
| DGDW | Bertha | Hamburg | 345,8 | 122,08 | 110 |
| DGDX | Bertha | Hamburg | 192,8 | 68,05 | 105 |
| DGDY | Berta Hermine | Hamburg-Finkenwdr. | 21,5 | 7,59 | 85 |
| DGDZ | Bertha Johanna | Hamburg | 369,5 | 130,43 | 110 |
| DGEA | Berta Köhlmann | Hamburg | 392,7 | 138,62 | 150 |
| DGEB | Bertha Troles | Hamburg | 226,4 | 79,93 | 115 |
| DGEC | Betty | Hamburg | 156,1 | 55,10 | 50 |
| DGED | Langeoog III | Langeoog | 309,7 | 109,33 | 200 |
| DGEE | Albertine | Hamburg | 57,8 | 20,42 | 25 |
| DGEF | Bugsier 4 | Hamburg | 68,1 | 24,05 | 850 |
| DGEG | Brigitta | Strande | 35,6 | 12,57 | 100 |
| *DGEH* | Brix Hansen | Hamburg-Finkenwdr. | 53,6 | 18,91 | 90 |
| *DGEI* | Traute | Hamburg | 525,0 | 185,33 | 300 |
| *DGEJ* | Sundpilen | Hamburg | 1127,1 | 397,88 | 1000 |
| *DGEK* | Naumburg | Hamburg | 4350,7 | 1535,80 | 3600 |
| *DGEL* | Hornbay | Hamburg | 4342,2 | 1532,80 | 5340 |
| *DGEM* | Bussard | Hamburg | 67,1 | 23,69 | 180 |
| DGEN | Bützfleth | Hamburg | 224,7 | 79,34 | 100 |
| *DGEO* | B. & V. Kranich | Hamburg | 526,2 | 185,75 | 1000 |
| *DGEP* | Hansahöft | Hamburg | 854,8 | 301,73 | 525 |
| *DGEQ* | Capella | Hamburg | 189,7 | 66,95 | 85 |
| *DGER* | Christian Russ+ | Hamburg | 19948,6 | 7041,87 | 5340 |
| *DGES* | Carlshütte | Hamburg | 418,5 | 147,43 | 200 |
| *DGET* | Ariadne | Hamburg | 10730,1 | 3787,71 | 8650 |
| *DGEU* | Sottorf | Hamburg | 2266,3 | 799,99 | 1250 |
| *DGEV* | Marietta Bolten | Hamburg | 2585,2 | 912,59 | 2000 |
| *DGEW* | Balkan+ | Hamburg | 12241,9 | 4321,38 | 4000 |
| *DGEX* | C. A. Woldmann | Hamburg-Finkenwdr. | 50,1 | 17,69 | 120 |
| DGEY | Charlotte | Hamburg | 161,5 | 57,02 | 70 |

## DGEZ — DGGT

| Unter-scheidungs-signale | Namen der Schiffe | Heimathafen der Schiffe | Kubikmeter Nettoraumgehalt | Registertons Nettoraumgehalt | PS |
|---|---|---|---|---|---|
| *DGEZ* | Charlotte | Hamburg | 653,8 | 230,81 | 350 |
| *DGFA* | Nanni Russ | Hamburg | 1765,0 | 623,05 | 1500 |
| *DGFB* | Mary Robert Müller | Hamburg | 2838,5 | 1001,98 | 1800 |
| DGFC | C. H. Kreft | Hamburg-Finkenwdr. | 61,9 | 21,83 | 130 |
| DGFD | Christa | Hamburg | 393,0 | 138,73 | 200 |
| DGFE | Christa Juls | Hamburg | 322,0 | 113,65 | 100 |
| *DGFF* | Martin Friedrichs | Hamburg | 770,4 | 271,95 | 1000 |
| *DGFG* | Barbara | Hamburg | 778,2 | 274,72 | 500 |
| DGFH | Clara | Hamburg | 198,8 | 70,19 | 75 |
| DGFI | Palmyra | Hamburg | 341,6 | 120,60 | 150 |
| *DGFJ* | Hohenlinden | Hamburg | 968,2 | 341,76 | 750 |
| DGFK | Claus | Friedrichskoog | 57,1 | 20,16 | 18 |
| *DGFL* | Jenny Porr | Hamburg | 637,2 | 224,54 | 360 |
| DGFM | Claus Erich | Hamburg | 336,3 | 118,73 | 100 |
| *DGFN* | Bernd Becker | Hamburg | 781,1 | 277,86 | 300 |
| DGFO | Condor | Hamburg | 233,2 | 82,33 | 100 |
| DGFP | Condor | Hamburg | 88,0 | 31,06 | 30 |
| DGFQ | Condor | Hamburg | 2,0 | 0,72 | 180 |
| *DGFR* | Marie-Louise Haltermann | Hamburg | 1132,5 | 399,75 | 840 |
| *DGFS* | Stuttgart | Hamburg | 670,9 | 236,82 | 990 |
| DGFT | Courier | Hamburg | 223,5 | 78,90 | 100 |
| DGFU | Frieda Jonas | Hamburg | 355,4 | 125,46 | 200 |
| DGFV | Herta Raap | Hamburg | 106,0 | 37,41 | 50 |
| DGFW | Delphin III | Hamburg | 411,0 | 145,08 | 150 |
| DGFX | Delphin IV | Hamburg | 344,4 | 121,58 | 200 |
| *DGFY* | Schauenburg | Hamburg | 6493,5 | 2292,21 | 5400 |
| DGFZ | Derfflinger | Hamburg | 501,7 | 177,10 | 150 |
| *DGGA* | Deutschland | Hamburg | 579,0 | 204,39 | 200 |
| DGGB | Diamant | Neustadt/Holst. | 35,4 | 12,51 | 90 |
| DGGC | Diana | Wyk/Föhr | 111,5 | 39,34 | 80/90 |
| DGGD | Dide | Hamburg | 298,3 | 105,29 | 100 |
| DGGE | Grete Hagenah | Hamburg | 174,1 | 61,46 | 75 |
| DGGF | Dora | Hamburg | 232,0 | 81,90 | 90 |
| DGGG | Krischan Stark | Hamburg | 350,2 | 123,62 | 150 |
| DGGH | Dora | Hamburg | 271,8 | 95,94 | 70 |
| *DGGI* | Elselotte Rehder | Hamburg | 1399,6 | 494,06 | 830 |
| DGGJ | Dorotea | Hamburg | 291,4 | 102,87 | 100 |
| DGGK | Dorothea | Hamburg | 276,5 | 97,59 | 75 |
| DGGL | Dorothea | Hamburg | 216,5 | 76,43 | 110 |
| *DGGM* | Stuttgart | Hamburg | 8977,7 | 3169,13 | 8000 |
| *DGGN* | Thorwald | Hamburg | 720,5 | 254,32 | 400 |
| DGGO | Norderelbe II | Hamburg | 280,4 | 98,99 | 65 |
| *DGGP* | Eben Ezer | Hamburg-Finkenwdr. | 31,2 | 11,02 | 85 |
| DGGQ | Edith | Hamburg | 281,2 | 99,27 | 90 |
| *DGGR* | Egerland | Hamburg | 392,8 | 138,76 | 200 |
| *DGGS* | Argonaut | Hamburg | 606,5 | 214,10 | 300 |
| DGGT | Odin | Kiel | 73,3 | 25,88 | 320 |

## DGGU — DGIR

| Unter-scheidungs-signale | Namen der Schiffe | Heimathafen | Kubikmeter (Nettoraumgehalt) | Registertons (Nettoraumgehalt) | PS |
|---|---|---|---|---|---|
| *DGGU* | Elbe | Hamburg | 416,1 | 146,86 | 200 |
| DGGV | Elbe | Hamburg | 137,8 | 48,65 | 75 |
| *DGGW* | Eric Reckmann | Hamburg | 2382,9 | 841,15 | 1240 |
| DGGX | Elbe | Hamburg | 99,8 | 35,22 | 25 |
| DGGY | Elbe | Hamburg | 697,0 | 246,05 | — |
| DGGZ | Tankleichter Elbe | Hamburg | 2199,9 | 776,55 | — |
| DGHA | Elenore | Hamburg | 312,7 | 110,38 | 90 |
| *DGHB* | Anna Rehder | Hamburg | 433,4 | 153,01 | 750 |
| *DGHC* | Victor | Hamburg | 2376,5 | 838,91 | 600 |
| *DGHD* | Käte Hamm | Hamburg | 1127,2 | 396,84 | 700 |
| *DGHE* | Thomas Schulte+ | Hamburg | 3878,3 | 1369,04 | 1680 |
| *DGHF* | Safi | Hamburg | 4332,6 | 1529,41 | 1300 |
| DGHG | Elise | Hamburg | 158,2 | 55,85 | 90 |
| DGHH | Ella | Hamburg | 251,8 | 88,89 | 80 |
| *DGHI* | Ellen | Hamburg | 759,9 | 268,23 | 420 |
| *DGHJ* | Düsseldorf | Hamburg | 11703,8 | 4131,44 | 9000 |
| DGHK | Elsa | Hamburg | 191,4 | 67,55 | 80 |
| DGHL | Elster | Hamburg | 228,2 | 80,54 | 150 |
| DGHM | Emanuel | Hamburg | 269,4 | 95,12 | 100 |
| DGHN | Emanuel | Hamburg | 255,6 | 90,22 | 70 |
| *DGHO* | Darmstadt | Hamburg | 11523,5 | 4067,79 | 9000 |
| DGHP | Emil | Hamburg | 4,4 | 1,55 | 475 |
| DGHQ | Emma | Hamburg | 304,7 | 100,57 | 70 |
| DGHR | Christa Thielemann | Brake | 103,7 | 36,60 | 50 |
| DGHS | Emma | Hamburg | 223,3 | 78,82 | 150 |
| DGHT | Emma | Hamburg | 166,4 | 58,76 | 120 |
| DGHU | Ottensen | Hamburg | 186,8 | 65,95 | 420 |
| *DGHV* | Kajen | Hamburg | 978,3 | 345,35 | 1150 |
| DGHW | Emma | Hamburg-Altenwdr. | 22,3 | 7,87 | 100 |
| DGHX | Emma | Hamburg | 219,0 | 77,31 | 120 |
| DGHY | Marina | Hamburg | 127,2 | 44,91 | 75 |
| DGHZ | Emma Irene | Hamburg | 300,7 | 106,15 | 125 |
| *DGIA* | Dixy Porr | Hamburg | 1451,4 | 512,36 | 1000 |
| DGIB | Emma Lucie | Hamburg | 203,9 | 71,98 | 75 |
| DGIC | Emma Oltmann | Hamburg | 207,5 | 73,26 | 90 |
| DGID | Energie | Hamburg | 4905,1 | 1731,50 | 800 |
| *DGIE* | Gerd | Hamburg | 415,1 | 146,54 | 235 |
| DGIF | Erich | Hamburg | 191,5 | 67,61 | 60 |
| *DGIG* | Damaskus | Hamburg | 7526,2 | 2656,69 | 2750 |
| *DGIH* | Ferdinandstor | Hamburg | 1907,8 | 673,44 | 1250 |
| DGII | Erika | Hamburg | 168,2 | 59,36 | 85 |
| DGIJ | Erna | Heiligenhafen | 157,1 | 55,47 | 50 |
| DGIK | Blitz | Hamburg | 417,2 | 147,28 | 360 |
| *DGIL* | Erika Bischoff+ | Hamburg | 4279,0 | 1510,48 | 1650 |
| DGIM | Erna Marie | Hamburg | 225,9 | 79,73 | 90 |
| DGIN | Erna Meyer | Hamburg | 314,2 | 110,91 | 100 |
| DGIP | Ernst | Hamburg | 166,1 | 58,65 | 90 |
| *DGIQ* | Tema Palm | Hamburg | 9635,9 | 3401,48 | 2300 |
| *DGIR* | Transatlanta | Hamburg | 9362,5 | 3304,98 | 3350 |

## DGIS — DGKO

| Unterscheidungssignale | Namen der Schiffe | Heimathafen der Schiffe | Kubikmeter Nettoraumgehalt | Registertons Nettoraumgehalt | PS |
|---|---|---|---|---|---|
| DGIS | Ernst August | Hamburg | 130,5 | 46,07 | 100 |
| DGIT | Erwin | Hamburg | 148,3 | 52,36 | 50 |
| DGIU | Erwin | Hamburg | 225,1 | 79,45 | 100 |
| DGIV | Esriel | Hamburg | 106,4 | 37,54 | 50 |
| DGIW | Esso 60 | Hamburg | 382,4 | 134,98 | — |
| DGIX | Estetal | Hamburg | 163,4 | 57,67 | 120 |
| *DGIY* | Hermann Blume | Hamburg | 531,3 | 187,54 | 300 |
| *DGIZ* | Oldenburg | Hamburg | 690,2 | 243,64 | 300 |
| DGJA | Ewald Ehlert | Rendsburg | 560,7 | 197,94 | 200 |
| *DGJB* | Adler | Hamburg | 77,9 | 27,50 | 75 |
| DGJC | Fairplay II | Hamburg | 193,5* | 68,31* | 358 |
| *DGJD* | Christianna Pikuritz | Hamburg | 3919,9 | 1383,71 | 3600 |
| *DGJE* | Johan Carel Oetker | Hamburg | 17613,2 | 6217,45 | 5500 |
| *DGJF* | Erwin Schröder | Hamburg | 2907,7 | 1026,40 | 2800 |
| DGJG | Fairplay VIII | Hamburg | 254,8* | 89,95* | 379 |
| DGJH | Fairplay IX | Hamburg | 209,6* | 73,98* | 349 |
| DGJI | Fairplay X | Hamburg | 140,8 | 49,70 | 650 |
| DGJJ | Fairplay XI | Hamburg | 210,9* | 74,44* | 347 |
| DGJK | Fairplay XII | Hamburg | 230,9* | 81,85* | 312 |
| *DGJL* | Consul Horn | Hamburg | 475,6 | 167,90 | 750 |
| *DGJM* | Hornland | Hamburg | 6785,9 | 2395,41 | 5850 |
| *DGJO* | Falke | Hamburg | 295,0 | 104,12 | 200 |
| DGJP | Falke | Hamburg | 252,9 | 89,28 | 100 |
| DGJQ | Falkenstein | Hamburg | 280,7 | 99,08 | 150 |
| DGJR | Fanto XVIII | Hamburg | 235,8 | 83,24 | 125 |
| DGJS | Fiducia | Hamburg | 144,7 | 51,07 | 50 |
| *DGJT* | Finkwarder | Hamburg | 406,4 | 143,45 | 180/215 |
| DGJU | Fischland | Hamburg | 317,5 | 112,07 | 120 |
| *DGJV* | Fleiss | Hamburg | 327,8 | 115,72 | 300 |
| *DGJW* | Uni Porr | Hamburg | 1226,8 | 433,03 | 775 |
| DGJX | F. M. Harmstorf | Hamburg | 171,8 | 60,65 | — |
| DGJY | Fortuna | Hamburg | 218,3 | 77,07 | 75 |
| DGJZ | Fortuna | Hamburg | 215,0 | 75,90 | 100 |
| *DGKA* | Annaliese Wehlen | Hamburg | 334,2 | 117,96 | 215 |
| DGKB | Fortuna | Hamburg | 314,4 | 110,97 | 200 |
| DGKC | Fortuna | Hamburg | 102,9 | 36,33 | 55 |
| DGKD | Fortuna | Hamburg | 233,5 | 82,42 | 90 |
| *DGKE* | Franz Holm | Hamburg | 337,8 | 133,37 | 150 |
| DGKF | Franziska | Hamburg | 267,3 | 94,35 | 125 |
| DGKG | Palmyra | Glückstadt | 220,8 | 77,95 | 120 |
| DGKH | Freia | Burgstaaken | 147,3 | 52,00 | 50 |
| DGKI | Freia | Hamburg-Finkenwdr. | 22,1 | 7,80 | 96 |
| *DGKJ* | Freia | Hamburg-Finkenwdr. | 331,8 | 11,23 | 120 |
| *DGKK* | Freiherr vom Stein | Hamburg | 435,7 | 135,81 | 150 |
| DGKL | Frida | Hamburg | 91,2 | 32,19 | 25 |
| DGKM | Fridmariwalt | Hamburg | 285,4 | 100,75 | 120 |
| DGKN | Medem | Hamburg | 224,6 | 79,30 | 110 |
| DGKO | Frieda | Hamburg | 328,9 | 116,11 | 110 |

* = Bruttoraumgehalt.

## DGKP — DGML

| Unterscheidungssignale | Namen der Schiffe | Heimathafen | Kubikmeter (Nettoraumgehalt) | Registertons (Nettoraumgehalt) | PS |
|---|---|---|---|---|---|
| DGKP | Frieda | Hamburg | 301,6 | 106,46 | 100 |
| DGKQ | Frieda | Hamburg | 185,1 | 65,33 | 100 |
| DGKR | Frieda | Hamburg | 260,9 | 92,09 | 80 |
| DGKS | Frieda | Hamburg | 108,5 | 38,29 | 80 |
| *DGKT* | Gerlinde | Rendsburg | 565,2 | 199,52 | 250 |
| *DGKU* | Erich Schröder | Hamburg | 2796,6 | 987,19 | 2800 |
| DGKV | Frieda Mariechen | Hamburg | 113,8 | 40,16 | 50 |
| DGKW | Friedrich Campsen | Hamburg | 161,9* | 57,14* | 240 |
| *DGKX* | Hornberg | Hamburg | 6566,7 | 2318,05 | 3330 |
| DGKY | Friedrich Wilhelm | Hamburg | 294,5 | 103,95 | 120 |
| DGKZ | Fritz Reuter | Hamburg | 86,4 | 30,51 | 120 |
| DGLA | Fritz Schindler | Hamburg | 392,7 | 138,62 | 110 |
| DGLB | Fritz Vollmers | Hamburg | 304,4 | 107,46 | 150 |
| DGLC | Gebrüder | Hamburg | 22,2 | 7,85 | 75 |
| DGLD | Gebrüder | Büsum | 13,8 | 4,88 | 50 |
| DGLE | Heijo | Haren/Ems | 445,8 | 157,36 | 150 |
| DGLF | Gemeinschaft | Bremerhaven | 264,7 | 93,44 | — |
| DGLG | Gerda | Hamburg | 165,2 | 58,33 | 40 |
| DGLH | Gretel Marina | Hamburg | 345,8 | 122,07 | 150 |
| *DGLI* | Heros | Hamburg | 378,8 | 133,73 | 200 |
| DGLJ | Gerda Waller | Hamburg | 272,0 | 96,01 | 110 |
| *DGLK* | Gerfried | Hamburg | 456,3 | 161,06 | 150 |
| *DGLL* | Konrad | Kiel | 59,8 | 21,11 | 120 |
| DGLM | Gertha | Hamburg | 285,8 | 100,87 | 90 |
| *DGLN* | Gertrud | Hamburg | 498,8 | 176,06 | 329 |
| DGLO | Gertrud | Hamburg | 357,9 | 126,35 | 150 |
| DGLP | Gertrud | Hamburg | 312,8 | 110,41 | 90 |
| *DGLQ* | Gertrud | Cranz/Elbe | 469,8 | 165,86 | 150 |
| DGLR | Gertrud | Hamburg | 190,7 | 67,30 | 75 |
| DGLS | Gertrud II | Hamburg | 494,4 | 174,53 | 150 |
| *DGLT* | Katharina Kolkmann | Hamburg | 1501,7 | 530,10 | 1000 |
| DGLU | Gesche | Hamburg | 161,1 | 56,92 | 50 |
| DGLV | Gesine | Hamburg | 128,5 | 45,37 | 50 |
| DGLW | Hannchen | Lübeck-Schlutup | 20,1 | 7,08 | 80 |
| *DGLX* | Gloria | Hamburg | 404,1 | 142,64 | 200 |
| DGLY | Glückauf | Hamburg | 63,2 | 22,31 | 150 |
| *DGLZ* | Louise Schupp | Hamburg | 1279,3 | 451,59 | 750 |
| *DGMA* | Goden Wind | Hamburg-Finkenwdr. | 100,1 | 35,35 | 150 |
| *DGMB* | Wiesbaden+ | Hamburg | 14067,2 | 4965,72 | 9000 |
| *DGMC* | Angelika I | Düsseldorf | 788,1 | 278,36 | 405 |
| *DGMD* | Gorch Fock | Hamburg | 348,8 | 123,12 | 150 |
| *DGME* | Gorch Fock | Hamburg-Finkenwdr. | 72,6 | 25,82 | 180 |
| DGMF | Anke Grothmann | Hamburg | 176,1 | 62,17 | 50 |
| DGMG | Grauerort | Hamburg | 209,7 | 74,04 | 150 |
| DGMH | Greif | Hamburg | 296,7 | 104,73 | 450 |
| *DGMI* | Gundula+ | Hamburg | 1878,1 | 662,97 | 1000 |
| DGMJ | Greta | Hamburg | 136,2 | 48,09 | 60 |
| DGML | Gretchen | Hamburg | 183,5 | 64,77 | 120 |

* = Bruttoraumgehalt.

## DGMM — DGOH

| Unterscheidungssignale | Namen der Schiffe | Heimathafen der Schiffe | Kubikmeter Nettoraumgehalt | Registertons Nettoraumgehalt | PS |
|---|---|---|---|---|---|
| DGMM | Gretchen | Hamburg | 211,2 | 74,56 | 60 |
| *DGMN* | Leverkusen | Hamburg | 11361,6 | 4010,65 | 9000 |
| DGMO | Reinhard I | Hamburg | 117,6 | 41,50 | 80 |
| DGMP | Grete | Hamburg | 201,2 | 71,02 | 60 |
| DGMQ | Marita-R. | Hamburg | 229,6 | 81,06 | 80 |
| *DGMR* | Juelsand | Hamburg | 790,3 | 278,97 | 520 |
| *DGMS* | Amazone II | Hamburg | 623,0 | 219,93 | 300 |
| DGMT | Griep | Hamburg | 1905,6 | 672,67 | — |
| *DGMU* | Heino | Hamburg | 348,5 | 123,00 | 500 |
| DGMV | Gudrun | Hamburg | 335,0 | 118,27 | 100/135 |
| *DGMW* | Johann Blumenthal | Hamburg | 2929,2 | 1034,02 | 2200 |
| *DGMX* | Antonia | Hamburg | 1544,8 | 651,21 | 1000 |
| DGMY | Bernd | Hamburg | 247,7 | 87,44 | 105 |
| *DGMZ* | Antares | Hamburg | 62,3 | 21,98 | 120 |
| DGNA | Gustav Adolf | Hamburg | 214,2 | 75,62 | 120 |
| *DGNB* | Martha Friesecke | Hamburg | 780,9 | 275,67 | 300 |
| DGNC · | Hamburg | Hamburg | 226,1 | 79,82 | 150 |
| *DGND* | Emily Sauber | Hamburg | 4932,3 | 1741,12 | 2000 |
| DGNE | Silesia | Hamburg | 407,8 | 143,97 | 112 |
| DGNF | Hanna | Hamburg | 421,7 | 148,85 | 200 |
| DGNG | Hannchen Allers | Hamburg | 336,7 | 118,87 | 120 |
| *DGNH* | Cranz I | Hamburg-Finkenwdr. | 85,4 | 30,15 | 150 |
| DGNI | Hannover | Hamburg | 214,5 | 75,73 | 120 |
| DGNJ | Hans | Ritsch | 136,7 | 48,26 | 75 |
| DGNK | Hans | Hamburg | 126,3 | 44,58 | 50 |
| DGNL | Hans | Hamburg | 185,5 | 65,50 | 70 |
| DGNM | Erika Reinhold | Hamburg | 139,3 | 49,19 | 60 |
| *DGNN* | Carola Reith+ | Hamburg | 16091,8 | 5680,41 | 2000 |
| DGNO | Hans Albert | Hamburg | 151,1 | 53,34 | 75 |
| *DGNP* | Marxburg | Hamburg | 2028,3 | 716,01 | 1700 |
| DGNQ | Hans Günther | Hamburg | 299,9 | 105,85 | 100 |
| *DGNR* | Kettwig | Hamburg | 4578,2 | 1616,09 | 1096 |
| DGNS | Hans Hinrich | Hamburg | 193,8 | 68,40 | 100 |
| *DGNT* | Gustav Pistor | Hamburg | 9676,5 | 3415,79 | 3000 |
| *DGNU* | Luise Leonhardt | Hamburg | 9287,6 | 3278,52 | 3500 |
| *DGNV* | Essen | Hamburg | 11254,0 | 3972,66 | 9000 |
| DGNW | Hans und Grete | Helgoland | 121,4 | 42,87 | 75 |
| DGNX | Elli | Hamburg | 381,0 | 134,49 | 100 |
| *DGNY* | Hans Werner | Hamburg | 204,3 | 72,12 | 107 |
| *DGNZ* | Hanseat | Hamburg | 185,4 | 65,44 | 150 |
| *DGOA* | Schürbek | Hamburg | 3753,9 | 1325,14 | 2000 |
| *DGOB* | Wittebank | Hamburg | 58,9 | 20,79 | 150 |
| DGOC | Hartwig | Hamburg | 311,3 | 109,89 | 120 |
| *DGOD* | Uwe | Hamburg | 152,6 | 53,86 | 315 |
| DGOE | Hebe | Hamburg | 162,7 | 57,45 | 150 |
| *DGOF* | Cap Roca+ | Hamburg | 15062,4 | 5317,03 | 7000 |
| DGOG | Muschelgrund | Hamburg-Finkenwerder | 60,1 | 21,20 | 120 |
| *DGOH* | Heidberg | Hamburg | 2279,6 | 804,70 | 1500 |

## DGOI — DGQG

| Unterscheidungssignale | Namen der Schiffe | Heimathafen | Kubikmeter (Nettoraumgehalt) | Registertons (Nettoraumgehalt) | PS |
|---|---|---|---|---|---|
| *DGOI* | Heimat | Hamburg | 396,2 | 139,86 | 300 |
| *DGOJ* | Heimat | Hamburg | 271,8 | 95,96 | 120 |
| DGOK | Heimatland | Hamburg | 271,9 | 96,00 | 150 |
| DGOL | Heimkehr | Hamburg | 265,9 | 93,85 | 180 |
| DGOM | Heimkehr | Hamburg | 184,6 | 65,16 | 70 |
| DGON | Heimwärts | Hamburg | 271,4 | 95,81 | 100 |
| *DGOO* | Natal+ | Hamburg | 12464,9 | 4400,10 | 4000 |
| *DGOQ* | Lugano+ | Hamburg | 5604,9 | 1978,58 | 3500 |
| DGOR | Heinrich | Cranz | 99,0 | 34,95 | 50 |
| DGOS | Osiris | Hamburg | 397,8 | 140,43 | 240 |
| DGOT | Heinz | Hamburg | 159,5* | 56,45* | 180 |
| DGOU | Heinz-Heino | Hamburg | 300,4 | 106,03 | 100 |
| DGOV | Lotte Nagel | Krautsand | 352,1 | 124,28 | 75 |
| *DGOW* | Heinz Schriewer | Hamburg | 346,2 | 122,20 | 150 |
| DGOX | Helene | Hamburg | 281,8 | 99,49 | 150 |
| DGOY | Helene | Hamburg | 122,7 | 43,31 | 75 |
| DGOZ | Helene | Hamburg-Altenwdr. | 30,6 | 10,80 | 80 |
| DGPA | Adler | Hamburg | 351,3 | 124,00 | 440 |
| *DGPB* | Helene B. Schupp | Hamburg | 1111,9 | 392,50 | 520 |
| DGPC | Helga | Hamburg | 388,0 | 136,97 | 90 |
| DGPD | Helga | Hamburg-Finkenwdr. | 60,9 | 21,48 | 150 |
| DGPE | Helga | Hamburg | 171,3 | 60,47 | 25 |
| *DGPF* | Nanna | Hamburg | 450,7 | 159,09 | 300 |
| *DGPG* | Triglav | Hamburg | 44,0 | 15,53 | 150/180 |
| DGPH | Hertha Henning | Hamburg | 228,2 | 80,56 | 75 |
| DGPI | Helmuth | Hamburg | 321,1 | 113,36 | 180 |
| *DGPJ* | Plan+ | Hamburg | 1026,2 | 362,25 | 520 |
| DGPK | Helmut | Hamburg | 220,3 | 77,78 | 85 |
| *DGPM* | Bussard III | Büsum | 21,4 | 7,57 | 100 |
| *DGPN* | Euros | Hamburg | 625,1 | 220,67 | 1500 |
| DGPO | Morian | Uetersen | 240,4 | 84,85 | 115 |
| DGPP | Monsun | Hamburg | 223,6* | 78,92* | 280 |
| *DGPR* | Transcanada | Hamburg | | 2073,00 | 6000 |
| DGPS | Hermann | Hamburg | 222,8 | 78,65 | 50 |
| DGPT | Hermann | Lübeck-Travemünde | 87,7 | 30,94 | 45 |
| DGPU | Hermine | Hamburg | 167,4 | 59,11 | 90 |
| *DGPV* | Hansestadt Lübeck | Hamburg | 949,5 | 335,19 | 600 |
| *DGPW* | Claus Schriewer | Hamburg | 360,8 | 127,35 | 300 |
| DGPX | Herta | Neuenfelde | 184,2 | 65,02 | 140 |
| DGPY | Elli-Margot | Hamburg | 258,8 | 91,37 | 75 |
| DGPZ | Hertha | Hamburg | 82,9 | 29,25 | 120 |
| DGQA | Hertha | Hamburg | 94,5 | 33,34 | 50 |
| DGQB | Hiev | Hamburg | 1785,3 | 630,22 | — |
| *DGQC* | Hilda | Hamburg-Finkenwdr. | 72,5 | 25,59 | 120 |
| DGQD | Hilda | Husum | 11,9 | 4,21 | 60 |
| *DGQE* | Hilde Loop | Hamburg-Finkenwdr. | 60,9 | 21,48 | 120 |
| *DGQF* | Deneb+ | Hamburg | 1067,0 | 376,65 | 475 |
| *DGQG* | Käte Boll | Duisburg-Ruhrort | 843,3 | 297,69 | — |

* = Bruttoraumgehalt.

## DGQH — DGSC

| Unter-scheidungs-signale | Namen der Schiffe | Heimathafen | Kubikmeter Nettoraumgehalt | Registertons Nettoraumgehalt | PS |
|---|---|---|---|---|---|
| *DGQH* | Lisa Eichmann ..... | Hamburg .......... | 782,4 | 276,17 | 300 |
| DGQI | Hinrich Wilhelm .... | Hamburg .......... | 284,7 | 100,50 | 150 |
| DGQJ | Bugsier 6 .......... | Hamburg .......... | 68,1 | 24,05 | 850 |
| DGQK | Hoffnung .......... | Hamburg .......... | 153,7 | 54,26 | 80 |
| *DGQL* | Haseldorf .......... | Hamburg .......... | 1403,4 | 495,40 | 830 |
| *DGQM* | Gisela Russ ........ | Hamburg .......... | 1727,6 | 609,86 | 1575 |
| *DGQN* | Belgrano ........... | Hamburg .......... | 10173,0 | 3591,07 | 3680 |
| *DGQO* | Hummel ........... | Hamburg .......... | 661,2 | 233,41 | 400 |
| *DGQP* | Stubbenhuk ........ | Hamburg .......... | 3972,1 | 1402,15 | 2880 |
| DGQQ | Ida ............... | Hamburg .......... | 302,8 | 106,89 | 155 |
| *DGQR* | Dammtor .......... | Hamburg .......... | 1880,4 | 663,77 | 1250 |
| DGQS | Immanuel ......... | Hamburg .......... | 378,9 | 133,74 | 180 |
| DGQT | Inge .............. | Rendsburg ......... | 284,4 | 109,39 | 150 |
| *DGQU* | Ingeborg .......... | Osten ............. | 453,9 | 160,22 | 150 |
| *DGQV* | Adrian+ ........... | Hamburg .......... | 13682,3 | 4829,85 | 6000 |
| DGQW | Ingeborg .......... | Hamburg .......... | 186,8 | 65,94 | 90 |
| DGQX | Ingeborg III ....... | Hamburg .......... | 321,3 | 113,32 | 125 |
| *DGQY* | Irene ............. | Hamburg .......... | 405,9 | 143,28 | 210 |
| *DGQZ* | Irene ............. | Kiel .............. | 34,0 | 12,01 | 150 |
| DGRA | Ingrid Metzendorff ...... | Hamburg .......... | 200,9 | 70,92 | 150 |
| DGRB | Marie-Elise ........ | Flensburg ......... | 163,9 | 57,85 | 80/100 |
| DGRC | Mariechen II ....... | Hamburg .......... | 321,2 | 113,37 | 105 |
| DGRD | Emma Sell ......... | Kiel .............. | 124,6 | 43,98 | 100 |
| DGRE | Irmgard ........... | Hamburg .......... | 312,0 | 110,13 | 100 |
| *DGRF* | Irmgard ........... | Hamburg .......... | 420,5 | 148,42 | 100 |
| DGRG | Isar .............. | Hamburg .......... | 176,9 | 62,46 | 80 |
| DGRH | Jacobus ........... | Hamburg .......... | 308,1 | 108,77 | 150 |
| *DGRI* | Sapele Palm ........ | Hamburg .......... | 7687,6 | 2713,72 | 2850 |
| *DGRJ* | Jason ............. | Cuxhaven ......... | 65,8 | 23,22 | 250 |
| DGRK | J. C. Wriede ....... | Hamburg-Finkenwdr. | 54,7 | 19,31 | 120 |
| *DGRL* | Adele+ ............ | Hamburg .......... | 901,6 | 318,27 | 300 |
| *DGRM* | Erlangen .......... | Hamburg .......... | 10313,8 | 3640,76 | 9 000 |
| *DGRN* | Cairo ............. | Hamburg .......... | 4221,0 | 1490,02 | 2750 |
| DGRO | Diana M ........... | Hamburg .......... | 404,4 | 142,76 | 600 |
| *DGRP* | R. C. Rickmers+ .... | Hamburg .......... | 13310,0 | 4698,43 | 5400 |
| *DGRQ* | Partner ........... | Hamburg .......... | 779,4 | 275,14 | 300 |
| *DGRR* | Johanna ........... | Hamburg-Finkenwdr. | 30,4 | 10,73 | 90 |
| DGRS | Johanna Höge ...... | Hamburg .......... | 300,3 | 105,99 | 75 |
| DGRT | Johanne ........... | Hamburg .......... | 294,2 | 103,85 | 75 |
| DGRU | Johanne ........... | Hamburg .......... | 127,3 | 44,95 | 75 |
| DGRV | Falke ............. | Lübeck ............ | 64,4 | 22,72 | 25 |
| DGRW | Johanne Becker ..... | Hamburg .......... | 248,0 | 87,53 | 150 |
| DGRX | Johannes .......... | Hamburg .......... | 235,3 | 83,05 | 75 |
| *DGRY* | Remscheid ......... | Hamburg .......... | 5037,4 | 1778,19 | 4200 |
| DGRZ | Johannes .......... | Hamburg .......... | 268,6 | 94,83 | 90 |
| DGSA | Johannes Matthies .. | Hamburg .......... | 291,7* | 102,98* | 400 |
| *DGSB* | Windhuk+ .......... | Hamburg .......... | 12463,1 | 4399,49 | 4000 |
| DGSC | Obereider .......... | Rendsburg ......... | 233,8 | 82,54 | 150 |

* = Bruttoraumgehalt.

## DGSD — DGTZ

| Unterscheidungssignale | Namen der Schiffe | Heimathafen | Kubikmeter (Nettoraumgehalt) | Registertons (Nettoraumgehalt) | PS |
|---|---|---|---|---|---|
| *DGSD* | Ahrensburg | Hamburg | 4709,9 | 1662,60 | 5140 |
| DGSF | Jonni Wilhelmine | Hamburg | 244,4 | 86,26 | 110 |
| DGSG | Karin W | Hamburg | 66,6 | 23,51 | 136 |
| *DGSH* | Wuppertal | Hamburg | 5037,5 | 1778,24 | 4200 |
| DGSI | Vriendschap | Hamburg | 48 | 17 | 120 |
| *DGSJ* | Weissenburg | Hamburg | 4344,3 | 1533,53 | 3600 |
| DGSK | Justizia | Hamburg | 147,9 | 52,19 | 50 |
| DGSL | Jutta | Hamburg | 149,8 | 52,89 | 75 |
| DGSM | Jutta | Hamburg | 17,5 | 6,18 | — |
| DGSN | Käte | Hamburg | 168,4 | 95,45 | 50 |
| DGSO | Käte | Hamburg | 252,2 | 88,95 | 80 |
| *DGSP* | Frida Thorborg | Hamburg | 448,7 | 158,39 | 200 |
| DGSQ | Elise Oltmann | Hamburg | 434,5 | 153,37 | 150 |
| DGSR | E. u. M. Schwimmkran I | Hamburg | 939,5 | 331,65 | 400 |
| DGSS | Käthe | Hamburg | 131,0 | 46,23 | 120 |
| *DGST* | Seefalke | Hamburg | 525,0 | 185,33 | 300 |
| *DGSU* | Unkas | Hamburg | 1348,8 | 476,14 | 1050 |
| DGSV | Käthe Block | Hamburg | 166,6 | 58,81 | 75 |
| *DGSW* | Reibel I. | Hamburg | 1918,7 | 677,32 | 700 |
| *DGSX* | Käthe Ritscher | Hamburg | 402,8 | 142,20 | 200 |
| DGSY | Kamerad | Hamburg | 179,9 | 63,50 | 110 |
| DGSZ | Kaptaube | Hamburg | 161,8 | 57,12 | 75 |
| DGTA | Heinrich Wegener | Hamburg | 141,6 | 49,98 | 120 |
| *DGTB* | Frieda Wilckens | Hamburg | 792,0 | 279,57 | 300 |
| *DGTC* | Rugard | Hamburg | 3291,1 | 1161,75 | 990 |
| DGTD | Karla | Burgstaaken | 254,9 | 89,97 | 100 |
| *DGTE* | Ilse Matthiesen | Hamburg | 1124,8 | 397,04 | 500 |
| *DGTF* | Katerine | Hamburg-Finkenwdr. | 60,9 | 21,48 | 150 |
| DGTG | Katharina | Hamburg | 197,1 | 69,56 | 50 |
| DGTH | Kattegat | Hamburg-Finkenwdr. | 54,9 | 19,38 | 175 |
| DGTI | Kehdingen | Hamburg | 438,7 | 154,86 | 150 |
| *DGTJ* | Hans Oltmann | Hamburg | 830,2 | 293,07 | 700 |
| *DGTK* | Kehrwieder II | Hamburg | 498,3 | 175,90 | 250 |
| *DGTL* | Uhlenhorst | Hamburg | 1773,3 | 625,96 | 450 |
| DGTM | Königsberg | Hamburg | 280,1 | 98,88 | 145 |
| DGTN | Kondor | Hamburg | 279,6 | 98,70 | 90 |
| *DGTO* | Lori Dreyer | Hamburg | 423,9 | 149,65 | 200 |
| *DGTP* | Julius Hauschildt | Hamburg | 781,7 | 275,95 | 300 |
| DGTQ | Landkirchen | Hamburg | 281,5 | 99,36 | 150 |
| DGTR | Erna | Hamburg | 13,1 | 4,61 | 70 |
| DGTS | Landrath Küster | Hamburg-Finkenwdr. | 34,1 | 12,03 | 85 |
| *DGTT* | Cord Eckelmann | Hamburg | 1113,6 | 393,11 | 800 |
| DGTU | Leda | Hamburg | 109,6 | 38,68 | 75 |
| DGTV | Lene Reinhold | Hamburg | 140,3 | 49,54 | 75 |
| DGTW | Juist | Hamburg | 468,5 | 165,39 | 200 |
| *DGTX* | Nerissa | Hamburg | 970,4 | 342,56 | 1000 |
| DGTY | Liesbeth | Hamburg | 137,9 | 48,66 | 70 |
| DGTZ | Lilly | Hamburg | 312,4 | 110,28 | 90 |

## DGUA — DGVX

| Unterscheidungssignale | Namen der Schiffe | Heimathafen der Schiffe | Kubikmeter Nettoraumgehalt | Registertons Nettoraumgehalt | PS |
|---|---|---|---|---|---|
| DGUA | Wally | Hamburg | 406,7 | 143,55 | 150 |
| DGUB | Line Hinsch | Hamburg | 146,9 | 51,85 | 70 |
| *DGUC* | Lisa | Hamburg | 950,1 | 335,40 | 500 |
| DGUE | Lisa | Wischhafen | 169,7 | 59,91 | 100 |
| DGUF | Lisa | Hamburg-Finkenwdr. | 66,7 | 23,54 | 150 |
| DGUG | Lisa Oltmann | Hamburg | 275,5 | 97,26 | 125 |
| DGUH | Liselotte | Hamburg | 155,1 | 58,27 | 100 |
| DGUI | Lothar | Hamburg | 1215,1 | 428,93 | 450 |
| *DGUJ* | Winnie Lattmann | Hamburg | 2492,0 | 879,67 | 1200 |
| DGUK | Ursel | Hamburg | 187,6 | 66,21 | 50 |
| DGUL | Hadersleben | Hamburg | 537,3 | 189,67 | 225 |
| DGUM | Mehetal | Hamburg | 114,5 | 40,41 | 60 |
| DGUN | Luise | Hamburg | 125,7 | 44,38 | 50 |
| DGUO | Gesa | Hamburg | 222,2 | 78,44 | 165 |
| DGUP | Magdalena | Pellworm | 123,9 | 43,73 | 70 |
| *DGUQ* | Claere Jung | Hamburg | 3705,9 | 1308,19 | 2520 |
| *DGUR* | Magret-Inge | Hamburg | 209,2 | 73,84 | 200 |
| DGUS | Gustav | Hamburg | 33,6 | 11,85 | 180 |
| DGUT | Marga | Hamburg | 250,8 | 88,53 | 120 |
| DGUU | Margaretha | Hamburg | 279,6 | 98,69 | 75 |
| DGUV | Magaretha | Hamburg | 206,5 | 72,90 | 60 |
| DGUW | Margaretha | Hamburg | 164,8 | 58,18 | 80 |
| DGUX | John Beckedorf | Hamburg | 1163,6 | 410,76 | — |
| *DGUY* | Margaretha Nibbe | Cranz/Elbe | 390,8 | 137,97 | 200 |
| DGUZ | Salmo | Hamburg | 338,8 | 119,60 | 160 |
| DGVA | Carlsson II | Hamburg | 187,2 | 59,01 | 155 |
| *DGVB* | Ingeborg II+ | Hamburg | 1030,9 | 363,89 | 300 |
| *DGVC* | Willi Huber | Hamburg | 4536,9 | 1601,52 | 1650 |
| DGVD | Sintra | Hamburg | 68,2 | 24,13 | 190 |
| *DGVE* | Margit | Hamburg-Finkenwdr. | 68,9 | 24,33 | 180 |
| DGVF | Maria | Hamburg | 105,1 | 37,09 | 75 |
| DGVG | Maria | Hamburg | 135,2 | 47,73 | 110 |
| DGVH | Gerd Schöning | Hamburg | 115,5 | 40,76 | 90 |
| *DGVI* | Calliope | Hamburg | 4190,9 | 1479,38 | 1250 |
| *DGVJ* | Helga Russ | Hamburg | 1765,0 | 623,05 | 1500 |
| *DGVK* | Concordia | Hamburg | 2837,8 | 1001,74 | 1400 |
| DGVL | Vagabund | Hamburg | 409,7 | 144,62 | 100 |
| *DGVM* | Elisabeth Boll | Haren/Ems | 565,0 | 199,43 | 240 |
| DGVN | Marianne | Brake | 227,1 | 80,15 | 60 |
| DGVO | Marianne | Hamburg | 208,4 | 73,57 | 80 |
| DGVP | Marianne | Hamburg | 253,8 | 89,58 | 75 |
| DGVQ | Marieanne | Hamburg | 129,2 | 45,63 | 36 |
| DGVR | Marido | Hamburg | 259,0 | 91,41 | 80 |
| DGVS | Marie | Hamburg | 149,1 | 52,62 | 90 |
| DGVT | Marie | Hamburg | 148,7 | 52,49 | 60 |
| DGVU | Jan Hamm | Hamburg | 1097,9 | 387,55 | 475 |
| *DGVV* | Dalbek+ | Hamburg | 7266,6 | 2565,11 | 2910 |
| *DGVW* | Hannes Fesefeldt | Hamburg | 778,1 | 274,66 | 300 |
| *DGVX* | Montania+ | Hamburg | 21680,9 | 7653,37 | 6650 |

## DGVY — DGXU

| Unterscheidungssignale | Namen der Schiffe | Heimathafen der Schiffe | Kubikmeter Nettoraumgehalt | Registertons Nettoraumgehalt | PS |
|---|---|---|---|---|---|
| *DGVY* | Altenwerder | Hamburg | 72,6 | 23,63 | 850 |
| DGVZ | Ida Kuhlencort | Hamburg | 141,2 | 49,86 | 75 |
| *DGWA* | Josef Joham | Hamburg | 806,3 | 284,61 | 475 |
| *DGWC* | Elke | Düsseldorf | 670,5 | 36,67 | 400 |
| *DGWD* | Hannah Böge | Hamburg | 2919,3 | 1030,50 | 1850 |
| DGWE | Breiholz | Rendsburg | 247,9 | 87,52 | 95 |
| DGWF | Bugsier 7 | Hamburg | 68,1 | 24,05 | 850 |
| DGWG | Martha | Hamburg | 362,6 | 128,00 | 100 |
| DGWH | Martha | Hamburg | 106,1 | 37,44 | 50 |
| DGWI | Martha | Hamburg | 117,9 | 41,64 | 45 |
| *DGWJ* | Hans Pickenpack | Hamburg | 920,2 | 324,82 | 1250/ 1570 |
| DGWK | Vegesack | Bremen | 42,9 | 15,15 | 555 |
| *DGWL* | Ellerbek | Hamburg | 2899,2 | 1023,43 | 1875 |
| *DGWM* | Martha Ahrens | Hamburg | 342,0 | 120,71 | 200 |
| DGWN | Martha Christine | Hamburg | 223,5 | 78,89 | 120 |
| *DGWO* | August Peters | Hamburg | 1615,4 | 570,25 | 750 |
| DGWP | Emmalies Funk | Hamburg | 210,0 | 74,12 | 150 |
| DGWQ | Mary | Hamburg | 177,3 | 62,67 | 100 |
| DGWR | Matador | Hamburg | 297,4 | 104,98 | 90 |
| DGWS | Matador | Rendsburg | 242,0 | 85,41 | 75 |
| DGWT | Matador II | Hamburg | 263,2 | 92,90 | 70 |
| DGWU | Mathilde | Hamburg | 315,3 | 111,32 | 75 |
| *DGWV* | Wilhelm Doerenkamp | Hamburg | 4833,9 | 1706,36 | 2520 |
| *DGWW* | Ozean | Hamburg | 814,1 | 287,36 | 300 |
| DGWX | Max | Hamburg | 79,9 | 28,20 | 60 |
| DGWY | Ernst Gaulke | Hamburg | 278,3 | 98,26 | 150 |
| DGWZ | Melpomene | Hamburg | 321,3 | 113,41 | 120 |
| *DGXA* | Memelland | Hamburg | 489,1 | 172,66 | 240 |
| DGXB | Meridian | Brake | 232,4 | 82,02 | 120 |
| DGXC | Merkur | Hamburg | 181,0 | 63,91 | 100 |
| DGXD | Meta | Hamburg | 273,8 | 96,65 | 75 |
| DGXE | Meta | Hamburg | 114,9 | 40,54 | 75 |
| *DGXF* | J. C. Ertel | Hamburg | 4516,4 | 1594,28 | 1380 |
| *DGXG* | Jürgen Stahmer | Hamburg | 606,5 | 214,10 | 300 |
| DGXH | Meta-Grete | Hamburg | 215,0 | 75,91 | 180 |
| *DGXI* | Meta Holst | Hamburg-Finkenwdr. | 74,1 | 26,15 | 180 |
| DGXJ | Ernst Uwe | Hamburg | 258,7 | 91,32 | 150 |
| DGXK | Meta Schröder | Hamburg-Finkenwdr. | 59,2 | 20,89 | 150 |
| DGXL | Meteor | Hamburg | 233,5 | 82,44 | 85 |
| *DGXM* | Dockenhuden | Hamburg | | 1148 | 1400 |
| *DGXN* | Else Parchmann | Bremen | 964,9 | 340,61 | 350 |
| DGXO | Mimi | Hamburg | 219,4 | 77,46 | 75 |
| DGXP | Minna | Hamburg | 179,8 | 63,48 | 120 |
| *DGXQ* | Vale$^{+}$ | Hamburg | 17699,2 | 6247,83 | 5400 |
| DGXR | Minna Catharina | Hamburg | 234,6 | 82,81 | 90 |
| DGXS | Minna Marie | Hamburg | 163,1 | 57,56 | 50 |
| *DGXT* | Klaus Turowsky | Hamburg | 712,6 | 251,53 | 300 |
| *DGXU* | Jürgen Wehr | Hamburg | 784,5 | 276,94 | 300 |

## DGXV — DGZR

| Unter-scheidungs-signale | Namen der Schiffe | Heimathafen der Schiffe | Kubikmeter Nettoraumgehalt | Registertons Nettoraumgehalt | PS |
|---|---|---|---|---|---|
| DGXV | Möwe | Hamburg | 180,4 | 63,68 | 75 |
| DGXW | Aenne Tänzler | Hamburg | 52,0 | 18,36 | 14 |
| *DGXX* | Monica | Warsingsfehn | 503,6 | 117,77 | 400 |
| *DGXY* | Otto | Hamburg | 1042,0 | 367,82 | 1200 |
| DGXZ | Mulli | Hamburg | 184,5 | 65,11 | 90 |
| DGYA | Muschi | Hamburg-Finkenwdr. | 29,1 | 10,27 | 90 |
| DGYB | Najade | Lübeck | 141,2 | 49,83 | 320 |
| *DGYC* | Neckar | Hamburg | 546,9 | 193,07 | 300 |
| DGYD | Neptunes | Hamburg | 142,6 | 50,33 | 60 |
| DGYE | Nessdiek | Hamburg-Finkenwdr. | 57,2 | 20,18 | 120 |
| *DGYF* | Neuenfelde | Hamburg | 281,6 | 99,42 | 200 |
| *DGYG* | Niederelbe | Hamburg | 562,5 | 198,57 | 150 |
| DGYH | Niedersachsen | Hamburg | 376,6 | 132,93 | 165 |
| DGYI | Niobe | Hamburg | 137,4 | 48,52 | 80 |
| DGYJ | Niobe | Hamburg | 246,1 | 86,86 | 75 |
| DGYK | Nixe | Hamburg | 198,0 | 69,91 | 90 |
| DGYL | Nobiskrug | Hamburg | 452,4 | 159,69 | 175 |
| *DGYM* | Norden | Hamburg | 472,8 | 166,88 | 180 |
| *DGYN* | Grete Hauschildt | Hamburg | 790,9 | 279,17 | 300 |
| *DGYO* | Clara Blumenfeld | Hamburg | 4365,1 | 1540,88 | 1200 |
| DGYP | Nordmark | Hamburg | 380,4 | 134,28 | 200 |
| *DGYQ* | Nordstern | Hamburg-Finkenwdr. | 60,9 | 21,48 | 125 |
| *DGYR* | Ilse Russ | Hamburg | 1731,9 | 611,38 | 1575 |
| DGYS | Nymphe | Wilhelmshaven | 38,6 | 13,63 | 100 |
| *DGYT* | Nordwind+ | Hamburg | 2503,8 | 883,84 | 1400 |
| *DGYU* | Leipzig | Hamburg | 11257,2 | 3973,79 | 9000 |
| DGYV | Olga | Hamburg | 477,7 | 168,64 | 200 |
| DGYW | Ingrid Becker | Rendsburg | 394,5 | 139,25 | 108 |
| DGYX | Orion | Hamburg | 315,8 | 111,47 | 200 |
| *DGYY* | Lothareins | Hamburg | 697,4 | 239,83 | 305 |
| DGYZ | Oste | Hamburg | 136,5 | 48,17 | 100 |
| DGZA | Ostetal | Hamburg | 208,0 | 73,41 | 110 |
| *DGZB* | Ostmark | Hamburg | 485,0 | 171,22 | 560 |
| DGZC | Ostsee | Hamburg | 258,9 | 91,41 | 150/155 |
| DGZD | Pallos | Hamburg | 149,5 | 52,76 | 75 |
| *DGZE* | Thorgerd | Hamburg | 904,4 | 319,25 | 650 |
| *DGZF* | Margarete Peters+ | Hamburg | 1804,4 | 636,96 | 800 |
| *DGZG* | Erik Seyd | Hamburg | 728,6 | 257,21 | 300 |
| DGZH | Louise | Hamburg | 460,1* | 162,43* | 1330 |
| *DGZI* | Luise I | Hamburg | 394,8 | 139,37 | 240 |
| DGZJ | Petrolina | Hamburg | 1006,0 | 355,11 | — |
| DGZK | Pinnau | Hamburg | 273,6 | 96,58 | 70 |
| *DGZL* | Nordstern | Hamburg | 13489,5 | 4761,80 | 4200 |
| *DGZM* | Widar | Hamburg | 8639,8 | 3049,86 | 3500 |
| DGZN | Pirat | Hamburg | 538,7 | 190,15 | 200 |
| *DGZO* | Leanna | Hamburg | 3902,8 | 1377,69 | 1400 |
| *DGZP* | Welheim+ | Hamburg | 14542,0 | 5133,32 | 6000 |
| *DGZQ* | Esteburg | Hamburg | 890,9 | 314,49 | 400 |
| DGZR | Polaris | Hamburg | 335,9 | 118,58 | 110 |

* = Bruttoraumgehalt.

## DGZS — DHBS

| Unterscheidungssignale | Namen der Schiffe | Heimathafen der Schiffe | Kubikmeter Nettoraumgehalt | Registertons Nettoraumgehalt | PS |
|---|---|---|---|---|---|
| DGZS | Polarstern | Hamburg | 126,2 | 44,54 | 60 |
| *DGZT* | Portia | Hamburg | 1255,1 | 443,04 | 800 |
| DGZU | Preciosa | Hamburg | 121,6 | 42,92 | 70 |
| DGZV | Presto | Hamburg | 39,5 | 13,95 | 85 |
| *DGZW* | Christian Goedeken | Hamburg | 766,3 | 270,52 | 1200 |
| DGZX | Regina | Hamburg | 138,5 | 48,90 | 70 |
| DGZY | Reina | Hamburg | 131,3 | 46,34 | 50 |
| *DGZZ* | Nordlicht | Hamburg | 483,5 | 170,68 | 300 |
| DHAB | Roland | Hamburg | 396,0 | 139,78 | 150 |
| *DHAC* | Peter S | Hamburg | 430,5 | 151,97 | 280/300 |
| DHAD | Rolf Hubert | Hamburg | 202,8 | 71,58 | 100 |
| *DHAE* | Esperanza+ | Hamburg | 8064,6 | 2846,81 | 4200 |
| DHAF | Rügen | Flensburg | 14,0 | 4,99 | 35 |
| DHAG | Rungholt | Hamburg | 566,5 | 199,99 | 200 |
| *DHAJ* | Nordland+ | Hamburg | 13643,2 | 4816,04 | 4200 |
| *DHAK* | Erik Blumenfeldt+ | Hamburg | 21430,6 | 7565,00 | 5400 |
| *DHAL* | Troyburg+ | Hamburg | 6920,0 | 2442,77 | 3600 |
| *DHAM* | Orion II | Hamburg | 930,2 | 328,37 | 430 |
| DHAN | Schlei | Hamburg | 155,9 | 55,04 | 120 |
| DHAO | Schwalbe | Hamburg | 436,5 | 154,08 | 120 |
| DHAP | Schwalbe | Hamburg | 106,9 | 37,73 | 125 |
| DHAQ | Schwalbe | Hamburg | 253,3 | 89,41 | 90 |
| DHAR | Schwalbe | Hamburg-Finkenwdr. | 73,4 | 13,32 | 90 |
| DHAS | Schwalbe II | Hamburg | 237,1 | 83,71 | 150 |
| DHAT | Schwan | Hamburg | 143,1 | 50,50 | 50 |
| DHAU | Seeadler | Hamburg | 109,9 | 38,78 | 80 |
| *DHAV* | Bayern | Leer | 282,1 | 99,57 | 300 |
| DHAW | Seefalke | Hamburg | 143,6 | 50,71 | 75 |
| *DHAX* | Tübingen | Hamburg | 10302,0 | 3636,60 | 9000 |
| DHAY | Seemöve | Hamburg | 214,9 | 75,85 | 150 |
| DHAZ | Seemöve | Hamburg | 272,4 | 96,16 | 100 |
| DHBA | Seestern | Kiel | 171,7 | 60,62 | 135 |
| *DHBB* | Fairplay VI | Hamburg | 109,4 | 38,60 | 800 |
| *DHBC* | Saarland+ | Hamburg | 14549,2 | 5135,86 | 9000 |
| DHBD | Selma | Hamburg | 455,7 | 160,87 | 150 |
| DHBE | Borkum | Hamburg | 322,6 | 113,86 | 200 |
| *DHBF* | Hertha Gerdau | Hamburg | 788,3 | 278,28 | 300 |
| DHBG | Siegfried Brey | Hamburg | 293,4 | 103,59 | 110 |
| DHBH | Käte Hinz | Hamburg | 391,9 | 138,36 | 180 |
| DHBI | Sirene | Brake | 243,8 | 86,07 | 70 |
| DHBJ | Sleipner | Hamburg | 249,2 | 87,97 | 80 |
| *DHBK* | Sleipner | Hamburg | 423,4 | 149,46 | 200 |
| *DHBL* | Cap Verde+ | Hamburg | 15054,9 | 5314,36 | 7000 |
| DHBM | Sperber | Hamburg | 55,5 | 19,61 | 150 |
| DHBN | Spika | Hamburg | 157,4 | 55,55 | 60 |
| *DHBO* | Richard Kaselowsky | Hamburg | 20683,6 | 7301,32 | 7200 |
| DHBP | Spongia | Hamburg | 97,1 | 34,29 | 90 |
| *DHBR* | Lucie Schulte | Hamburg | 3236,4 | 1142,46 | 1250 |
| DHBS | Trude | Rendsburg | 433,3 | 152,94 | 165 |

## DHBT — DHDN

| Unterscheidungssignale | Namen der Schiffe | Heimathafen | Kubikmeter (Nettoraumgehalt) | Registertons (Nettoraumgehalt) | PS |
|---|---|---|---|---|---|
| *DHBT* | Berta Beck | Hamburg | 468,6 | 165,42 | 250 |
| *DHBU* | Stör | Hamburg | 399,6 | 141,05 | 150 |
| *DHBV* | Stormarn | Hamburg | 988,0 | 348,47 | 750 |
| DHBW | Käthe Brunckhorst | Hamburg | 425,1 | 150,07 | 300 |
| DHBX | Süderilw | Hamburg-Finkenwdr. | 45,8 | 16,16 | 125 |
| DHBY | Sülfmeister | Hamburg | 173,6 | 61,27 | 120 |
| *DHBZ* | Ingeborg | Hamburg | 1870,8 | 660,39 | 750 |
| DHCA | Taube | Elsfleth | 134,7 | 47,56 | 50 |
| *DHCB* | Ubena | Hamburg | 8104,6 | 2860,92 | 5340 |
| DHCC | Taucher Flint I | Hamburg | 86,9 | 30,66 | 200 |
| DHCD | Taucher Flint II | Hamburg | 54,7 | 19,29 | 160 |
| DHCE | Taucher Flint III | Hamburg | 60,1 | 21,21 | 180 |
| DHCF | Taucherfahrzeug III | Hamburg | 45,4 | 16,02 | 65 |
| DHCG | Taucher Harmstorf 5 | Hamburg | 47,8 | 16,87 | 75 |
| DHCH | Taucher Harmstorf 6 | Hamburg | 23,2 | 8,20 | 50 |
| DHCI | Taucher Ottar Harmstorf IX | Hamburg | 274,6 | 96,92 | |
| DHCJ | Thea | Hamburg | 125,2 | 44,18 | 120 |
| DHCK | Thea | Hamburg | 300,2 | 105,97 | 100 |
| DHCL | Thomas | Hamburg | 790,8 | 279,16 | 250 |
| *DHCM* | Elfi Breuer | Hamburg | 782,2 | 276,12 | 300 |
| *DHCN* | Hove | Hamburg | 956,2 | 337,53 | 480 |
| DHCO | Tine Schröder | Hamburg | 140,1 | 49,44 | 70 |
| DHCP | Tinka | Hamburg | 313,7 | 110,75 | 150 |
| DHCQ | Pionier | Bensersiel | 71,4 | 25,19 | 150 |
| DHCR | Treue | Hamburg | 394,8 | 139,38 | 214 |
| DHCS | Triton | Hamburg | 121,2 | 42,80 | 60 |
| DHCT | Undine | Hamburg | 422,6 | 149,17 | 150 |
| DHCU | Undine | Hamburg | 269,4 | 95,10 | 75 |
| DHCV | Uranus | Hamburg | 130,1 | 45,92 | 50 |
| *DHCW* | Göttingen | Hamburg | 10311,5 | 3639,94 | 9000 |
| DHCX | Uwe-Ursula | Hamburg | 295,4 | 104,26 | 180 |
| *DHCY* | Valborg | Hamburg | 473,1 | 167,01 | 150 |
| DHCZ | Vertrauen | Hamburg | 237,6 | 83,86 | 50 |
| DHDA | Elke Freese | Hamburg | 465,5 | 164,32 | 250 |
| DHDB | Geier | Hamburg | 78,2 | 27,61 | 250 |
| *DHDC* | Fischbek+ | Hamburg | 7316,0 | 2582,55 | 3000 |
| DHDD | Vorwärts | Hamburg | 301,1 | 106,29 | 90 |
| DHDE | Vorwärts | Hamburg | 138,3 | 48,83 | 80 |
| *DHDF* | Carl Julius | Hamburg | 9112,3 | 3216,68 | 4000 |
| *DHDG* | Walküre | Hamburg | 279,8 | 98,75 | 120 |
| DHDH | Walter | Hamburg | 127,2 | 44,89 | 90 |
| DHDI | Walter | Hamburg | 122,0 | 43,06 | 100 |
| DHDJ | Marita | Haren/Ems | 385,2 | 135,97 | 200 |
| DHDK | Ane Jess | Rendsburg | 210,8 | 74,42 | 120 |
| DHDL | Wanda | Hamburg | 218,5 | 77,13 | 60 |
| *DHDM* | Urania | Osten | 342,8 | 121,00 | 190 |
| DHDN | Wega | Cuxhaven | 54,6 | 19,26 | 100 |

## DHDO — DHFM

| Unterscheidungssignale | Namen der Schiffe | Heimathafen der Schiffe | Kubikmeter (Nettoraumgehalt) | Registertons (Nettoraumgehalt) | PS |
|---|---|---|---|---|---|
| DHDO | Weißer Greif | Eckernförde | 389,9 | 137,62 | 150 |
| DHDP | Hermann Tiedemann | Hamburg | 62,6* | 22,10* | 260 |
| *DHDQ* | Beate Bolten | Hamburg | 4149,2 | 1464,68 | 2300 |
| *DHDR* | Werner | Hamburg | 1358,0 | 479,39 | 650 |
| DHDS | Weser | Hamburg | 749,2 | 264,45 | — |
| *DHDT* | Rothenburg | Hamburg | 4030,0 | 1422,61 | 3500 |
| DHDU | Wilfried | Hamburg | 424,7 | 149,93 | 150 |
| DHDV | Wilfriede Klünder | Hamburg | 292,5 | 103,25 | 100 |
| DHDW | Wilhelmina | Brake | 264,5 | 93,96 | 105 |
| *DHDX* | Louise Lattmann | Hamburg | 4121,8 | 1455,01 | 1800 |
| *DHDY* | Steendiek+ | Hamburg | 3254,1 | 1148,68 | 2000 |
| DHDZ | Willida | Kiel | 138,1 | 48,74 | 75 |
| DHEA | Willy Charles | Hamburg | 244,7* | 86,36* | 525 |
| DHEB | Willy Marie | Hamburg | 454,2 | 160,33 | 110 |
| DHEC | Windhund | Hamburg | 322,0 | 113,66 | 150 |
| DHED | Wolf | Hamburg | 515,2 | 181,85 | 150 |
| DHEE | Arkona | Hamburg | 111,5 | 39,36 | 50 |
| DHEF | Wotan | Hamburg | 220,5 | 77,83 | 120 |
| DHEG | Woterküken | Büsum | 15,3 | 5,39 | 75 |
| *DHEH* | Mangan | Hamburg | 1643,4 | 580,12 | 850 |
| *DHEI* | Amalie C. Ertel | Hamburg | 2375,0 | 838,37 | 1370 |
| DHEJ | E. u. M. Schwimmkran IV | Hamburg | 1405,3 | 496,08 | — |
| *DHEK* | Dortmund | Hamburg | 11536,9 | 4072,54 | 9500 |
| DHEL | Pollux | Oldersum | 74,1 | 26,15 | 16/18 |
| *DHEN* | Erika Schulte | Hamburg | 1715,7 | 605,63 | 1470 |
| DHEO | Erna Liebisch | Hamburg | 497,4 | 175,57 | 330 |
| *DHEP* | Süd-West | Hamburg | 726,8 | 256,55 | 250 |
| DHEQ | Asgard | Hamburg | 23,1 | 8,16 | 45 |
| *DHER* | Paul | Hamburg | 749,9 | 280,61 | 250 |
| *DHES* | Bewa | Hamburg | 782,6 | 276,24 | 300 |
| *DHET* | Elvdiek | Hamburg | 761,3 | 268,75 | 300 |
| *DHEU* | Stintfang | Hamburg | 4462,2 | 1575,17 | 3500 |
| DHEV | Helmut | Hamburg | 158,1 | 55,82 | 100 |
| *DHEW* | Valeria+ | Hamburg | 5723,2 | 2020,30 | 4000 |
| *DHEX* | Emma Sauber | Hamburg | 4288,5 | 1513,84 | 1320 |
| *DHEY* | Emsriff | Hamburg | 9030,7 | 3187,83 | 1800 |
| DHEZ | Bergungsschute 4 | Hamburg | 246,3 | 86,95 | — |
| DHFA | Bugsier 11 | Hamburg | 68,1 | 24,05 | 850 |
| *DHFC* | Martha Russ | Hamburg | 2119,0 | 748,01 | 1200 |
| *DHFD* | Brook | Hamburg | 2252,3 | 795,08 | 1250 |
| DHFE | Adolph | Hamburg | 98,2 | 34,67 | 250 |
| *DHFF* | Dorothea Weber | Hamburg | 691,0 | 243,92 | 250 |
| *DHFG* | Juliane Schröder | Hamburg | 1802,7 | 636,35 | 1500 |
| *DHFH* | Klaus Wilhelm | Hamburg | 513,2 | 181,17 | 360 |
| *DHFI* | Nesserland | Hamburg | 1409,4 | 497,52 | 570 |
| *DHFJ* | Sinstorf | Hamburg | | 785,00 | 1750 |
| DHFK | Helgoland | Husum | 18,2 | 6,43 | 100 |
| DHFM | Bugsier 9 | Hamburg | 44,9 | 15,86 | 470 |

*** = Bruttoraumgehalt.**

## DHFN — DHHL

| Unter-scheidungs-signale | Namen der Schiffe | Heimathafen | Kubikmeter (Nettoraumgehalt) | Registertons (Nettoraumgehalt) | PS |
|---|---|---|---|---|---|
| DHFN | Meta | Hamburg | 192,1 | 67,80 | 130 |
| *DHFO* | Helga Howaldt+ | Hamburg | 16287,4 | 5749,45 | 4000 |
| *DHFP* | Tanganjika | Hamburg | 7610,6 | 2686,55 | 4600 |
| *DHFQ* | Rudolf Oetker | Hamburg | 20678,3 | 7299,45 | 7200 |
| *DHFR* | Cranz | Hamburg | 610,8 | 215,60 | 250 |
| DHFS | Johannes Friedrich | Hamburg | 294,7 | 104,04 | 120 |
| DHFT | Gertrud | Hamburg | 161,5 | 57,00 | 75 |
| DHFU | Carlshütte IV | Rendsburg | 110,4 | 38,96 | 50 |
| *DHFV* | E. Russ | Hamburg | 2102,5 | 742,18 | 1200 |
| *DHFW* | Wilhelmine Essberger | Hamburg | 20579,2 | 7264,54 | 7200 |
| *DHFX* | Ludwigshafen | Hamburg | 11279,4 | 3981,61 | 9000 |
| *DHFY* | Norderney | Cuxhaven | 421,9 | 148,92 | 600 |
| *DHFZ* | Transmichigan | Hamburg | 2423,8 | 855,61 | 700 |
| DHGA | Genius | Hamburg | 387,0 | 136,59 | 200 |
| *DHGB* | Hermann-Hans | Hamburg | 521,0 | 183,91 | 250 |
| *DHGC* | Tilly Russ | Hamburg | 2129,0 | 751,53 | 1200 |
| *DHGD* | Charlotte Schröder | Hamburg | 3195,2 | 1127,90 | 1250 |
| *DHGE* | Welle | Hamburg | 369,9 | 140,10 | 350 |
| DHGG | Cormoran II | Hamburg | 471,0 | 166,27 | 2×300 |
| DHGH | Carla | Hamburg | 128,6 | 45,39 | 75 |
| DHGI | Adele | Hamburg | 267,8 | 94,54 | 105 |
| *DHGJ* | Lucy Essberger+ | Hamburg | 4101,0 | 1447,66 | 1200 |
| DHGK | Berta Marie | Hamburg | 61,8 | 21,81 | |
| *DHGL* | Friedel | Hamburg | 384,5 | 135,73 | 250 |
| *DHGM* | Este | Hamburg | 566,0 | 199,79 | 250 |
| DHGN | Erna | Hamburg | 139,5 | 49,25 | 30 |
| *DHGO* | Lucetta | Hamburg | 460,2 | 162,47 | 300 |
| *DHGP* | Pergamon | Hamburg | 5927,9 | 2092,56 | 1450 |
| DHGQ | Hans Hermann | Hamburg | 559,4 | 197,48 | 250 |
| *DHGR* | Thetis | Hamburg | 765,2 | 270,11 | 250 |
| DHGS | Herta Giese | Hamburg | 566,4 | 199,95 | 300 |
| *DHGT* | Leopard | Hamburg | 511,9 | 180,71 | 250 |
| *DHGU* | Robert Bornhofen+ | Hamburg | 9614,6 | 3393,96 | 3800 |
| *DHGV* | Carlo Porr | Hamburg | 1707,8 | 602,85 | 1000 |
| *DHGX* | Esso München | Hamburg | 28594,7 | 10093,92 | 12700 |
| *DHGY* | Sonderburg | Hamburg | 31,3 | 11,04 | 640 |
| *DHGZ* | Hamburg | Hamburg | 724,7 | 255,81 | 250 |
| *DHHA* | Francis N | Hamburg | | 1110 | 1200 |
| *DHHB* | Julius Pickenpack | Hamburg | 627,7 | 221,59 | 800 |
| *DHHC* | Seevogel | Hamburg | 2323,4 | 820,17 | 800 |
| DHHE | Christa Köncke | Hamburg | 471,0 | 166,27 | 2×300 |
| *DHHF* | Alfred | Hamburg | 1297,9 | 458,64 | 460 |
| DHHG | Tross | Lübeck | 117,8 | 41,59 | 100 |
| *DHHH* | Elisabeth Arlt | Bremen | 2110,0 | 744,83 | 900 |
| *DHHI* | Reinbek | Hamburg | 4449,4 | 1588,29 | 1850 |
| *DHHJ* | Ella Feldtmann | Hamburg | 612,7 | 216,27 | 250 |
| DHHK | Triton | Hamburg | 18,1 | 6,39 | 90 |
| *DHHL* | Dörte II | Flensburg | 444,8 | 157,03 | 250 |

## DHHM — DHJJ

| Unterscheidungssignale | Namen der Schiffe | Heimathafen | Kubikmeter (Nettoraumgehalt) | Registertons (Nettoraumgehalt) | PS |
|---|---|---|---|---|---|
| *DHHM* | Rheinland | Hamburg | 4114,9 | 1452,55 | 1200 |
| *DHHN* | Thor | Hamburg | 3440,4 | 1214,48 | 1800 |
| DHHO | Gretchen v. Allwörden | Osten | 509,9 | 179,98 | 250 |
| *DHHP* | Edelgard | Hamburg | 391,6 | 138,24 | 250 |
| *DHHQ* | Vormann Rass | Hamburg | 1874,8 | 661,79 | 800 |
| *DHHR* | Paul Lübcke | Hamburg | 627,7 | 221,59 | 800 |
| *DHHS* | Doggerbank | Hamburg | 57,3 | 20,21 | 150 |
| *DHHT* | Hamburg | Hamburg | 14951,6 | 5277,93 | 10560 |
| *DHHU* | Wolfsburg | Hamburg | 9318,8 | 3289,53 | 3100 |
| *DHHV* | Mühlheim-Ruhr | Hamburg | 6354,7 | 2243,20 | 2×950 |
| DHHW | Anita Hauschildt | Hamburg | 341,5 | 120,54 | 180 |
| *DHHX* | Thüringen | Hamburg | 827,0 | 291,93 | 250 |
| *DHHY* | Harald Schröder | Hamburg | 2241,8 | 791,34 | 1250 |
| *DHHZ* | Transerie | Hamburg | 2389,3 | 843,41 | 1120 |
| *DHIA* | Midgard | Hamburg | 3495,8 | 1234,03 | 1300 |
| *DHIB* | Rügen | Hamburg | 657,2 | 231,98 | 250 |
| DHIC | Simson | Hamburg | 690,7 | 243,81 | — |
| DHID | Klaus | Hamburg | 271,5 | 95,83 | 125 |
| DHIE | Annemarie Renate | Hamburg | 391,0 | 138,01 | 300 |
| *DHIF* | Martha Peters | Hamburg | 1833,6 | 647,23 | 900 |
| *DHIG* | Claus Möller | Hamburg | 627,1 | 221,59 | 800 |
| *DHIH* | Hanseat | Hamburg | 675,9 | 238,60 | 250 |
| *DHII* | Levensau | Hamburg | 1515,6 | 534,99 | 1430 |
| DHIJ | Weser | Hamburg | 566,8 | 200,10 | — |
| *DHIK* | Tetuan | Hamburg | 2365,6 | 835,06 | 1450 |
| *DHIL* | Wiking | Hamburg | 576,7 | 203,57 | 520 |
| *DHIM* | Jan Peter | Hamburg | 415,5 | 146,66 | 300 |
| DHIN | Matador | Hamburg | 149,9* | 52,74* | 280 |
| *DHIO* | Otto Schubert | Hamburg | 691,0 | 243,92 | 800 |
| DHIQ | Peter | Hamburg | 435,8 | 160,19 | 175 |
| *DHIR* | Uta | Hamburg | 865,4 | 302,80 | 300 |
| DHIS | Gebina | Haren/Ems | 1061,8 | 374,63 | 300 |
| *DHIT* | Wolfgang Russ | Hamburg | 4523,5 | 1596,81 | 4000 |
| *DHIU* | Holger | Hamburg | 2548,2 | 899,51 | 1165 |
| *DHIV* | Tanga | Hamburg | 9532,7 | 3365,06 | 2×2000 |
| *DHIW* | Wotan | Hamburg | 177,3 | 62,58 | 2×850 |
| *DHIX* | Joachim Schulte | Hamburg | 9357,1 | 3303,06 | 2800 |
| *DHIY* | Senior | Hamburg | 4956,8 | 1749,74 | 1550 |
| *DHIZ* | Stralsund | Hamburg | 429,9 | 151,74 | 750 |
| *DHJA* | Almut | Hamburg | 2465,4 | 870,29 | 900 |
| *DHJB* | Rita | Hamburg | 678,0 | 239,34 | 250 |
| *DHJC* | Quadriga | Hamburg | 4888,4 | 1724,29 | 5200 |
| *DHJD* | Wihinapa | Hamburg | 17753,7 | 6267,06 | 5800 |
| *DHJE* | Matthias Föcher | Hamburg | 609,5 | 215,15 | 880 |
| *DHJF* | Alteland | Hamburg | 561,2 | 198,11 | 850 |
| *DHJH* | Bahrenfeld | Hamburg | 428,4 | 151,23 | 970 |
| *DHJI* | Bellatrix | Hamburg | 6877,3 | 2427,70 | 1750 |
| *DHJJ* | Falkenberg | Hamburg | 2622,4 | 925,70 | 750 |

* = Bruttoraumgehalt.

## DHJK — DHLH

| Unterscheidungssignale | Namen der Schiffe | Heimathafen der Schiffe | Kubikmeter Nettoraumgehalt | Registertons Nettoraumgehalt | PS |
|---|---|---|---|---|---|
| *DHJK* | Anton Castens | Hamburg | 1693,3 | 597,75 | 700 |
| *DHJL* | Arktis | Hamburg | 291,7 | 102,99 | 550 |
| DHJM | Bertha | Hamburg | 94,1 | 33,33 | 60 |
| *DHJN* | Keitum | Rendsburg | 2549,0 | 899,79 | 1600 |
| *DHJO* | Lühesand | Hamburg | 1232,9 | 435,22 | 700 |
| *DHJP* | Ludwigsburg+ | Hamburg | 6831,9 | 2411,67 | 3600 |
| *DHJQ* | Frieden | Hamburg | 6957,1 | 2455,86 | 1750 |
| *DHJR* | Heinrich Colsmann | Hamburg | 561,2 | 198,11 | 800 |
| *DHJS* | Cordelia | Hamburg | 3140,5 | 1108,59 | 1000 |
| *DHJT* | Burstah | Hamburg | 1841,0 | 649,86 | 2200 |
| *DHJU* | Änne-Ursula | Hamburg | 463,7 | 163,70 | 250 |
| *DHJV* | Antilope | Hamburg | 719,9 | 254,12 | 250 |
| *DHJW* | Harriet Siedler | Hamburg | 3272,3 | 837,42 | 700 |
| *DHJX* | Ursula Schulte | Hamburg | 7018,2 | 2477,43 | 4000 |
| *DHJZ* | Morsum | Rendsburg | 2549,0 | 899,79 | 1600 |
| *DHKA* | Barmbek | Hamburg | 428,4 | 151,23 | 970 |
| *DHKB* | Korbach | Hamburg | 3070,0 | 1083,70 | 1650 |
| *DHKC* | Seeadler | Hamburg | 200,2 | 70,67 | 125 |
| *DHKD* | Claus Böge | Hamburg | 3581,8 | 1264,38 | 1200 |
| *DHKE* | Hilda-Rebecka | Hamburg | 654,2 | 230,94 | 250 |
| *DHKF* | Kapmöwe | Lübeck | 1533,1 | 541,18 | 800 |
| *DHKG* | Glückauf | Hamburg | 8123,3 | 2867,54 | 2900 |
| *DHKH* | Carl | Hamburg | 1556,0 | 549,26 | 600 |
| *DHKI* | Winnetou | Hamburg | 10810,6 | 3816,16 | 3500 |
| *DHKJ* | Günther Schulte | Hamburg | 7041,3 | 2485,58 | 2240 |
| *DHKK* | MargaretheReckmann | Hamburg | 632,1 | 223,13 | 800 |
| *DHKL* | Saxonia | Hamburg | 3054,0 | 1078,06 | 800 |
| *DHKM* | Najade+ | Hamburg | 2274,9 | 803,02 | 925 |
| DHKN | Bugsier 8 | Hamburg | 68,1 | 24,05 | 850 |
| *DHKO* | Cap Ortegal+ | Hamburg | 14984,8 | 5289,63 | 7200 |
| *DHKP* | Annemarie Krüger | Hamburg | 1898,2 | 670,07 | 850 |
| *DHKQ* | Brunsbüttel | Hamburg | 4588,9 | 1619,88 | 5140 |
| DHKR | Mobil Oil | Hamburg | 88,8 | 31,34 | 90 |
| DHKS | Puck | Bremen | 401,5 | 141,73 | 250 |
| *DHKT* | Otto Porr | Hamburg | 764,3 | 269,79 | 500 |
| *DHKU* | Setubal+ | Hamburg | 2426,2 | 856,44 | 1470 |
| *DHKV* | Lystum | Rendsburg | 2552,7 | 901,12 | 1600 |
| *DHKW* | Nobistor+ | Hamburg | 7030,5 | 2481,75 | 3000 |
| *DHKX* | Nordenham+ | Hamburg | 2102,2 | 742,00 | 1000 |
| *DHKY* | Franz Mathies | Hamburg | 1285,8 | 453,90 | 550 |
| *DHKZ* | Virgilia+ | Hamburg | 5721,2 | 2019,59 | 4000 |
| *DHLA* | Oldenburg | Hamburg | 1861,9 | 657,24 | 2×700 |
| *DHLB* | W. Th. Stratmann | Hamburg | 463,5* | 163,62* | 1140 |
| *DHLC* | Wilhelm Russ | Hamburg | 1514,4 | 534,58 | 675 |
| DHLD | Shell 42 | Hamburg | 136,3 | 48,12 | 200 |
| *DHLE* | Coburg | Hamburg | 3507,2 | 1238,04 | 1600 |
| *DHLF* | Sylvia | Hamburg | 908,3 | 320,62 | 660 |
| *DHLG* | Martin Lütje | Hamburg | 971,4 | 242,90 | 300 |
| *DHLH* | Günther Russ | Hamburg | 1526,4 | 538,81 | 675 |

* = Bruttoraumgehalt.

## DHLI — DHNE

| Unterscheidungssignale | Namen der Schiffe | Heimathafen | Kubikmeter Nettoraumgehalt | Registertons Nettoraumgehalt | PS |
|---|---|---|---|---|---|
| DHLI | Glückauf | Hamburg | 491,4 | 173,46 | 250 |
| DHLJ | Pollux | Hamburg | 86,1 | 30,38 | 24 |
| DHLK | Krautsand | Hamburg | 793,4 | 280,07 | 250 |
| DHLL | John Aug. Essberger | Hamburg | 15190,0 | 5362,06 | 2800 |
| DHLM | Las Palmas+ | Hamburg | 4926,6 | 1739,10 | 2×1000 |
| DHLN | Holstein | Hamburg | 7454,4 | 2631,40 | 1750 |
| DHLO | Berlin | Hamburg | 9179,5 | 3240,38 | 2600 |
| DHLP | Beteigeuze | Hamburg | 7896,6 | 2777,96 | 1800 |
| DHLQ | Rabat | Hamburg | 1860,7 | 656,82 | 2400 |
| DHLR | Wilhelm Bornhofen | Hamburg | 5229,3 | 1845,95 | 1450 |
| DHLS | Kapt. Jan Reinecke | Hamburg | 1994,5 | 704,06 | 920 |
| DHLT | Blinkfuer | Hamburg-Finkenwdr. | 59,3 | 20,92 | 120 |
| DHLU | Tenerife+ | Hamburg | 4953,6 | 1748,63 | 2000 |
| DHLV | Else Hugo Stinnes | Hamburg | 3873,8 | 1367,27 | 1950 |
| DHLW | Köhlfleet | Hamburg | 420,7 | 148,52 | 250 |
| DHLX | Shell 43 | Hamburg | 149,6 | 52,80 | 200 |
| DHLY | Kolonius | Hamburg | 8041,5 | 2838,65 | 1750 |
| DHLZ | Tanger+ | Hamburg | 4946,8 | 1746,05 | 2000 |
| DHMA | Mai Rickmers | Hamburg | 7909,7 | 2792,14 | 1700 |
| DHMB | Irma-Renate | Kiel-Friedrichsort | 61,6 | 21,73 | 150 |
| DHMC | Ellen Hugo Stinnes | Hamburg | 6119,2 | 2160,08 | 2000 |
| DHMD | Jacob Becker | Hamburg | 903,7 | 319,01 | 300 |
| DHME | Hoechst | Hamburg | 11321,3 | 3996,43 | 9000 |
| DHMF | Brandenburg | Hamburg | 4146,3 | 1463,64 | 2350 |
| DHMG | Messina+ | Hamburg | 3548,8 | 1252,78 | 2000 |
| DHMH | Luise | Hamburg | 17,6 | 6,23 | 40 |
| DHMI | Svealand+ | Hamburg | 3484,2 | 1229,93 | 2400 |
| DHMJ | Algier+ | Hamburg | 3548,5 | 1252,63 | 2400 |
| DHMK | Heinrich Ihde | Hamburg | 546,8 | 193,03 | 750 |
| DHML | Lisboa | Hamburg | 1858,6 | 665,10 | 1400 |
| DHMM | Manfred Stansfield | Hamburg | 9584,7 | 3383,39 | 2000 |
| DHMN | Bugsier 10 | Hamburg | 44,9 | 15,86 | 470 |
| DHMO | Valencia+ | Hamburg | 3566,0 | 1258,79 | 2400 |
| DHMP | Santa Ursula | Hamburg | 11612,6 | 4099,25 | 3600 |
| DHMQ | Niedersachsen+ | Hamburg | 6888,2 | 2431,54 | 4540 |
| DHMR | Marabu+ | Hamburg | 1380,2 | 487,20 | 540 |
| DHMS | Hai | Hamburg | 34,2 | 12,06 | 120 |
| DHMT | Hecht | Hamburg | 34,2 | 12,06 | 120 |
| DHMU | Timandra | Hamburg | 640,0 | 225,90 | 800 |
| DHMV | Palermo+ | Hamburg | 3562,3 | 1257,50 | 2400 |
| DHMW | Astarte | Hamburg | 781,7 | 275,94 | 300 |
| DHMX | Norrland | Hamburg | 3487,0 | 1230,91 | 1600 |
| DHMY | Elbstrom | Hamburg | 555,3 | 196,03 | 300 |
| DHMZ | Marianne | Hamburg | 74,9 | 26,44 | 18 |
| DHNA | Sankt Johann | Hamburg | 2848,7 | 1005,58 | 1200 |
| DHNB | Atlantic | Hamburg | 12031,2 | 4247,01 | 2250 |
| DHNC | Hannover | Leer | 524,7 | 185,21 | 560 |
| DHND | Antje | Heiligenhafen | 62,9 | 22,20 | 120 |
| DHNE | Jersbek | Hamburg | 2855,4 | 1007,97 | 1850 |

## DHNF — DHPC

| Unterscheidungssignale | Namen der Schiffe | Heimathafen | Kubikmeter (Nettoraumgehalt) | Registertons (Nettoraumgehalt) | PS |
|---|---|---|---|---|---|
| *DHNF* | Benno | Hamburg | 3631,8 | 1282,02 | 2000 |
| *DHNG* | Planet | Hamburg | 737,9 | 260,46 | 300 |
| *DHNH* | Ruhrland | Hamburg | 1277,4 | 450,94 | 760 |
| DHNI | Helga I | Hamburg | 136,9 | 48,33 | 35 |
| *DHNJ* | Baumwall | Hamburg | 1428,4 | 504,21 | 1500 |
| *DHNK* | Esther Schulte | Hamburg | 8078,9 | 2851,87 | 2100 |
| *DHNL* | Santa Elena | Hamburg | 11607,5 | 4097,45 | 4000 |
| *DHNM* | Burkhard Bröhan+ | Hamburg | 3716,4 | 1311,90 | 1650 |
| *DHNN* | Titania | Hamburg | 640,0 | 225,92 | 800 |
| *DHNO* | Käthe Jonas+ | Hamburg | 947,8 | 334,39 | 300 |
| DHNP | Helene | Kiel | 52,7 | 18,62 | 18 |
| DHNR | Leichter 1 | Hamburg | 943,8 | 333,17 | — |
| *DHNS* | Klaus Schoke | Hamburg | 9241,4 | 3262,22 | 3000 |
| *DHNT* | Lina Robert Müller | Hamburg | 2185,1 | 771,85 | 1480 |
| *DHNU* | Petra | Hamburg | 1111,9 | 392,49 | 1040 |
| *DHNV* | Aegir | Hamburg | 8520,9 | 3007,88 | 3500 |
| *DHNW* | Achilles | Hamburg | 993,7 | 350,79 | 300 |
| DHNX | Ganges | Hamburg | 16257,0 | 5738,74 | 3300 |
| *DHNY* | Duisburg | Hamburg | 4180,7 | 1475,78 | 2350 |
| *DHNZ* | Elisabeth Bornhofen | Hamburg | 3387,0 | 1195,68 | 2300 |
| *DHOA* | L. F. Mathies | Hamburg | 1931,5 | 681,83 | 750 |
| *DHOB* | Liselotte Essberger | Hamburg | 3604,9 | 1272,54 | 1200 |
| *DHOC* | Proteus | Hamburg | 4284,1 | 1512,28 | 4100 |
| *DHOD* | Hans Hinnick | Hamburg | 65,9 | 23,28 | 1500 |
| *DHOE* | Odenwald | Hamburg | 8043,1 | 2839,21 | 4200 |
| *DHOF* | Neuwerk | Hamburg | 398,2 | 140,57 | 300 |
| *DHOG* | Rehhorst | Hamburg | 2142,4 | 756,26 | 900 |
| *DHOH* | Wittorf | Hamburg | 2028,2 | 715,97 | 900 |
| *DHOI* | Heluan | Hamburg | 2423,4 | 855,46 | 1200 |
| *DHOJ* | Ostpreussen+ | Hamburg | 8523,1 | 3008,64 | 2000 |
| *DHOK* | Atlanta | Hamburg | 1389,7 | 490,58 | 1400 |
| *DHOL* | Scharhörn | Hamburg | 1460,7 | 515,64 | 1250 |
| *DHOM* | Cremon | Hamburg | 642,8 | 226,89 | 800 |
| DHON | Eider | Hamburg | 1076,5 | 380,00 | — |
| *DHOO* | Hermes | Hamburg | 679,9 | 240,01 | 300 |
| *DHOP* | Herta Johanne III | Hamburg | 835,7 | 294,99 | 300 |
| *DHOR* | Stör | Hamburg | 603,6 | 213,08 | 500 |
| DHOS | Pollux | Hamburg | 77,9* | 27,50* | 200 |
| *DHOT* | Paula | Hamburg | 396,6 | 140,00 | 250 |
| *DHOU* | Perseus | Hamburg | 4284,1 | 1512,28 | 4100 |
| *DHOV* | Bernd Wesch | Hamburg | 2336,5 | 824,79 | 900 |
| DHOW | Ocean | Hamburg | 138,2 | 48,79 | 75 |
| *DHOX* | Spreewald | Hamburg | 8120,9 | 2866,66 | 4200 |
| DHOY | Esso 61 | Hamburg | 88,4 | 31,21 | 88 |
| *DHOZ* | Adema | Bremerhaven | 917,0 | 323,70 | 750 |
| *DHPA* | Fairplay I. | Hamburg | 19,7 | 6,95 | 970 |
| *DHPB* | Adolf Leonhardt | Hamburg | 11272,8 | 3379,28 | 3500 |
| *DHPC* | Santa Catarina | Hamburg | 11651,6 | 4113,01 | 3520 |

* = Bruttoraumgehalt.

## DHPD — DHQY

| Unterscheidungssignale | Namen der Schiffe | Heimathafen der Schiffe | Kubikmeter (Nettoraumgehalt) | Registertons (Nettoraumgehalt) | PS |
|---|---|---|---|---|---|
| *DHPD* | Seefalke | Hamburg | 60,5 | 21,36 | 125 |
| *DHPE* | Vangard | Hamburg | 2660,2 | 939,06 | 840 |
| *DHPF* | Frieda Peters | Hamburg | 1877,1 | 662,60 | 1050 |
| *DHPG* | Hornfels | Hamburg | 6386,8 | 2254,53 | 2700 |
| *DHPH* | Stadeland | Bremen | 763,4 | 269,50 | 300 |
| *DHPI* | Pinguin | Hamburg | 37,6 | 13,26 | 150 |
| *DHPJ* | Max Bornhofen | Hamburg | 8241,2 | 2909,16 | 1740 |
| *DHPK* | Reinhart Lorenz Russ | Hamburg | 4261,2 | 1504,19 | 2800 |
| *DHPL* | August Bolten | Hamburg | 4236,6 | 1495,50 | 2300 |
| *DHPM* | Heimo Reckmann | Hamburg | 958,2 | 338,35 | 1200 |
| *DHPN* | Gretchen Müller | Hamburg | 1496,4 | 528,22 | 1100 |
| DHPO | Kaltehofe | Hamburg | 268,4 | 94,75 | 150 |
| *DHPP* | Transvaal | Hamburg | 6202,1 | 2189,34 | 3300 |
| DHPQ | Esso 65 | Hamburg | 93,2 | 32,89 | 120 |
| DHPR | Diana | Hamburg | 75,6 | 26,70 | 108 |
| *DHPS* | Continent | Hamburg | 9491,7 | 3350,57 | 3360 |
| *DHPT* | Hornsund | Hamburg | 6392,4 | 2256,53 | 2700 |
| DHPU | Bruno | Hamburg | 136,1 | 48,03 | 40 |
| *DHPV* | Amrum | Hamburg | 1714,9 | 605,37 | 1200 |
| DHPW | Flensburg | Flensburg | 208,7* | 73,66* | 350 |
| *DHPX* | Athen | Hamburg | 4270,1 | 1507,34 | 2750 |
| *DHPY* | Hermann Sauber | Hamburg | 3942,6 | 1391,73 | 1700 |
| *DHPZ* | Angelburg | Hamburg | 4298,6 | 1517,42 | 4800 |
| *DHQA* | Johann Ahlers | Hamburg | 1450,8 | 512,15 | 1000 |
| DHQB | Julia | Hamburg | 447,1 | 157,84 | 490 |
| *DHQC* | Flottbek | Hamburg | 3723,7 | 1314,48 | 2200 |
| *DHQD* | Kamerun | Hamburg | 6163,9 | 2186,45 | 3330 |
| DHQE | Anni | Hamburg | 106,0 | 37,42 | 36 |
| *DHQF* | Hildegard Peters | Hamburg | 2727,7 | 962,87 | 950 |
| *DHQG* | Tarpenbek | Hamburg | 3694,0 | 1303,98 | 2000 |
| *DHQH* | Ernst Blumenfeld+ | Hamburg | 7869,2 | 2777,83 | 2400 |
| *DHQI* | Ehrenfeld | Hamburg | 3334,6 | 1177,11 | 1400 |
| *DHQJ* | Burg Sparrenberg | Hamburg | 6699,8 | 2365,02 | 3500 |
| *DHQK* | Wagrien | Hamburg | 811,4 | 286,41 | 500 |
| *DHQL* | Pegasus | Hamburg | 4295,3 | 1516,23 | 5100 |
| *DHQM* | Eifeltal | Bremen | 1461,8 | 516,02 | 750 |
| DHQN | Jan | Hamburg | 144,4 | 50,99 | 750 |
| *DHQO* | Hildegard Z. Nimtz+ | Hamburg | 5849,5 | 2064,86 | 2300 |
| *DHQP* | Konsul Nimtz | Hamburg | 7144,7 | 2522,09 | 2300 |
| *DHQQ* | Otterberg | Hamburg | 2830,5 | 999,16 | 900 |
| *DHQR* | Santa Isabel | Hamburg | 11618,1 | 4101,19 | 3520 |
| DHQS | Onabe | Hamburg | 110,2 | 36,89 | 250 |
| *DHQT* | Heinrich Grammerstorf+ | Kiel | 7530,6 | 2658,30 | 2×1200 |
| *DHQU* | Nady | Hamburg | 2607,0 | 920,26 | 1000 |
| *DHQV* | Assel | Hamburg | 787,5 | 277,98 | 300 |
| *DHQW* | Oste | Hamburg | 603,1 | 212,90 | 500 |
| *DHQX* | Moseltal | Hamburg | 1461,8 | 516,02 | 800 |
| *DHQY* | Anita | Hamburg | 6702,5 | 2365,97 | 4000 |

* = Bruttoraumgehalt

## DHQZ — DIAX

| Unterscheidungssignale | Namen der Schiffe | Heimathafen der Schiffe | Nettoraumgehalt Kubikmeter | Nettoraumgehalt Registertons | PS |
|---|---|---|---|---|---|
| *DHQZ* | Helga Böge | Hamburg | 3730,4 | 1316,83 | 1450 |
| *DHRA* | Otto Blumenfeld | Hamburg | 4698,8 | 1658,69 | 1500 |
| *DHRC* | Magdeburg | Hamburg | 4183,2 | 1476,67 | 2350 |
| *DHRD* | Nigeria | Hamburg | 6188,2 | 2184,45 | 2750 |
| *DHRE* | Else Müller | Hamburg | 1493,7 | 527,27 | 1150 |
| *DHRF* | Marga | Hamburg | 7674,9 | 2709,23 | 2200 |
| *DHRG* | Johann Haltermann | Hamburg | 3203,2 | 1130,73 | 1680 |
| *DHRH* | Eilenau | Hamburg | 8874,2 | 3132,59 | 2800 |
| *DHRI* | Poseidon | Hamburg | 9287,9 | 3275,63 | 4000 |
| *DHRJ* | Porto+ | Hamburg | 2383,0 | 841,21 | 1470 |
| DHRK | Sarrius | Hamburg | 76,9 | 27,16 | 25 |
| *DHRL* | Holnis | Hamburg | 7654,4 | 2702,03 | 2000 |
| *DHRM* | Jacob Rüsch+ | Hamburg | 1479,1 | 522,11 | 300 |
| DHRN | Albert | Hamburg | 161,1 | 56,88 | 120 |
| *DHRO* | Claus Bischoff | Hamburg | 7473,3 | 2638,08 | 1700 |
| *DHRQ* | Transontario | Hamburg | 2150,0 | 758,96 | 1400 |
| *DHRR* | Niedermehnen | Hamburg | 635,4 | 224,28 | 850 |
| *DHRT* | Rolf | Hamburg | 853,0 | 301,22 | 300 |
| *DHRU* | Rügen | Hamburg | 1228,4 | 433,63 | 860 |
| DHRV | Habicht | Lübeck | 144,7* | 51,06* | 400 |
| *DHRW* | Olga | Hamburg | 11082,6 | 3912,15 | 2000 |
| *DHRX* | Isebek | Hamburg | 764,9 | 270,00 | 520 |
| DHRY | Christa II | Hamburg | 614,7 | 216,98 | 300 |
| DHRZ | Taucher Ottar Harmsdorf IV | Hamburg | 94,9* | 33,50* | 325 |
| *DIAA* | Desdemona | Hamburg | 3296,5 | 1163,68 | 1470 |
| *DIAB* | Atlantik | Hamburg | 6076,9 | 2145,14 | 3000 |
| *DIAC* | Helga Bolten | Hamburg | 14997,8 | 5294,24 | 2400 |
| DIAD | Esso 62 | Hamburg | 78,5 | 27,72 | 90 |
| *DIAE* | Peter Frese | Hamburg | 410,3 | 144,83 | 250 |
| *DIAF* | Schwinge | Hamburg | 599,7 | 211,69 | 500 |
| *DIAG* | Electra | Bremen | 1461,8 | 516,02 | 800 |
| *DIAH* | Osterbek | Hamburg | 765,1 | 270,08 | 520 |
| *DIAI* | Galata | Hamburg | 4266,0 | 1505,00 | 2750 |
| *DIAJ* | St. Michael | Hamburg | 3110,9 | 1098,15 | 2100 |
| *DIAK* | Hans Bröhan+ | Hamburg | 1817,4 | 641,56 | 1000 |
| DIAL | Koblenz | Hamburg | 56,2 | 19,83 | 400 |
| *DIAM* | Cleopatra | Hamburg | 3296,5 | 1163,68 | 1470 |
| *DIAN* | Baldur | Hamburg | 8630,6 | 3046,62 | 3500 |
| DIAO | Transportör II | Hamburg | 534,1 | 188,54 | 300 |
| DIAQ | Paul Hoop | Hamburg | 526,2 | 185,73 | 300 |
| *DIAR* | Irmgard Pleuger+ | Hamburg | 3082,5 | 1088,13 | 1500 |
| *DIAS* | Amazonas | Hamburg | 3928,1 | 1386,64 | 2700 |
| DIAT | Mok Wi | Hamburg | 959,9 | 338,84 | 360 |
| *DIAU* | Roland Russ | Hamburg | 4292,0 | 1515,08 | 2750 |
| *DIAV* | Agnes Essberger | Hamburg | 801,4 | 282,91 | 360 |
| *DIAW* | Rheinland | Hamburg | 1923,3 | 678,94 | 1300 |
| *DIAX* | Ungeheuer | Hamburg | 9,8 | 3,47 | 60 |

* = Bruttoraumgehalt.

## DIAY — DICU

| Unterscheidungssignale | Namen der Schiffe | Heimathafen der Schiffe | Kubikmeter (Nettoraumgehalt) | Registertons (Nettoraumgehalt) | PS |
|---|---|---|---|---|---|
| *DIAY* | Fatima | Bremen | 3110,9 | 1098,15 | 2680 |
| DIAZ | Helene | Hamburg | 127,0 | 44,84 | 36 |
| DIBA | Käthe-Marie | Hamburg | 685,0 | 241,81 | 500 |
| *DIBB* | Heilbronn | Hamburg | 1220,9 | 430,98 | 700 |
| *DIBC* | Leada | Hamburg | 3766,6 | 1329,60 | 1400 |
| DIBD | Martha | Hamburg-Finkenwdr. | 31,7 | 11,20 | 120 |
| DIBE | Hohewisch | Hamburg | 53,7* | 18,96* | 200 |
| *DIBF* | Vulkan | Hamburg | 6820,3 | 2407,55 | 4200 |
| *DIBG* | Dresden+ | Hamburg | 21641,6 | 7639,48 | 12500 |
| *DIBH* | Pazifik | Hamburg | 6145,5 | 2169,35 | 3000 |
| *DIBI* | Esso Bolivar | Hamburg | 17100,6 | 6036,51 | 3600 |
| *DIBJ* | Werratal | Hamburg | 3546,4 | 1251,87 | 2560 |
| *DIBK* | Mercur | Flensburg | 1471,3 | 519,36 | 900 |
| *DIBL* | Hinrich Hey | Hamburg | 627,5 | 221,49 | 1100 |
| *DIBM* | Kaspir Robert Müller | Hamburg | 2839,9 | 1002,49 | 1800 |
| *DIBN* | Claudia | Hamburg | 1026,5 | 362,35 | 490 |
| DIBO | Sturmvogel | Hamburg | 170,7 | 60,26 | 65 |
| DIBP | Otto Kamm II | Hamburg | 169,2 | 59,74 | 150 |
| *DIBQ* | Alstertor | Hamburg | 3808,9 | 1344,53 | 4670 |
| DIBR | Mathilde | Hamburg | 219,4 | 77,45 | 100 |
| *DIBS* | Heinrich Lorenz+ | Hamburg | 2860,8 | 1009,86 | 2500 |
| DIBT | Günther | Oldenburg | 103,8 | 36,65 | 45 |
| DIBU | Usedom | Hamburg | 120,08 | 42,43 | 200 |
| *DIBV* | Libanon | Hamburg | 7448,4 | 2629,27 | 2750 |
| *DIBW* | Augsburg | Hamburg | 4268,1 | 1506,64 | 3600 |
| *DIBX* | Hein Hoyer | Hamburg | 10107,0 | 3567,77 | 2600 |
| *DIBY* | Christa | Hamburg | 3865,9 | 1364,67 | 1400 |
| *DIBZ* | Quartole | Hamburg | 3969,8 | 1401,32 | 4200 |
| DICA | Flottbek | Hamburg | 107,9 | 38,07 | 180 |
| *DICB* | Spitzerdorf+ | Hamburg | 1095,1 | 386,57 | 475 |
| *DICC* | Grimm+ | Hamburg | 1469,1 | 582,12 | 800 |
| DICD | Heinrich Erich | Hamburg | 170,4 | 60,17 | 18 |
| DICE | Marie | Hamburg | 49,8 | 17,58 | 18 |
| DICF | Helmuth | Hamburg | 59,6 | 21,05 | 150 |
| *DICG* | Eduard Becker | Hamburg | 2047,1 | 722,64 | 1050 |
| *DICH* | Alstertal | Hamburg | 3546,4 | 1251,87 | 2560 |
| *DICI* | Marie Rüsch | Hamburg | 790,9 | 279,18 | 300 |
| *DICJ* | William | Hamburg | 381,0 | 134,48 | 180 |
| *DICK* | Peka | Hamburg | 1171,3 | 413,49 | 700 |
| *DICL* | Werner Felter | Hamburg | 588,7 | 207,82 | 300 |
| *DICM* | Georg Russ | Hamburg | 3531,6 | 1246,66 | 2400 |
| *DICN* | Julin | Hamburg | 1614,3 | 569,84 | 750 |
| *DICO* | Köln | Hamburg | 670,9 | 236,82 | 1000 |
| *DICP* | Alsterdamm+ | Hamburg | 1623,1 | 572,94 | 800 |
| *DICQ* | Wien+ | Hamburg | 14050,3 | 4959,76 | 9000 |
| *DICR* | Frankfurt | Hamburg | 14857,9 | 5444,84 | 10560 |
| *DICS* | Würzburg | Düsseldorf | 1549,6 | 547,03 | 700 |
| *DICT* | Eduard Schupp | Hamburg | 1844,2 | 651,01 | 1000 |
| *DICU* | Pamela | Hamburg | 895,9 | 316,27 | 1000 |

*** = Bruttoraumgehalt.**

## DICV — DIEQ

| Unterscheidungssignale | Namen | Heimathafen | Kubikmeter | Registertons | PS |
|---|---|---|---|---|---|
| | der Schiffe | | Nettoraumgehalt | | |
| *DICV* | Quadrivium | Hamburg | 3926,1 | 1385,91 | 4200 |
| DICW | Bugsier 1 | Hamburg | 68,0 | 23,99 | 600 |
| DICX | Hansestadt Hamburg | Hamburg | 1182,0 | 417,23 | 700 |
| *DICY* | Lautertal+ | Hamburg | 1456,6 | 514,19 | 900 |
| DICZ | Atalanta | Hamburg | 141,4 | 49,93 | 116 |
| *DIDA* | Värmland | Hamburg | 971,6 | 342,99 | 1000 |
| *DIDB* | Simplon | Hamburg | 794,3 | 280,40 | 886 |
| *DIDC* | Hammonia | Hamburg | 1507,6 | 532,18 | 1000 |
| *DIDD* | St. Patrick | Hamburg | 527,5 | 186,21 | 500 |
| *DIDE* | Fina | Hamburg | 1804,6 | 637,03 | 1000 |
| *DIDF* | Hasselburg+ | Hamburg | 9899,8 | 3494,63 | 5340 |
| DIDG | Ausdauer | Hamburg | 10,7 | 3,78 | 25 |
| *DIDH* | Trostbrücke+ | Hamburg | 1424,8 | 502,94 | 720 |
| *DIDI* | Elsa Essberger | Hamburg | 18731,9 | 6612,35 | 6650 |
| *DIDJ* | Johannes Schupp | Hamburg | 1863,8 | 657,92 | 650 |
| DIDK | Bugsier 2 | Hamburg | 68,2 | 24,06 | 850 |
| *DIDL* | Anna Catharina | Hamburg | 3490,1 | 1232,00 | 1800 |
| *DIDM* | Edmund Hugo Stinnes | Hamburg | 4153,7 | 1466,26 | 3600 |
| *DIDN* | Anneliese Porr | Hamburg | 1147,3 | 405,00 | 660 |
| *DIDO* | Pelion+ | Hamburg | 3325,5 | 1173,90 | 1500 |
| *DIDP* | Kassel | Hamburg | 8967,1 | 3165,40 | 8000 |
| *DIDQ* | Johanna | Hamburg | 3827,2 | 1351,01 | 1400 |
| *DIDR* | Karl Leonhardt | Hamburg | 5630,0 | 1977,90 | 2000 |
| *DIDT* | Steckelhörn | Hamburg | 3866,7 | 1364,49 | 2700 |
| *DIDU* | Passau | Bremerhaven | 670,9 | 236,82 | 990 |
| *DIDV* | Santa Teresa+ | Hamburg | 18928,8 | 6681,88 | 4000 |
| DIDW | Energie | Hamburg | 99,7 | 35,19 | 90 |
| *DIDX* | Serena | Hamburg | 1419,7 | 501,15 | 800 |
| *DIDY* | Cressida | Hamburg | 953,5 | 336,59 | 1000 |
| *DIDZ* | Krautsand | Hamburg | 1030,0 | 363,60 | 700 |
| *DIEA* | Margaret C. Ertel | Hamburg | 2421,9 | 854,93 | 925 |
| DIEB | Hans Gosch | Hamburg | 676,8 | 238,90 | 1000 |
| *DIEC* | Lucie Vollmers | Hamburg | 983,1 | 347,02 | 430 |
| *DIED* | von Beckerath | Hamburg | 422,4 | 149,10 | 750 |
| *DIEE* | Jan Keiken+ | Hamburg | 1135,5 | 400,84 | 300 |
| *DIEF* | Württemberg+ | Hamburg | 13790,0 | 4867,87 | 6000 |
| *DIEG* | Lissy Schulte | Hamburg | 1074,2 | 379,20 | 1250 |
| *DIEH* | Jutta Schröder | Hamburg | 1832,2 | 646,78 | 1500 |
| DIEI | Bugsier 3 | Hamburg | 68,1 | 24,05 | 850 |
| *DIEJ* | Berlin | Hamburg | 6062,0 | 2139,89 | 3360 |
| *DIEK* | Tarbek | Hamburg | 679,0 | 239,70 | 520 |
| *DIEL* | Heidelberg+ | Hamburg | 15757,7 | 5562,47 | 9000 |
| *DIEM* | Alsterpark | Hamburg | 1646,3 | 581,14 | 800 |
| *DIEN* | Babitonga | Hamburg | 7631,2 | 2693,81 | 2750 |
| *DIEO* | Waldeck | Hamburg | 4839,8 | 1708,44 | 2800 |
| *DIEP* | Santa Inés+ | Hamburg | 18877,1 | 6663,63 | 4000 |
| DIEQ | Roland II | Hamburg | 63,1 | 22,27 | 18 |

## DIER — DIGM

| Unterscheidungssignale | Namen | Heimathafen | Kubikmeter | Registertons | PS |
|---|---|---|---|---|---|
| | der Schiffe | | Nettoraumgehalt | | |
| DIER | Billetal | Hamburg | 3573,6 | 1261,48 | 2560 |
| DIES | Palma | Hamburg | 1132,5 | 399,76 | 840 |
| DIET | Hinrich | Hamburg | 2512,8 | 887,04 | 1600 |
| DIEV | Hermann Schulte | Hamburg | 1836,7 | 648,36 | 1470 |
| DIEW | Köln | Hamburg | 8976,6 | 3168,74 | 8000 |
| DIEX | Eduard Rusche | Hamburg | 1520,6 | 536,79 | 750 |
| DIEY | Transatlantic+ | Hamburg | 9110,4 | 3215,96 | 3335 |
| DIEZ | Amalie Essberger | Hamburg | 593,0 | 209,32 | 400 |
| DIFA | Paula Rahmann | Hamburg | 597,8 | 211,02 | 300 |
| DIFB | Falkenstein | Hamburg | 8896,9 | 3140,59 | 5600 |
| DIFC | Barbara | Hamburg | 6839,8 | 2414,47 | 3600 |
| DIFD | Rodenbek | Hamburg | 3627,8 | 1280,61 | 2700 |
| DIFE | Harald Becker | Hamburg | 2053,4 | 724,84 | 1045 |
| DIFF | Malaga+ | Hamburg | 2928,4 | 1033,74 | 1280 |
| DIFG | Warendorp | Lübeck | 1572,1 | 554,95 | 1000 |
| DIFH | Victoria | Hamburg | 47,3 | 16,71 | 400 |
| DIFI | Trave | Hamburg | 2041,5 | 720,67 | — |
| DIFJ | Freundschaft | Hamburg | 58,5 | 20,47 | 65 |
| DIFK | Parnass | Hamburg | 3336,9 | 1177,91 | 1500 |
| DIFL | Wiedenborstel | Hamburg | 2875,1 | 1014,91 | 1400 |
| DIFM | Freya | Hamburg | 106,7 | 37,66 | 28 |
| DIFN | Fairway | Hamburg | 2849,0 | 1005,69 | 1400 |
| DIFO | Braunschweig | Hamburg | 11218,3 | 3960,06 | 9000 |
| DIFP | Ophelia | Hamburg | 3397,8 | 1199,43 | 1470 |
| DIFQ | Alca | Hamburg | 351,3 | 124,00 | 440 |
| DIFR | Heimat | Hamburg-Finkenwdr. | 61,5 | 21,71 | 130 |
| DIFS | Nicola | Hamburg | 1302,7 | 459,85 | 850 |
| DIFT | Bussard | Hamburg Finkenwerder | 61,9 | 21,86 | 120 |
| DIFU | Käte | Hamburg-Finkenwerder | 61,9 | 21,86 | 120 |
| DIFV | Ingrid Leonhardt | Hamburg | 8955,3 | 3161,23 | 3500 |
| DIFW | Alk | Hamburg | 112,7 | 39,79 | 460 |
| DIFX | Hermann Krone | Hamburg | 539,3 | 190,37 | 1440 |
| DIFY | Michael M | Hamburg | 1413,2 | 498,85 | 800 |
| DIFZ | Mönkedamm | Hamburg | 2017,0 | 712,01 | 1200 |
| DIGA | Egon Wesch | Hamburg | 725,2 | 255,98 | 1000 |
| DIGB | Butt | Hamburg | 593,3 | 209,44 | 300 |
| DIGC | Transpacific+ | Hamburg | 8822,6 | 3114,39 | 3335 |
| DIGD | Julius Hugo Stinnes | Hamburg | 2928,1 | 1033,64 | 950 |
| DIGE | Santa Rita+ | Hamburg | 17078,2 | 6028,62 | 4000 |
| DIGF | Alsen | Hamburg | 500,3 | 176,60 | 560 |
| DIGG | Boreas | Hamburg | 719,6 | 254,02 | 1500 |
| DIGH | Nordmeer | Hamburg | 13475,0 | 4756,74 | 4200 |
| DIGI | Hüxter | Hamburg | 942,6 | 332,75 | 1050 |
| DIGJ | Simon von Utrecht | Hamburg | 9254,8 | 3266,95 | 3000 |
| DIGK | Alteland | Hamburg | 1022,7 | 361,02 | 500 |
| DIGL | Helga | Hamburg | 447,9 | 158,13 | 300 |
| DIGM | Frauke Danz | Hamburg | 686,2 | 242,22 | 500 |

## DIGN — DIIJ

| Unter-scheidungs-signale | Namen der Schiffe | Heimathafen der Schiffe | Kubikmeter Nettoraumgehalt | Registertons Nettoraumgehalt | PS |
|---|---|---|---|---|---|
| *DIGN* | Perikles | Hamburg | 4281,9 | 1511,51 | 4670 |
| *DIGO* | Konstanz | Hamburg | 689,4 | 243,37 | 1000 |
| *DIGP* | Marie Boettger | Hamburg | 2180,3 | 769,65 | 1465 |
| *DIGQ* | Katharina | Hamburg | 631,4 | 222,89 | 300 |
| *DIGR* | Karen Bolten | Hamburg | 2922,6 | 1031,67 | 1850 |
| *DIGS* | Mainz | Hamburg | 689,4 | 243,37 | 875 |
| *DIGT* | Gelsenkirchen | Hamburg | 739,6 | 261,07 | 875 |
| *DIGU* | Inge-Ursula+ | Hamburg | 883,5 | 311,88 | 250 |
| *DIGV* | Transozean Hugo Stinnes | Hamburg | 15252,4 | 5384,10 | 3600 |
| *DIGW* | Santa Rosa+ | Hamburg | 16970,8 | 5990,71 | 4000 |
| DIGX | Humor | Hamburg | 174,1 | 61,45 | 375 |
| DIGY | Karl | Hamburg | 227,2 | 80,19 | 350 |
| *DIHA* | Muansa | Hamburg | 6311,6 | 2227,99 | 3800 |
| DIHB | Hans August | Hamburg | 80,0 | 28,23 | 18 |
| *DIHD* | Hornkliff | Hamburg | 6458,4 | 2279,83 | 3300 |
| DIHE | Albatross | Hamburg | 75 | 26 | 275 |
| *DIHF* | Marwa | Hamburg | 448,5 | 158,32 | 300 |
| *DIHG* | Grönnebek | Hamburg | 3866,1 | 1364,72 | 2000 |
| DIHH | Navico III | Hamburg | 188,3 | 66,47 | 275 |
| DIHI | Leichter III | Hamburg | 1022,2 | 360,85 | — |
| *DIHJ* | Charles Eckelmann | Hamburg | 1165,0 | 411,24 | 750 |
| *DIHK* | Heimdal | Hamburg | 5309,5 | 1874,26 | 1775 |
| *DIHL* | Valda Ahrenkiel | Hamburg | 4391,0 | 1550,01 | 1650 |
| *DIHM* | Annie Hugo Stinnes | Hamburg | 3057,5 | 1079,29 | 850 |
| *DIHN* | Jan Jonas | Hamburg | 607,0 | 214,26 | 300 |
| *DIHO* | Hildegard Doerenkamp+ | Hamburg | 7808,9 | 2756,55 | 3800 |
| DIHP | Fairplay IV | Hamburg | 110,5 | 39,00 | 800 |
| DIHQ | Max S | Hamburg | 295,6 | 104,33 | 330 |
| *DIHR* | Hansa | Hamburg | 392,5 | 138,54 | 300 |
| *DIHS* | Johannes Russ+ | Hamburg | 19838,7 | 7003,08 | 5340 |
| DIHT | Navico IV | Hamburg | 127,6 | 45,06 | 250 |
| *DIHU* | Esso Düsseldorf | Hamburg | 28775,0 | 10157,59 | 12672 |
| *DIHV* | Alsterufer | Hamburg | 4191,1 | 1479,45 | 4670 |
| DIHW | Bugsier 12 | Hamburg | 44,8 | 15,88 | 470 |
| DIHX | Emilia | Hamburg | 447,1 | 157,84 | 450 |
| *DIHY* | Anke Henrici | Hamburg | 930,1 | 328,31 | 300 |
| *DIHZ* | Uwe | Hamburg | 446,4 | 157,57 | 300 |
| *DIIA* | Borkumriff | Hamburg | 60,1 | 21,23 | 120 |
| *DIIB* | Hedwig Lünstedt | Hamburg | 701,1 | 247,49 | 300 |
| *DIIC* | Karin | Hamburg-Finkenwdr. | 63,5 | 22,43 | 120 |
| DIID | Seilmoker | Hamburg-Finkenwdr. | 59,5 | 21,02 | 150 |
| *DIIE* | Urundi | Hamburg | 8067,6 | 2847,86 | 4900 |
| *DIIF* | Frank Leonhardt | Hamburg | 9501,9 | 3354,19 | 4200 |
| *DIIG* | Vogesen | Hamburg | 10701,5 | 3777,64 | 7200 |
| DIIH | Bravo | Hamburg | 198,8 | 70,18 | 350 |
| *DIII* | Cap Blanco | Hamburg | 9676,4 | 3415,77 | 7200 |
| *DIIJ* | Günther | Hamburg | 619,8 | 218,80 | 300 |

## DIIK — DIKE

| Unterscheidungssignale | Namen der Schiffe | Heimathafen | Kubikmeter Nettoraumgehalt | Registertons Nettoraumgehalt | PS |
|---|---|---|---|---|---|
| *DIIK* | Steendiek | Hamburg-Finkenwdr. | 60,9 | 21,48 | 120 |
| *DIIL* | Bismarckstein | Hamburg | 829,5 | 292,88 | 300 |
| DIIM | Hamburg | Hamburg | 37,4 | 13,19 | 120 |
| *DIIN* | Heinrich Hugo Stinnes | Bremen | 4327,7 | 1527,69 | 1600 |
| *DIIO* | Botilla Russ | Hamburg | 1177,7 | 415,73 | 1530 |
| DIIP | Juno | Hamburg | 107,2 | 37,83 | 2×150 |
| *DIIQ* | Paul Rickmers+ | Hamburg | 12857,9 | 4538,83 | 5400 |
| *DIIR* | Piräus | Hamburg | 4085,7 | 1442,27 | 4650 |
| *DIIS* | Jupiter | Hamburg | 830,7 | 293,22 | 280 |
| *DIIT* | Hannover | Hamburg | 14866,2 | 5247,76 | 10560 |
| *DIIU* | Cap Frio | Hamburg | 9606,1 | 3390,96 | 7200 |
| *DIIV* | Congo | Hamburg | 6076,0 | 2144,82 | 2700 |
| *DIIW* | Ellen M | Hamburg | 407,5 | 143,84 | 300 |
| DIIX | Therese | Hamburg | 103,6* | 36,57* | 320 |
| *DIIY* | Quartett | Hamburg | 4523,1 | 1596,66 | 5340 |
| DIIZ | Michel | Hamburg | 461,7* | 162,98* | 1140 |
| DIJA | Johann Petersen | Hamburg | 189,6* | 66,94* | 378 |
| DIJB | Hasselwerder | Hamburg | 599,8 | 211,73 | 300 |
| *DIJC* | Klaus Leonhardt | Hamburg | 9671,4 | 3414,00 | 3500 |
| DIJD | Falke | Hamburg | 25,2 | 8,91 | 300 |
| *DIJE* | Theresia Russ | Hamburg | 1182,1 | 417,29 | 1500 |
| *DIJF* | Klaus+ | Hamburg | 2463,4 | 869,59 | 1250 |
| *DIJG* | Pagensand | Hamburg | 2045,9 | 722,20 | 1200 |
| *DIJH* | Geert Howaldt | Hamburg | 8735,4 | 3083,61 | 4000 |
| DIJI | Ölsauger II | Hamburg | 131,8 | 46,34 | 360 |
| *DIJJ* | Portunus | Hamburg | 4647,8 | 1640,67 | 5140 |
| *DIJK* | Nordkap | Hamburg | 774,8 | 273,50 | 300 |
| *DIJL* | Jörn Witt | Hamburg | 1110,2 | 391,89 | 600 |
| *DIJM* | Commerz | Hamburg | 9266,4 | 3271,06 | 3360 |
| *DIJN* | Trotzenburg | Hamburg | 602,4 | 212,65 | 450 |
| DIJO | Nord | Hamburg | 97,2* | 34,32* | 250 |
| *DIJP* | Wappen von Hamburg | Hamburg | 3245,1 | 1145,54 | 5×1200 |
| *DIJQ* | Voline | Hamburg | 615,4 | 217,28 | 300 |
| DIJR | Kondor | Hamburg | 351,1* | 47,68* | 275 |
| *DIJS* | John Schröder | Hamburg | 1905,6 | 672,66 | 1650 |
| *DIJT* | Ditmar Koel | Hamburg | 11425,4 | 4033,16 | 2500 |
| *DIJU* | Horncap | Hamburg | 4360,3 | 1539,18 | 5340 |
| *DIJV* | Hedwig Henning | Hamburg | 621,0 | 219,23 | 360 |
| *DIJW* | Marschenland | Hamburg | 417,0 | 147,20 | 280 |
| *DIJX* | Gilda | Hamburg | 450,1 | 158,89 | 300 |
| DIJY | Heidenau | Hamburg | 368,9 | 130,23 | 300 |
| *DIJZ* | Gisela Essberger | Hamburg | 857,4 | 302,66 | 520 |
| *DIKA* | Esso Hamburg | Hamburg | 28596,2 | 10094,44 | 12500 |
| DIKB | Plato | Hamburg | 525,7 | 185,57 | 300 |
| *DIKC* | Hunneberg | Hamburg | 1946,3 | 687,03 | 1250 |
| *DIKD* | Ulanga | Hamburg | 6133,8 | 2165,23 | 3800 |
| *DIKE* | Cap Norte | Hamburg | 10607,6 | 3744,69 | 7200 |

* = Bruttoraumgehalt.

## DIKF — DIMB

| Unter-scheidungs-signale | Namen der Schiffe | Heimathafen | Kubikmeter (Nettoraumgehalt) | Registertons (Nettoraumgehalt) | PS |
|---|---|---|---|---|---|
| *DIKF* | Brunshausen | Hamburg | 4586,0 | 1618,85 | 5140 |
| *DIKG* | Faust | Hamburg | 18870,8 | 6661,39 | 6500 |
| *DIKH* | Henry Böge | Hamburg | 3098,0 | 1093,59 | 1200 |
| *DIKI* | Quo vadis | Hamburg | 480,4 | 169,58 | 280 |
| *DIKJ* | Klaus Block | Hamburg | 609,7 | 215,24 | 300 |
| *DIKK* | Millerntor | Hamburg | 8890,4 | 3138,30 | 4000 |
| *DIKL* | Esso Frankfurt | Hamburg | 28632,4 | 10107,28 | 12670 |
| *DIKM* | Saturn | Hamburg | 35,2 | 12,41 | 300 |
| *DIKN* | Ravensberg+ | Hamburg | 3952,2 | 1395,11 | 3600 |
| *DIKO* | Birka | Hamburg | 1451,6 | 512,43 | 600 |
| *DIKP* | Solveig Rickertsen | Hamburg | 10013,9 | 3534,89 | 2800 |
| DIKQ | Ingrid | Hamburg | 450,5 | 159,04 | 300 |
| DIKR | Greif | Hamburg | 168,7* | 59,57* | 300 |
| *DIKS* | Anne Marie | Hamburg | 540,7 | 190,86 | 300 |
| *DIKT* | Julius Schindler | Hamburg | 20593,0 | 6269,38 | 7200 |
| DIKU | Elisabeth | Elsfleth | 606,6 | 214,13 | 185 |
| *DIKV* | Cap Vilano | Hamburg | 10619,4 | 3748,65 | 7200 |
| *DIKW* | Fairplay XIV | Hamburg | 109,8 | 38,60 | 800 |
| *DIKX* | Solingen | Hamburg | 5005,9 | 1767,09 | 4200 |
| *DIKY* | Rita Bartels | Hamburg | 450,7 | 159,09 | 300 |
| DIKZ | Wiltrud-Beatrice | Hamburg | 484,5 | 171,22 | — |
| *DILA* | Borkum | Hamburg | 1470,7 | 519,15 | 1100 |
| *DILB* | Hinrich Peters | Hamburg | 1936,2 | 683,47 | 650 |
| *DILC* | Leabeth+ | Hamburg | 4085,6 | 1442,28 | 1680 |
| *DILD* | Selma Nimtz | Hamburg | 3622,5 | 1278,74 | 3800 |
| *DILE* | Ammerland | Hamburg | 16060,2 | 5669,27 | 4100 |
| *DILF* | Usaramo | Hamburg | 8103,6 | 2860,58 | 5335 |
| *DILG* | Usambara+ | Hamburg | 12810,6 | 4522,14 | 5000 |
| *DILH* | Cap Finisterre+ | Hamburg | 14989,2 | 5291,17 | 7200 |
| *DILI* | Eilenburg | Hamburg | 530,0 | 187,09 | 300 |
| *DILJ* | Krefeld | Hamburg | 5037,5 | 1778,23 | 4200 |
| DILK | Kuhwerder | Hamburg | 69,9 | 24,66 | 850 |
| *DILL* | Hedwigshütte | Hamburg | 14394,7 | 5081,32 | 2500 |
| *DILM* | Sleipner II | Hamburg | 670,1 | 263,53 | 460 |
| *DILN* | Fairwind+ | Hamburg | 5335,5 | 1883,42 | 2000 |
| DILO | Helmuth Hardekopf | Hamburg | 156,1 | 55,11 | 120 |
| *DILP* | Parthenon | Hamburg | 4095,5 | 1445,70 | 4670 |
| *DILQ* | Bökelnburg | Hamburg | 962,6 | 339,78 | 430 |
| *DILR* | August Thyssen | Hamburg | 11927,0 | 4210,23 | 2500 |
| *DILS* | Augusta | Hamburg | 446,5 | 157,61 | 180 |
| *DILT* | Lissabon+ | Hamburg | 7768,5 | 2742,27 | 3340 |
| *DILU* | Holsten | Hamburg | 3850,0 | 1359,07 | 1850 |
| *DILV* | Passajes+ | Hamburg | 2391,0 | 844,08 | 1470 |
| DILW | Rudolf Karstens | Hamburg | 486,8 | 171,85 | 300 |
| *DILX* | Ortrud Müller | Hamburg | 1626,2 | 574,04 | 1000 |
| *DILY* | Elbe | Hamburg | 6057,8 | 2138,41 | 2700 |
| *DILZ* | Hilda Wesch+ | Hamburg | 3097,7 | 1093,47 | 1250 |
| *DIMA* | Dithmarschen | Hamburg | 671,3 | 276,96 | 300 |
| *DIMB* | Ebba Blumenfeld | Hamburg | 8232,0 | 2905,91 | 3400 |

* = Bruttoraumgehalt

## DIMC — DINX

| Unterscheidungssignale | Namen der Schiffe | Heimathafen der Schiffe | Kubikmeter (Nettoraumgehalt) | Registertons (Nettoraumgehalt) | PS |
|---|---|---|---|---|---|
| DIMC | Hanna Dreier | Hamburg | 671,8 | 237,13 | 300 |
| DIMD | Klaus Buck | Hamburg | 513,3 | 181,21 | 300 |
| DIME | Westfalen + | Hamburg | 14778,5 | 5216,81 | 6750 |
| DIMF | Patricia | Hamburg | 393,1 | 138,76 | 198 |
| DIMG | Hornstern | Hamburg | 6773,1 | 2390,90 | 5850 |
| DIMH | Brunswick | Hamburg | 4600,4 | 1623,94 | 4200 |
| DIMI | Helge | Hamburg | 475,7 | 167,92 | 300 |
| DIMJ | Beate | Hamburg | 963,3 | 340,04 | 300 |
| DIMK | Heinz-Helmut | Hamburg | 517,1 | 182,54 | 300 |
| DIML | Nordstern | Hamburg | 1001,9 | 353,66 | 300 |
| DIMM | Cläre Hugo Stinnes + | Hamburg | 15290,1 | 5397,36 | 6300 |
| DIMN | Nelly Haltermann | Hamburg | 1078,0 | 380,54 | 520 |
| DIMO | Kirchwerder | Hamburg | 69,9 | 24,66 | 850 |
| DIMP | Finkenwerder | Hamburg | 69,9 | 24,66 | 850 |
| DIMQ | Tilly Böge | Hamburg | 3129,5 | 1104,72 | 1950 |
| DIMR | Bonita + | Hamburg | 2808,7 | 991,47 | 1350 |
| DIMS | Glückauf | Hamburg | 798,7 | 281,93 | 800 |
| DIMT | Alsterkamp | Hamburg | 4968,1 | 1753,73 | 4450 |
| DIMU | Lealott + | Hamburg | 7795,3 | 2751,74 | 4200 |
| DIMV | Frieda Russ | Hamburg | 787,8 | 278,10 | 300 |
| DIMW | Luise Bornhofen | Hamburg | 9789,4 | 3455,66 | 3800 |
| DIMX | Silvana | Hamburg | 596,9 | 210,72 | 300 |
| DIMY | H.-Günther Bülow | Hamburg | 978,9 | 345,55 | 520 |
| DIMZ | Austria | Hamburg | 30,3 | 10,70 | 150 |
| DINA | Augustenburg | Hamburg | 5699,2 | 2011,82 | 4200 |
| DINB | Heike | Hamburg | 559,2 | 197,40 | 300 |
| DINC | Frauke | Hamburg | 786,3 | 277,56 | 300 |
| DIND | Hermann Langreder + | Hamburg | 1720,9 | 607,49 | 1000 |
| DINE | Marie Steffens | Hamburg | 178,8 | 63,10 | 80 |
| DINF | Heinrich Christian Oetker | Hamburg | 17556,7 | 6197,50 | 5500 |
| DING | Ernst Schröder | Hamburg | 2823,2 | 996,58 | 2800 |
| DINH | Carlota Bolten | Hamburg | 2921,4 | 1031,27 | 1850 |
| DINI | Zephyros | Hamburg | 850,1 | 300,07 | 1800 |
| DINJ | Gerd Freese | Hamburg | 775,0 | 273,56 | 300 |
| DINK | Montan + | Hamburg | 14069,3 | 4966,45 | 6300 |
| DINL | Nessand + | Hamburg | 1041,4 | 367,63 | 700 |
| DINM | Stubbenhuk | Hamburg | 67,4* | 23,78* | 320 |
| DINN | Togo | Hamburg | 8078,3 | 2851,64 | 5100 |
| DINO | Kelon | Hamburg | 69,8 | 24,63 | 170 |
| DINP | Griesenwerder | Hamburg | 69,9 | 24,66 | 850 |
| DINQ | Verano II | Hamburg | 29,2 | 10,31 | 190 |
| DINR | Ursula Peters | Hamburg | 2147,2 | 757,97 | 1140 |
| DINS | Fleth | Hamburg | 968,3 | 341,82 | 500 |
| DINT | Süllberg | Hamburg | 2378,7 | 839,69 | 1000 |
| DINU | Kormoran | Hamburg | 2385,6 | 839,69 | 850 |
| DINV | Anna-Marie | Hamburg | 77,7* | 27,42* | 360 |
| DINW | Elmo | Hamburg | 235,7 | 83,19 | 112 |
| DINX | Athlet | Hamburg | 491,0 | 173,31 | 1600 |

* = Bruttoraumgehalt.

## DINY — DIPV

| Unter-scheidungs-signale | Namen der Schiffe | Heimathafen der Schiffe | Kubikmeter (Nettoraumgehalt) | Registertons (Nettoraumgehalt) | PS |
|---|---|---|---|---|---|
| *DINY* | Birte | Hamburg | 780,5 | 275,52 | 300 |
| *DINZ* | Urania | Hamburg | 2527,3 | 892,12 | 1250 |
| *DIOA* | Eilbek+ | Hamburg | 5998,2 | 2117,37 | 2200 |
| DIOB | Magda Wegener | Hamburg | 779,1 | 275,01 | 300 |
| *DIOC* | Thorstein | Hamburg | 821,7 | 290,07 | 450 |
| *DIOD* | Brage | Hamburg | 8556,3 | 3020,36 | 3500 |
| DIOE | Bugsier 14 | Hamburg | 68,9 | 24,31 | 850 |
| *DIOF* | Heinrich Knüppel | Hamburg | 596,0 | 210,38 | 300 |
| *DIOG* | Margaretha Bischoff+ | Hamburg | 3104,6 | 1095,92 | 1320 |
| *DIOH* | Carl Levers | Hamburg | 1995,6 | 704,43 | 1208 |
| *DIOI* | Imperator | Hamburg | 409,1 | 144,41 | 300 |
| *DIOJ* | Braunsfeld | Hamburg | 2297,8 | 811,14 | 1250 |
| *DIOK* | Usedom | Hamburg | 552,5 | 195,02 | 350 |
| *DIOL* | Corona | Hamburg | 7808,5 | 2756,40 | 5400 |
| *DIOM* | Hoheneichen | Hamburg | 974,5 | 344,00 | 675 |
| *DION* | Sagitta | Hamburg | 968,9 | 342,03 | 750 |
| DIOO | Continental | Hamburg | 453,9 | 160,23 | 270 |
| *DIOP* | Oscar Mathies | Hamburg | 1866,0 | 658,70 | 1000 |
| *DIOQ* | Bernd-Gunda | Hamburg | 693,3 | 244,73 | 300 |
| *DIOR* | Auguste Weitert | Hamburg | 6058,4 | 2138,62 | 1800 |
| *DIOT* | Clio | Hamburg | 503,4 | 177,70 | 300 |
| DIOU | Cormoran | Hamburg | 92,4 | 32,60 | 345 |
| *DIOV* | Caroline Oetker | Hamburg | 37286,7 | 13162,20 | 16500 |
| *DIOW* | Annegret | Hamburg | 596,9 | 210,72 | 300 |
| DIOX | Bugsier 15 | Hamburg | 68,9 | 24,31 | 850 |
| *DIOY* | Ingeborg | Hamburg | 603,2 | 212,94 | 150 |
| *DIOZ* | Jonny Jonas | Hamburg | 973,3 | 343,57 | 500 |
| *DIPA* | Vogelsberg | Hamburg | 3897,7 | 1375,88 | 1760 |
| *DIPB* | Carsten Rehder | Hamburg | 736,2 | 259,86 | 1200 |
| *DIPC* | Apollo | Hamburg | 777,8 | 274,55 | 300 |
| DIPD | Hammaburg | Hamburg | 611,6 | 215,91 | 300 |
| DIPE | Welf | Hamburg | 397,7 | 140,40 | 300 |
| *DIPF* | Weimar+ | Hamburg | 14147,8 | 4994,18 | 9000 |
| DIPG | Walter Richter | Hamburg | 594,1 | 209,72 | 300 |
| *DIPH* | Heinrich Udo Schulte | Hamburg | 3880,2 | 1369,71 | 1680 |
| *DIPI* | Käthe Bartels | Hamburg | 867,4 | 306,20 | 525 |
| *DIPJ* | Hohenbuchen | Hamburg | 974,1 | 343,85 | 675 |
| *DIPK* | Hornsriff | Hamburg | 780,0 | 275,35 | 300 |
| *DIPL* | Alsterkamp | Hamburg | 1753,8 | 619,09 | 800 |
| DIPM | J. H. Jonas | Hamburg | 596,9 | 210,72 | 500 |
| *DIPN* | Ilse Feldmann | Hamburg | 778,6 | 274,84 | 300 |
| *DIPO* | Freiburg+ | Hamburg | 8041,8 | 2838,74 | 4200 |
| DIPP | BP Olex 34 | Hamburg | 136,9 | 48,34 | 170 |
| *DIPQ* | Nordwald | Hamburg | 1296,2 | 447,54 | 870 |
| *DIPR* | Cap Palmas+ | Hamburg | 14503,9 | 5119,88 | 6300 |
| *DIPS* | Herford+ | Hamburg | 3291,5 | 1161,89 | 2000 |
| *DIPT* | Rungholt | Hamburg | 41,1 | 14,52 | 120 |
| *DIPU* | Dieksand | Hamburg | 1040,1 | 367,15 | 700 |
| DIPV | Esso Vegesack | Hamburg | 152,2 | 53,72 | 133 |

## DIPW — DIWK

| Unterscheidungssignale | Namen der Schiffe | Heimathafen der Schiffe | Kubikmeter Nettoraumgehalt | Registertons Nettoraumgehalt | PS |
|---|---|---|---|---|---|
| *DIPW* | Nordenfeld | Hamburg | 889,5 | 313,98 | 500 |
| *DIPX* | Kösterberg | Hamburg | 870,9 | 307,41 | 525 |
| *DIPY* | Amélie Thyssen+ | Hamburg | 21599,3 | 7624,56 | 6650 |
| *DIPZ* | Erna Witt+ | Hamburg | 3504,9 | 1237,23 | 2000 |
| *DIQA* | Inge Leonhardt | Hamburg | 1769,9 | 624,77 | 1000 |
| *DIQB* | Elisabeth Bröker | Hamburg | 610,6 | 215,55 | 300 |
| *DIQC* | Therese Horn+ | Hamburg | 1319,9 | 465,91 | 750 |
| *DIQD* | Bunte Kuh | Hamburg | 3225,3 | 1138,52 | 6000 |
| *DIQE* | Werner Frank | Hamburg | 1132,1 | 399,63 | 650 |
| *DIQF* | Palmyra | Hamburg | 2554,5 | 901,75 | 1200 |
| *DIQG* | Sevilla+ | Hamburg | 2426,2 | 856,44 | 1450 |
| *DIQI* | Adelheid | Uetersen | 274,9 | 97,06 | 150 |
| DIQU | Anna | Bützfleth | 173,5 | 61,25 | 110 |
| DIQW | Anna | Schulau | 30,3 | 10,69 | 90 |
| DIRD | Astarte | Wilhelmshaven | 32,6 | 11,52 | 50 |
| DIRE | Bernd | Hamburg | 322,4 | 113,81 | 150 |
| DIRI | F. Werner | Uetersen | 427,9 | 151,04 | 200 |
| DIRL | Eleonore | Uetersen | 411,4 | 145,24 | 240 |
| DIRP | Condor | Schulau | 66,2 | 23,37 | 150 |
| DIRS | Diamant | Friedrichskoog | 14,3 | 5,05 | 50 |
| DIRX | Düneck | Uetersen | 343,5 | 121,25 | 160 |
| DISH | Ernst Heinrich | Moorege | 109,0 | 38,49 | 72 |
| DISI | Ernte | Oberndorf | 204,7 | 72,25 | 35 |
| *DISL* | Falke | Schulau | 59,6 | 21,04 | 135 |
| *DISM* | Fortuna | Glückstadt | 300,7 | 106,16 | 150 |
| DISQ | Frieda | Schulau | 36,6 | 12,90 | 100 |
| *DISU* | Frija | Glückstadt | 251,7 | 88,86 | 150 |
| DISW | Alfred Hinsch | Hamburg | 199,2 | 70,31 | 75 |
| *DITG* | Holstein | Uetersen | 420,7 | 148,51 | 200 |
| DITI | Ida Joerk | Hamburg | 1524,7 | 538,22 | 550 |
| DITN | Ingerta | Hamburg | 39,9 | 14,08 | 145 |
| DITO | Irmgard | Wischhafen | 180,6 | 63,76 | 60 |
| DITS | Käte | Seesteraudeich | 34,5 | 12,19 | 100 |
| DITT | Nova | Stade | 374,4 | 132,17 | 200 |
| DITX | Kehrwieder | Burg/Dithm. | 111,3 | 39,29 | 50 |
| DITY | Kehrwieder | Seester | 35,5 | 12,53 | 105 |
| *DIUI* | Adlergrund | Lübeck-Travemünde | 32,3 | 11,40 | 150 |
| DIUJ | Marie-Eleonore | Helgoland | 247,9 | 87,52 | 85 |
| DIUK | Marie Falk | Möltenort | 21,1 | 7,45 | 100 |
| DIUN | Hannchen Staeglich | Schulau | 35,5 | 12,53 | 75 |
| DIVB | Odin | Glückstadt | 252,0 | 88,86 | 150 |
| DIVC | Orion | Burg/Dithm. | 248,2 | 87,63 | 40 |
| DIVK | Rheingold | Hamburg | 277,6 | 98,00 | 120 |
| DIVS | Seerose II | Neufeld | 7,9 | 2,79 | 60 |
| DIVU | Seestern | Burg/Dithm. | 98,4 | 34,75 | 36 |
| *DIVV* | Sirius | Seester | 28,5 | 10,06 | 90 |
| DIWE | Thea | Kollmar/Holstein | 258,9 | 91,37 | 120 |
| *DIWH* | Traute | Glückstadt | 275,5 | 97,25 | 250 |
| DIWK | Walter | Hamburg | 133,2 | 47,01 | 50 |

## DIWO — DIZZ

| Unterscheidungssignale | Namen der Schiffe | Heimathafen der Schiffe | Nettoraumgehalt Kubikmeter | Nettoraumgehalt Registertons | PS |
|---|---|---|---|---|---|
| DIWO | Windsbraut | Dieksanderkoog | 20,4 | 7,20 | 24 |
| DIWP | Zukunft | Uetersen | 345,6 | 122,0 | 150 |
| *DIWT* | Widder | Bremen | 768,9 | 282,01 | 250 |
| *DIWU* | Saxnot | Glückstadt | 416,8 | 146,98 | 550 |
| DIWW | Erna | Elmshorn | 412,9 | 145,74 | 120 |
| DIWX | Frieda | Elmshorn | 272,0 | 96,02 | 100 |
| *DIWZ* | Gretchen Vollmers | Uetersen | 412,6 | 146,64 | 250 |
| *DIXF* | Hildegard Bülow | Kollmar/Holstein | 423,8 | 149,61 | 180 |
| *DIXH* | Nordsee | Schulau | 57,3 | 20,21 | 120 |
| DIXM | Berta | Elmshorn | 276,0 | 97,42 | 110 |
| DIXN | Thyra | Elmshorn | 265,2 | 93,63 | 120 |
| DIXO | Kiel | Kiel | 33,6 | 11,86 | 60 |
| DIXP | Marta | Elmshorn | 266,0 | 83,89 | 110 |
| DIXQ | Zita | Elmshorn | 229,9 | 81,16 | 65 |
| *DIXR* | Antje Jansen | Uetersen | 411,1 | 145,12 | 250 |
| *DIXT* | Anke Christa | Glückstadt | 62,4 | 22,04 | 150 |
| DIXU | Grete | Itzehoe | 58,1 | 20,52 | — |
| *DIXW* | Amigo | Glückstadt | 67,2 | 23,73 | 200 |
| *DIXX* | Julianka | Itzehoe | 950,9 | 335,67 | 250 |
| *DIXY* | Edelweiß | Seester | 27,2 | 9,61 | 105 |
| *DIXZ* | Elbe | Elmshorn | 58,9 | 20,80 | 180 |
| *DIYA* | Ingrid | Uetersen | 436,9 | 154,21 | 250 |
| DIYD | Hans Bülow | Kollmar | 682,4 | 240,88 | 520 |
| *DIYE* | Bishorst | Haseldorf | 616,9 | 217,76 | 300 |
| DIYF | Schwalbe | Lägerdorf | 125,2 | 44,19 | 66 |
| DIYG | Albatros | Beidenfleth | 92,4 | 32,63 | 40 |
| *DIYH* | Anke | Niendorf | 58,5 | 20,66 | 150 |
| DIYK | Luise | Friedrichskoog | 16,6 | 5,88 | 90 |
| DIYL | Ernst Sturm | Glückstadt | 159,1 | 56,15 | 120 |
| *DIYM* | Anita Schütt | Itzehoe | 430,5 | 151,96 | 300 |
| *DIYP* | Rosita Maria | Uetersen | 541,3 | 191,09 | 300 |
| *DIYQ* | Peter Meyer | Uetersen | 353,6 | 124,8 | 350 |
| DIYR | Hinrich Koppelmann | Schulau | 412,5 | 145,62 | 300 |
| *DIYS* | Seerose | Schulau | 57,2 | 20,18 | 120 |
| DIYT | Adler | Schulau | 61,2 | 21,59 | 120 |
| *DIYU* | Mittelriff | Schulau | 60,3 | 21,28 | 150 |
| *DIYV* | Käte | Schulau | 59,5 | 21,02 | 120 |
| *DIYW* | Bussard | Schulau | 59,1 | 20,86 | 120 |
| DIYX | Wotan | Glückstadt | 375,5 | 132,56 | 600 |
| *DIYY* | Hödur | Glückstadt | 375,5 | 132,56 | 600 |
| DIZA | Quellental | Pinneberg | 84,7 | 29,88 | — |
| DIZB | Steinburg | Itzehoe | 920,1 | 324,79 | 300 |
| *DIZC* | Hermod | Glückstadt | 405,0 | 142,98 | 600 |
| *DIZD* | Marie Both | Glückstadt | 996,1 | 351,64 | 520 |
| *DIZE* | P. C. Asmussen | Elmshorn | 554,2 | 195,62 | 300 |
| *DIZF* | Ameland | Glückstadt | 886,7 | 313,00 | 450 |
| DIZG | Bruno | Brunsbüttelkoog | 515,0 | 181,80 | 215 |
| *DIZY* | Ingrid Weide+ | Flensburg | 3632,0 | 1282,11 | 1400 |
| DIZZ | Albatros | Flensburg | 211,9 | 74,81 | 260 |

## D J A A — D J B Y

| Unter-scheidungs-signale | Namen der Schiffe | Heimathafen der Schiffe | Kubikmeter (Nettoraumgehalt) | Registertons (Nettoraumgehalt) | PS |
|---|---|---|---|---|---|
| *DJAA* | Harnis | Flensburg | 1118,0 | 394,65 | 560 |
| DJAB | Alexandra | Flensburg | 155,5 | 54,90 | 420 |
| DJAC | Ambronia | Amrum | 23,7 | 8,35 | 100 |
| DJAD | Ägir | Hamburg | 275,2 | 97,15 | 150 |
| DJAE | Annemarie | Keitum/Sylt | 32,8 | 11,59 | 25 |
| DJAF | Astrea | List/Sylt | 110,8 | 39,20 | 86 |
| *DJAG* | Carsten Witt | Bremen | 1726,4 | 609,42 | 1200 |
| DJAH | En Attendent | Dagebüll | 32,6 | 11,52 | 35 |
| DJAI | Christel | Neustadt/Holstein | 21,1 | 7,44 | 75 |
| DJAJ | Christine | Wyk/Föhr | 97,9 | 34,57 | 100 |
| DJAK | Doris | Flensburg | 776,6 | 274,15 | 340 |
| DJAL | Henriette | Munkmarsch | 19,4 | 6,84 | 35/45 |
| DJAM | Schleswig | Flensburg | 246,3* | 86,94* | 380 |
| *DJAP* | Inge R.-Christophersen | Flensburg | 2925,0 | 1032,58 | 950 |
| *DJAQ* | Seestern II | Kiel | 60,9 | 21,51 | 125 |
| DJAR | Föhr-Amrum | Wyk/Föhr | 239,1 | 84,39 | 240 |
| *DJAS* | Hilligenlei | Wyk/Föhr | 184,9 | 65,28 | 320 |
| DJAT | Forelle | Flensburg | 63,3 | 22,33 | 125 |
| DJAU | Frisia | Wyk/Föhr | 123,9 | 43,73 | 80 |
| *DJAV* | Magdalene | Flensburg | 782,1 | 276,08 | 300 |
| *DJAW* | Annik | Flensburg | 2076,3 | 732,93 | 1100 |
| DJAX | Grete | Flensburg | 80,9 | 28,55 | 50 |
| DJAY | Uthlande | Wyk/Föhr | 520,4 | 183,71 | 400 |
| DJBA | Maria Elise | Flensburg | 40,1 | 14,15 | 130 |
| *DJBB* | Hedwig Pannbacker | Flensburg | 537,8 | 189,65 | 300 |
| DJBC | Hermine | Wyk/Föhr | 92,5 | 32,64 | 50 |
| DJBD | Venus | Flensburg | 529,0 | 186,72 | 300 |
| DJBE | Irmgard | Amrum | 18,2 | 6,43 | 100 |
| DJBF | Käthe Marie | Amrum | 71,1 | 25,10 | 70 |
| *DJBG* | Pollux | Flensburg | 4640,6 | 1638,12 | 2000 |
| DJBH | Karl Friedrich | Dagebüll | 43,9 | 15,49 | 95 |
| DJBI | Libelle | Flensburg | 63,3 | 22,33 | 100 |
| *DJBK* | Edith N.-Christophersen | Flensburg | 1311,4 | 462,92 | 860 |
| DJBL | Marie Ursula | Flensburg | 310,0 | 109,42 | 150 |
| DJBM | Nordfriesland | Wyk/Föhr | 423,4 | 149,46 | 300 |
| DJBN | Oste | Wyk/Föhr | 83,6 | 29,52 | 120 |
| DJBO | Rolf Verhey | Dagebüll | 23,4 | 8,27 | 75 |
| DJBP | Rungholt | Wyk/Föhr | 35,3 | 12,48 | 72 |
| *DJBQ* | Rimberg | Flensburg | 1649,8 | 582,36 | 1000 |
| *DJBR* | Jul | Wyk/Föhr | 143,9 | 90,81 | 120 |
| DJBT | Siegfried | Neustadt/Holst. | 20,0 | 7,06 | 90 |
| *DJBU* | Neptun+ | Flensburg | 7398,8 | 2611,78 | 2400 |
| DJBW | Kapitäne Christiansen | Wyk/Föhr | 182,9 | 64,56 | 200 |
| *DJBX* | Liselotte | Flensburg | 695,0 | 245,33 | 700 |
| DJBY | Käthe | Wyk/Föhr | 31,9 | 11,25 | 16 |

* = Bruttoraumgehalt.

## DJBZ — DJGF

| Unter-scheidungs-signale | Namen der Schiffe | Heimathafen der Schiffe | Kubik-meter Nettoraumgehalt | Register-tons Nettoraumgehalt | PS |
|---|---|---|---|---|---|
| DJBZ | Liberty | Munkmarsch | 48,2 | 17,08 | |
| *DJCA* | Pommern | Flensburg | 615,9 | 217,41 | 500 |
| *DJCB* | Henry Horn+ | Glücksburg | 1002,4 | 353,86 | 700 |
| DJCE | Hubert | Langballigholz | 18,1 | 6,38 | 120 |
| *DJCG* | Bodil Schmidt | Flensburg | 1493,3 | 527,15 | 1000 |
| *DJCH* | Karl Gunther Lohse | Flensburg | 1807,0 | 637,86 | 1000 |
| *DJCI* | Mimi Horn+ | Glückstadt | 1014,9 | 358,26 | 700 |
| DJCL | Anna | Amrum | 18,2 | 6,43 | |
| DJCP | Bianka | Heiligenhafen | 18,0 | 6,37 | 105 |
| *DJCT* | Flensau | Flensburg | 2151,3 | 759,89 | 1200 |
| DJCV | Charlotte Bohl | Flensburg | 418,4 | 147,71 | 250 |
| *DJCW* | Jupiter | Flensburg | 2116,6 | 747,16 | 1200 |
| *DJCX* | Schwennau | Flensburg | 2120,8 | 748,63 | 1200 |
| *DJCY* | Jan Meeder | Flensburg | 768,5 | 271,30 | 250 |
| *DJCZ* | Pallas | Flensburg | 2085,9 | 736,31 | 1200 |
| *DJDC* | Hochmeister | Flensburg | 829,8 | 291,91 | 360 |
| *DJDD* | Merkur | Flensburg | 780,1 | 275,38 | 250 |
| *DJDE* | Krusau | Flensburg | 2324,7 | 820,61 | 1200 |
| *DJDF* | Schleswig-Holstein | Flensburg | 724,7 | 255,83 | 250 |
| DJDG | Hilligenlei | Langeness | 21,2 | 7,48 | 68 |
| *DJDH* | Meteor II | Hamburg | 90,1 | 31,82 | 150 |
| *DJDJ* | AnnelisChristophersen | Flensburg | 1402,4 | 495,05 | 830 |
| *DJDK* | Münster | Flensburg | 755,4 | 266,67 | 250 |
| *DJDL* | Fritz Raabe | Bremen | 712,8 | 251,61 | 250 |
| *DJDM* | Bernhard Howaldt | Flensburg | 8708,6 | 3074,15 | 3000 |
| *DJDN* | Hermann Althoff | Flensburg | 711,8 | 251,25 | 250 |
| *DJDO* | Birknack | Flensburg | 4232,1 | 1493,93 | 1600 |
| *DJDQ* | Amisia | Flensburg | 1576,2 | 556,39 | 520 |
| *DJDR* | Diana | Flensburg | 4230,0 | 1493,17 | 1600 |
| *DJDS* | Holstein+ | Glücksburg | 2307,9 | 814,69 | 1000 |
| DJDU | Heinrich | Pellworm | 49,3 | 17,40 | 55 |
| DJDZ | Albert | Cuxhaven | 97,2 | 34,32 | 50 |
| DJEA | Mars | Büsum | 16,0 | 5,65 | 60 |
| *DJEB* | Miranda | Büsum | 451,3 | 159,32 | 300 |
| DJED | Anna | Pellworm | 43,6 | 15,37 | 95 |
| DJEG | Claus Hermann | Büsum | 28,0 | 9,90 | 80 |
| DJEI | Anni | Pellworm | 91,8 | 32,41 | 25 |
| *DJEK* | Waltraud Thorborg | Hamburg | 863,6 | 304,84 | 300 |
| DJEM | Bertha | Flensburg | 19,3 | 6,83 | 120 |
| *DJEN* | Arn VIII | Arnis | 965,9 | 340,96 | 495 |
| DJES | Carl Jensen | Kiel | 149,6 | 52,83 | 120 |
| DJEU | Catrina | Friedrichstadt | 138,9 | 49,03 | 100 |
| *DJFG* | Seefalke I | Büsum | 21,1 | 7,45 | 100 |
| DJFJ | Eider | Süderstapel | 184,2 | 65,02 | 100 |
| *DJFO* | Sliesand | Maasholm | 59,7 | 21,09 | 150 |
| DJFQ | Orion | Büsum | 20,9 | 7,39 | 90 |
| DJFW | Feuerland | Büsum | 14,8 | 5,22 | 100 |
| DJGB | Frida | Büsum | 18,8 | 6,63 | 75 |
| DJGF | Fürchtenicht | Tönning | 14,7 | 5,19 | 90 |

## DJGM — DJNG

| Unterscheidungssignale | Namen der Schiffe | Heimathafen der Schiffe | Kubikmeter Nettoraumgehalt | Registertons Nettoraumgehalt | PS |
|---|---|---|---|---|---|
| DJGM | Günther | Niendorf | 23,5 | 8,30 | 100 |
| DJGN | Gustav | Pellworm | 137,3 | 48,48 | 55 |
| *DJGS* | Hedi Engels | Büsum | 31,8 | 11,05 | 120 |
| DJHB | Herta | Arnis/Schlei | 148,5 | 52,41 | 120 |
| DJHD | Hildegard-Marie | Husum | 21,7 | 7,66 | 75 |
| DJHO | Hans Jürgen | Hamburg | 127,7 | 45,06 | 120 |
| *DJHP* | Kehrwieder | Büsum | 60,1 | 21,21 | 150 |
| DJHR | Klaus Groth | Büsum | 21,2 | 7,48 | 80 |
| *DJHX* | Nordmeer | Büsum | 60,0 | 21,20 | 150 |
| DJIC | Lucia | Kiel | 89,0 | 31,42 | 65 |
| DJIG | Marie | Husum | 57,5 | 20,31 | 65 |
| DJII | Rungholt | Husum | 30,5 | 10,76 | 50 |
| DJIU | Fairplay III | Hamburg | 12,3 | 4,34 | 400 |
| *DJIW* | Frieda | Pellworm | 26,2 | 9,24 | 45 |
| DJJL | Pellworm | Pellworm | 135,7 | 47,90 | 2×165 |
| DJJM | Pellworm | Pellworm | 389,7 | 137,55 | 150 |
| DJJR | Heimat | Kappeln | 22,9 | 8,09 | 150 |
| DJKB | Sturmvogel | Büsum | 18,6 | 6,57 | 100 |
| DJKG | Paulina | Büsum | 496,9 | 175,41 | 490 |
| *DJKH* | Paloma | Büsum | 58,0 | 20,46 | 150 |
| DJKO | Wilhelm Külper | Büsum | 34,1 | 12,02 | 120 |
| DJKR | Herma Ohle | Hamburg | 164,5 | 58,08 | 75 |
| DJKS | Rudolf Engels | Büsum | 59,2 | 20,89 | 150 |
| *DJKV* | Nordwest | Maasholm | 16,7 | 5,91 | 120 |
| DJKX | Zukunft | Büsum | 24,8 | 7,5 | 75 |
| DJLA | Elsa | Maasholm | 18,1 | 6,37 | 105 |
| DJLB | Nordlicht | Büsum | 16,7 | 5,91 | 75 |
| *DJLD* | Annemarie | Kappeln | 26,5 | 9,36 | 150 |
| DJLG | Meteor | Pellworm | 92,8 | 32,76 | |
| DJLK | Gebrüder | Büsum | 19,7 | 6,95 | 20 |
| DJLM | Stadt Husum | Husum | 67,9 | 23,95 | 100 |
| *DJLO* | Mariana | Büsum | 495,4 | 174,89 | 490 |
| DJLU | Wiking | Büsum | 16,1 | 5,68 | |
| *DJLZ* | Tamora | Büsum | 452,4 | 59,69 | 470 |
| DJMB | Barbara | Büsum | 25,4 | 8,96 | 75 |
| DJMF | Concordia | Kappeln/Schlei | 31,5 | 11,10 | |
| DJMG | Puck | Kappeln/Schlei | 38,0 | 13,40 | |
| DJMH | Nöck | Kappeln/Schlei | 84,8 | 29,94 | 100 |
| DJMK | Seehund | Maasholm | 19,5 | 6,88 | 15 |
| DJMM | Antje | Kappeln/Schlei | 15,3 | 5,39 | 100/120 |
| DJMO | Pidder Lüng | Hallig Hooge | 31,7 | 11,18 | 15 |
| *DJMQ* | Anne Ohl | Ulsnis | 749,9 | 264,70 | 250 |
| *DJMR* | Marga | Maasholm | 29,3 | 10,35 | |
| DJMS | Wik | Kiel | 86,5 | 30,58 | 117 |
| DJNB | Nordmeer | Burgstaaken | 18,7 | 6,61 | 150 |
| DJNC | Sturmvogel | Kappeln/Schlei | 26,9 | 9,33 | 120 |
| DJND | Adler | Kappeln/Schlei | 20,7 | 7,32 | |
| DJNE | Bussard II | Büsum | 20,2 | 7,12 | 80 |
| DJNG | Greif | Kappeln/Schlei | 15,8 | 5,58 | |

## DJNH — DJQA

| Unterscheidungssignale | Namen der Schiffe | Heimathafen der Schiffe | Kubikmeter Nettoraumgehalt | Registertons Nettoraumgehalt | PS |
|---|---|---|---|---|---|
| DJNH | Vorwärts | Arnis/Schlei | 17,1 | 6,02 | |
| *DJNL* | Norderholm+ | Kiel | 4284,0 | 1512,27 | 3300 |
| DJNM | Anna | Kiel | 102,2 | 36,08 | 200 |
| DJNN | Anna-Elise | Varelerhafen | 112,9 | 39,84 | 75 |
| DJNO | Annemarie | Leer | 373,8 | 131,54 | 195 |
| DJNP | Antje | Kiel | 15,2 | 5,35 | 75 |
| DJNQ | August | Kiel | 119,6 | 42,22 | 160 |
| *DJNR* | Käte Grammerstorf | Kiel | 4062,1 | 1433,93 | 1275 |
| *DJNT* | Bülk | Kiel | 89,3 | 31,53 | 350 |
| *DJNU* | Bungsberg | Hamburg | 680,3 | 240,10 | 360 |
| *DJNW* | Heikendorf | Kiel | 616,6 | 217,7 | 1120 |
| DJNZ | Dorathea | Kiel | 48,1 | 16,95 | 120 |
| DJOA | Schleswig-Holstein | Kiel | 50,1 | 17,68 | 150 |
| *DJOB* | Geheimrat Sartori | Kiel | 1408,4 | 497,15 | 1000 |
| DJOC | Eckholt | Eckernförde | 12,7 | 4,46 | 100 |
| DJOF | Emil | Kiel | 509,2 | 179,73 | 150 |
| DJOG | Emma Dorothea | Schilksee-Strande | 13,0 | 4,57 | 80 |
| *DJOH* | Glücksburg | Kiel | 613,5 | 216,55 | 1530 |
| *DJOI* | Fehmarn | Hamburg | 579,8 | 204,69 | 330 |
| *DJOJ* | Elisabeth Entz | Rendsburg | 16057,4 | 5668,54 | 2×2250 |
| DJOK | Friedrichsort | Kiel | 339,0 | 119,67 | 280 |
| DJOL | Georg | Kiel | 121,1 | 42,76 | 100 |
| DJOM | Hans-Helmut | Schilksee-Strande | 13,6 | 4,77 | 90 |
| *DJOO* | Seeadler | Kiel | 31,1 | 10,9 | 120 |
| DJOR | Heinrich | Kiel | 126,7 | 44,72 | 120 |
| DJOS | Irene | Pellworm | 134,7 | 47,56 | 75 |
| *DJOT* | Falkenstein | Kiel | 612,8 | 216,33 | 1530 |
| DJOU | Hertha | Kiel | 136,7 | 48,25 | 150 |
| *DJOV* | Heimkehr | Eckernförde | 65,1 | 22,98 | 120 |
| *DJOW* | Hilda | Kiel | 515,2 | 181,86 | 150 |
| DJPA | Hohwacht | Kiel | 86,0 | 30,25 | 300 |
| DJPB | Holsatia | Kiel | 277,5 | 97,97 | 380 |
| DJPC | Elch | Hamburg | 172,3* | 60,83* | 550 |
| *DJPD* | Holtenau | Kiel | 202,2* | 71,73* | 350 |
| DJPF | Ilse | Kiel | 159,5 | 56,30 | 130 |
| DJPG | Ingrid | Kiel | 331,7 | 117,08 | 150 |
| DJPH | Phönix | Heikendorf | 15,6 | 5,49 | 100 |
| *DJPI* | Christian Sartori+ | Kiel | 3733,5 | 1317,93 | 2250 |
| *DJPJ* | Karin | Kiel | 447,4 | 157,94 | 180 |
| DJPK | Mönkeberg | Kiel | 206,0 | 72,55 | 240 |
| *DJPM* | Laboe | Kiel | 687,7 | 242,76 | 950 |
| DJPP | Willi | Kiel | 124,0* | 43,76* | 180 |
| DJPS | Esso Nordenham | Hamburg | 287,7 | 98,38 | 240 |
| *DJPU* | Neuende | Hamburg | 660,0 | 232,99 | 300 |
| DJPV | Hei 31 | Heikendorf | 13,4 | 4,72 | 80 |
| DJPX | Nordmark | Eckernförde | 17,6 | 6,22 | 120 |
| DJPY | Nordstern | Eckernförde | 20,3 | 7,16 | 80 |
| *DJPZ* | Editha | Eckernförde | 797,5 | 281,52 | 460 |
| *DJQA* | Ernst Friesecke | Kiel | 961,4 | 339,37 | 450 |

* = Bruttoraumgehalt.

## DJQB — DJSU

| Unterscheidungssignale | Namen der Schiffe | Heimathafen | Kubikmeter (Nettoraumgehalt) | Registertons (Nettoraumgehalt) | PS |
|---|---|---|---|---|---|
| DJQB | Iltis | Kiel | 436,1 | 153,95 | — |
| DJQC | Edith | Heikendorf | 34,0 | 12,00 | 120 |
| *DJQD* | Maria | Heikendorf | 24,0 | 8,47 | 120 |
| *DJQE* | Clemens Sartori | Kiel | 3820,8 | 1348,76 | 1800 |
| *DJQG* | Olhörn | Kiel | 909,3 | 320,97 | 1000 |
| *DJQI* | Schwan | Möltenort | 23,8 | 8,39 | 150 |
| *DJQJ* | Schwansen | Kiel | 1140,1 | 402,44 | 360 |
| DJQK | Seeadler | Rendsburg | 230,6* | 81,42* | 330 |
| DJQL | Sonja | Kiel | 38,1 | 13,46 | 80 |
| *DJQM* | Theoja I | Cuxhaven | 36,7 | 12,95 | 125 |
| DJQO | Maria Fr. Joerk | Kiel | 416,3 | 146,96 | 250/270 |
| *DJQP* | Christa Griese | Kiel | 550,6 | 194,35 | 230 |
| *DJQQ* | Eva | Heikendorf | 31,8 | 11,24 | 120 |
| *DJQR* | Gaarden | Kiel | 169,5 | 59,84 | 500 |
| DJQS | Sucher | Rendsburg | 411,9 | 145,40 | 200 |
| *DJQU* | Flensburg | Kiel | 564,9 | 199,42 | 850 |
| DJQV | Ute | Kiel | 39,3 | 13,87 | 100 |
| DJQW | Veritas | Kiel | 137,8 | 48,65 | 75 |
| *DJQX* | Viktoria | Kiel | 121,0 | 42,73 | 240 |
| *DJQY* | Ellerbek | Kiel | 203,2 | 71,73 | 190 |
| DJQZ | Käte Oltmann | Hamburg | 328,0 | 115,77 | 200 |
| *DJRB* | Kronsberg | Hamburg | 993,2 | 350,59 | 1000 |
| DJRC | Stadtrat Suhr | Eckernförde | 16,9 | 5,96 | 72 |
| *DJRE* | Wogram | Heikendorf | 38,2 | 13,51 | 120 |
| DJRG | Möwe | Laboe | 14,2 | 5,02 | 120 |
| DJRH | Mamsell | Kiel | 21,7 | 7,64 | 170 |
| *DJRI* | Seestern | Heikendorf | 17,6 | 6,21 | 80 |
| DJRL | Karl-Heinz | Heiligenhafen | 19,5 | 6,90 | 100 |
| *DJRN* | Biomaris-Atlantic | Bremen | 45,1 | 15,91 | 120 |
| DJRP | Kronsort | Eckernförde | 22,2 | 7,85 | 90 |
| *DJRQ* | Christa | Heikendorf | 28,7 | 10,15 | 100 |
| *DJRS* | Johann Böhnke | Strande | 46,2 | 16,29 | 180 |
| *DJRU* | Marianne J. Nimtz | Hamburg | 4518,3 | 1594,95 | 1200 |
| *DJRX* | Hedwig-Elisabeth | Heikendorf | 36,1 | 12,75 | 125 |
| *DJRZ* | Heimatland | Eckernförde | 36,9 | 13,02 | 120 |
| DJSA | Einigkeit | Neufeld | 17,2 | 6,09 | 120 |
| DJSB | Hermann Tiessen | Kiel | 138,1 | 48,75 | 120 |
| *DJSE* | Nordmeer | Neustadt/Holst. | 29,9 | 10,24 | 120 |
| DJSH | Frie 4 | Kiel-Friedrichsort | 14,1 | 4,99 | 100 |
| DJSI | Doris | Kiel | 110,1 | 38,88 | 60 |
| *DJSK* | Wellingdorf | Kiel | 564,9 | 199,42 | 850 |
| *DJSL* | Duburg | Kiel | 2468,0 | 871,20 | 1200 |
| DJSN | Emmi | Laboe | 49,1 | 17,34 | |
| DJSO | Felsen | Eckernförde | 52,9 | 18,68 | 110 |
| DJSP | Sabine | Kiel | 24,9 | 8,81 | 120 |
| DJSQ | Frisch Auf | Eckernförde | 23,9 | 8,43 | 100 |
| *DJSR* | Bonanza | Kiel | 8157,8 | 2879,72 | 1520 |
| DJST | Grete-Herta | Möltenort | 16,2 | 5,73 | 100 |
| DJSU | Söte Deern | Eckernförde | 21,1 | 7,45 | |

* = Bruttoraumgehalt.

## DJSX — DJVF

| Unter-scheidungs-signale | Namen der Schiffe | Heimathafen | Kubik-meter (Nettoraumgehalt) | Register-tons (Nettoraumgehalt) | PS |
|---|---|---|---|---|---|
| *DJSX* | Glücksburg | Kiel | 2468,4 | 871,34 | 1200 |
| *DJSY* | Heikendorf | Kiel | 284,6 | 100,45 | 300 |
| *DJSZ* | Knurrhahn | Kiel | 23,2 | 8,19 | 75 |
| *DJTA* | Strande | Kiel | 480,9* | 169,75* | 1150 |
| DJTB | Schwalbe | Eckernförde | 14,6 | 5,15 | 90/120 |
| DJTC | Martha Elfriede | Kiel | 58,3 | 20,56 | 150 |
| DJTE | Frie 2 | Büsum | 16,4 | 5,75 | 75 |
| DJTF | Peter | Lübeck | 23,0 | 8,11 | 120 |
| DJTG | Brigitte | Eckernförde | 27,5 | 9,70 | 120 |
| DJTH | Hei 28 | Heikendorf | 21,9 | 7,75 | 100 |
| *DJTI* | Ruth | Kiel | 61,7 | 21,80 | 150 |
| *DJTJ* | Elisabeth | Eckernförde | 37,6 | 13,29 | 120 |
| *DJTK* | Blidum | Rendsburg | 2417,2 | 853,80 | 1200 |
| *DJTL* | Kehrwieder | Kiel | 11,0 | 3,88 | 95 |
| DJTM | Kitzeberg | Kiel | 221,3 | 78,00 | 300 |
| *DJTN* | Neumünster | Kiel | 487,6 | 172,12 | 925 u. 180 |
| *DJTO* | Pillau | Heikendorf | 66,3 | 23,40 | 180 |
| DJTP | Hei 25 | Möltenort | 17,5 | 6,19 | 105 |
| *DJTQ* | Dievenow | Kiel | 58,9 | 20,79 | 150 |
| *DJTS* | Elfriede+ | Kiel | 3065,5 | 1082,18 | 800 |
| *DJTV* | Annemarie+ | Kiel | 3036,5 | 1071,90 | 800 |
| DJTW | Löwe | Kiel | 616,3 | 217,55 | — |
| DJTX | Wodan | Kiel | 1016,5 | 358,51 | — |
| DJTZ | Marie Luise | Strande | 36,6 | 12,91 | 120 |
| *DJUA* | Martin | Heikendorf | 47,5 | 16,77 | 150 |
| *DJUB* | Düvelsbek | Kiel | 718,8 | 253,75 | 300 |
| DJUC | Möltenort | Kiel | 265,1 | 93,50 | 300 |
| DJUE | Roland | Kiel | 871,5 | 307,65 | 250 |
| *DJUF* | Annchen Felter | Lübeck | 332,3 | 117,27 | 500 |
| *DJUH* | Rendsburg | Kiel | 489,5 | 172,80 | 1205 |
| *DJUK* | Heimat | Laboe | 19,3 | 6,83 | 85 |
| DJUL | Claus S | Hamburg | 210,7 | 74,39 | 125 |
| *DJUM* | Heimatland | Möltenort | 59,6 | 21,04 | 150 |
| DJUO | Hei 24 | Heikendorf | 38,6 | 13,63 | 150 |
| *DJUP* | Einigkeit | Möltenort | 41,8 | 14,00 | 150 |
| *DJUR* | Trave | Kiel | 505,0 | 190,70 | 850 |
| DJUS | Spüler Friedrich | Rendsburg | 914,9* | 322,95* | 125 |
| *DJUT* | Freya | Kiel | 40,8 | 14,40 | 150 |
| DJUV | Schwalbe | Kiel | 154,3* | 54,48* | 120 |
| DJUW | Schwan | Neumühlen/Kiel | 210,1 | 74,17 | — |
| DJUX | Schwentine | Neumühlen | 7,4 | 2,62 | 100 |
| *DJUY* | Stadt Kiel | Kiel | 410,6 | 144,94 | 520 |
| DJUZ | Steffen | Kiel | 208,4* | 73,58* | 250 |
| *DJVA* | Stein | Kiel | 5,0 | 1,78 | 550 |
| DJVB | Bussard I | Hamburg | 92,0* | 32,49* | 281 |
| DJVC | Heimat | Rendsburg | 23,4 | 8,28 | 150 |
| *DJVE* | Husum | Kiel | 536,4 | 189,33 | 850 |
| *DJVF* | Eider | Kiel | 540,2 | 190,70 | 850 |

* = Bruttoraumgehalt.

## D J V G — D J X K

| Unter-scheidungs-signale | Namen der Schiffe | Heimathafen der Schiffe | Nettoraumgehalt Kubikmeter | Nettoraumgehalt Registertons | PS |
|---|---|---|---|---|---|
| *DJVG* | Konsul Sartori...... | Kiel .............. | 1426,8 | 503,66 | 1000 |
| DJVH | St. S. 80 ........... | Kiel............. | 685,4 | 241,95 | 312 |
| DJVI | St. S. 81 ........... | Kiel............. | 685,0 | 241,70 | 312 |
| *DJVJ* | Christian .......... | Kiel .............. | 20,4 | 7,20 | 120 |
| *DJVL* | Vorwärts........... | Brunsbüttelkoog.... | 279,2* | 98,57* | 450 |
| *DJVN* | Schwentine ........ | Kiel ............. | 540,2 | 190,70 | 850 |
| *DJVQ* | Karin ............ | Heikendorf......... | 32,8 | 11,59 | 150 |
| *DJVR* | Karl Grammerstorf.. | Kiel .............. | 3932,8 | 1197,48 | 2300 |
| DJVS | Kiel 30 ........... | Kiel............. | 23,5 | 8,30 | 105 |
| *DJVU* | Hei 47............. | Arnis/Schlei ....... | 23,5 | 8,29 | 85 |
| DJVV | Herbert............ | Rendsburg ......... | 147,5 | 52,08 | 75 |
| *DJVW* | Büsum ............ | Kiel ............. | 536,4 | 189,33 | 850 |
| *DJVX* | Waltraut Behrmann | Rendsburg ......... | 835,1 | 294,78 | 250 |
| DJVY | Inge.............. | Laboe ............ | 16,1 | 5,69 | 100 |
| *DJVZ* | Cläre Grammerstorf . | Kiel............. | 6192,9 | 2186,09 | 1800 |
| *DJWA* | Catharina Oldendorff+ ..... | Lübeck ........... | 13460,6 | 4751,60 | 5340 |
| *DJWB* | Nordland .......... | Lübeck ........... | 2702,9 | 954,13 | 1600 |
| DJWC | Altstadt .......... | Kiel .............. | 92,3 | 32,58 | 160 |
| DJWD | Uwe .............. | Lübeck-Travemünde | 24,5 | 8,65 | 120 |
| DJWE | Anne Gret ........ | Lübeck-Gothmund .. | 18,1 | 6,40 | 120 |
| DJWF | Antje ............ | Niendorf .......... | 25,0 | 8,84 | 150 |
| *DJWG* | Lübeck+.......... | Lübeck ........... | 14733,9 | 5201,05 | 5340 |
| *DJWH* | Kurfürst .......... | Burgstaaken........ | 117,0 | 40,96 | 150 |
| DJWI | Brandenburg ....... | Hamburg .......... | 265,8 | 93,82 | 148 |
| *DJWJ* | Hans Matthias...... | Burgstaaken........ | 439,1 | 154,99 | 220 |
| DJWK | Friedrich Pahlke .... | Burg/Fehmarn ..... | 8,5 | 3,01 | 100 |
| DJWL | Flamingo .......... | Flensburg ......... | 181,3 | 64,01 | 350 |
| DJWN | Anneliese .......... | Lübeck-Schlutup.... | 25,5 | 9,02 | 95 |
| *DJWP* | Möwe II ........... | Lübeck-Travemünde | 2002,3 | 706,81 | 920 |
| *DJWQ* | Käthe Heisler ...... | Heiligenhafen....... | 60,9 | 21,51 | 120 |
| *DJWR* | Hinrich Oldendorff .. | Lübeck ........... | 9492,8 | 3350,97 | 4180 |
| *DJWS* | Assen............. | Lübeck ........... | 1877,9 | 662,91 | 1000 |
| DJWT | Dora ............. | Burgstaaken........ | 103,8 | 36,65 | 100 |
| *DJWU* | Wolfram .......... | Lübeck ........... | 705,9 | 249,19 | 400 |
| DJWW | Navico V .......... | Lübeck ........... | 151,6 | 53,51 | 230 |
| DJWX | Elbing II .......... | Lübeck ........... | 1267,4 | 447,40 | 570 |
| DJWY | Motorfisch ......... | Hamburg .......... | 508,8 | 179,62 | 300 |
| DJWZ | Ostpreußen......... | Heiligenhafen....... | 60,2 | 21,41 | 125 |
| DJXB | Hella ............. | Haffkrug.......... | 63,6 | 22,44 | 150 |
| *DJXC* | Asella ............ | Lübeck ........... | 7926,8 | 2798,16 | 2000 |
| *DJXD* | Christoffer Oldendorff ....... | Lübeck ........... | 8291,5 | 2926,89 | 1750 |
| DJXE | Hedwig .......... | Lübeck-Travemünde | 25,3 | 8,93 | 150 |
| *DJXF* | Hans Oldendorff .... | Lübeck ........... | 3481,2 | 1228,26 | 1220 |
| DJXG | Jutta............. | Lübeck-Travemünde | 63,5 | 22,43 | 150 |
| DJXH | Hans Peter ........ | Lübeck-Travemünde | 65,3 | 23,05 | 150 |
| *DJXJ* | Urania............ | Heiligenhafen....... | 59,7 | 21,09 | 125 |
| *DJXK* | Gebe Oldendorff .... | Lübeck ........... | 2396,6 | 845,99 | 800 |

* = Bruttoraumgehalt.

## DJXL — DJZI

| Unter-scheidungs-signale | Namen der Schiffe | Heimathafen | Kubikmeter (Nettoraumgehalt) | Registertons (Nettoraumgehalt) | PS |
|---|---|---|---|---|---|
| DJXL | Margarethe | Lübeck-Schlutup | 31,8 | 7,51 | 120 |
| *DJXM* | Sturmvogel | Heiligenhafen | 58,9 | 20,78 | 120 |
| *DJXN* | Kehrwieder | Heikendorf | 61,8 | 21,68 | 150 |
| *DJXO* | Gemma | Lübeck | 325,0 | 114,74 | 500 |
| *DJXP* | Senator Hagelstein | Lübeck | 6215,7 | 2194,14 | 2120 |
| DJXQ | Gertrud | Kiel | 23,4 | 8,26 | 160 |
| DJXR | Heidi | Friedrichskoog | 15,8 | 5,59 | 100 |
| DJXS | Gorch Fock | Niendorf | 20,2 | 7,13 | 90 |
| *DJXT* | Jobst Oldendorff | Lübeck | 3484,8 | 1230,14 | 1220 |
| *DJXU* | Kahlberg | Lübeck | 2707,5 | 975,75 | 770 |
| DJXV | Greif | Lübeck | 41,7 | 14,74 | 815 |
| DJXW | Griep to | Lübeck-Travemünde | 29,7 | 10,47 | 100 |
| DJXX | Elsbeth | Lübeck-Schlutup | 19,6 | 6,91 | 75 |
| *DJXY* | Habicht | Lübeck-Travemünde | 23,0 | 8,11 | 150 |
| DJXZ | Hanna Frida | Kiel | 78,8 | 27,88 | 36 |
| DJYA | Heita | Lübeck-Travemünde | 63,5 | 22,42 | 200 |
| DJYB | Hai | Timmendorferstrand | 18,7 | 6,62 | 120 |
| *DJYC* | Antje-Christa | Heikendorf | 58,7 | 20,70 | 150 |
| DJYD | Heimat | Lübeck-Schlutup | 17,6 | 6,20 | 100 |
| DJYE | Heimat | Niendorf | 16,1 | 5,67 | 70 |
| DJYF | Concordia I | Lübeck-Travemünde | 32,9 | 11,62 | 150 |
| *DJYG* | Venus | Lübeck-Travemünde | 60,9 | 21,49 | 120 |
| *DJYH* | Vega | Lübeck | 493,3 | 174,15 | 167 |
| *DJYI* | Anna Oldendorff | Lübeck | 3745,6 | 1322,21 | 2300 |
| *DJYJ* | Angela | Burgstaaken | 66,0 | 23,31 | 200 |
| *DJYL* | Fona | Lübeck | 1114,8 | 393,54 | 1000 |
| DJYM | Glückauf | Hamburg | 658,0 | 232,27 | 250 |
| DJYN | Holl fast | Brake | 29,7 | 10,47 | 120 |
| DJYO | Ingrid | Lübeck-Travemünde | 16,5 | 5,84 | 90 |
| DJYP | Irjo | Niendorf | 18,4 | 6,50 | 75 |
| DJYQ | Ann Ida | Lübeck | 440,7 | 155,55 | 110 |
| *DJYR* | Columbus | Lübeck-Travemünde | 62,4 | 20,08 | 120 |
| DJYS | Hoffnung | Lübeck-Travemünde | 61,0 | 21,53 | 120 |
| *DJYT* | Johannes | Lübeck | 528,8 | 185,62 | 300 |
| DJYU | Hans Werner | Lübeck-Travemünde | 17,4 | 6,15 | 150 |
| DJYV | Sirius II | Neustadt/Holst. | 16,7 | 5,70 | 75 |
| DJYW | Lissy | Emden | 298,9 | 105,53 | 230 |
| DJYX | Lore | Neustadt/Holst. | 20,7 | 7,30 | 150 |
| DJYY | Odin IV | Lübeck-Travemünde | 55,4 | 19,55 | 60 |
| *DJYZ* | Vogelsand | Lübeck | 2291,5 | 808,89 | 1250 |
| DJZA | Marie | Lübeck | 211,6 | 74,70 | 150 |
| DJZB | Mariechen | Heiligenhafen | 144,3 | 50,95 | 125 |
| *DJZC* | Dinklage | Lübeck-Travemünde | 1800,7 | 635,65 | 1000 |
| DJZD | Anke II | Glückstadt | 61,9 | 21,85 | 150 |
| DJZE | Claus Peter | Heiligenhafen | 24,7 | 8,71 | 120 |
| DJZF | Möwe | Hamburg | 380,8 | 134,48 | 250 |
| DJZG | Christine | Heiligenhafen | 17,3 | 6,10 | 125 |
| *DJZH* | Maja+ | Lübeck | 3307,6 | 1167,57 | 860 |
| DJZI | Hanseat I | Niendorf | 90,4 | 31,92 | 190 |

## DJZJ — DKCB

| Unterscheidungs-signale | Namen der Schiffe | Heimathafen der Schiffe | Kubikmeter Nettoraumgehalt | Registertons Nettoraumgehalt | PS |
|---|---|---|---|---|---|
| DJZJ | Astrid II | Orth/Fehmarn | 19,1 | 6,76 | 120 |
| DJZK | Elmshorn | Elmshorn | 304,8 | 107,60 | 200 |
| DJZL | Nordstern | Lübeck-Travemünde | 15,9 | 5,63 | 100 |
| DJZM | Vineta | Lübeck-Travemünde | 60,2 | 21,25 | 120 |
| DJZN | Orion | Hamburg | 420,8 | 148,36 | 125 |
| DJZO | Ost | Hamburg | 78,8* | 27,83* | 140 |
| DJZP | Ostwacht | Burg/Fehmarn | 98,1 | 34,62 | 600 |
| *DJZQ* | Perseus | Burgstaaken | 26,1 | 9,21 | 150 |
| *DJZR* | Ursula Heinemeier | Lübeck | 1354,8 | 478,24 | 900 |
| *DJZS* | Polchow | Lübeck | 1422,7 | 502,22 | 1050 |
| DJZT | Bredow | Lübeck | 145,4 | 51,31 | 150 |
| DJZU | Pregel | Hamburg | 298,4 | 105,33 | 150 |
| DJZV | Preußen | Lübeck-Travemünde | 17,7 | 6,36 | 105 |
| DJZW | Reni | Eckernförde | 26,5 | 9,37 | 90 |
| DJZY | Richard | Kiel | 119,1 | 42,05 | 60 |
| *DJZZ* | Greetsiel | Hamburg | 1410,9 | 498,04 | 950 |
| DKAA | Roswitha | Neustadt/Holst. | 16,6 | 5,86 | 150 |
| DKAB | Trotz | Büsum | 15,2 | 5,85 | 75 |
| *DKAC* | Fjordmöwe | Lübeck-Travemünde | 2221,6 | 724,23 | 2000 |
| *DKAF* | Liebe | Heiligenhafen | 34,1 | 12,03 | 150 |
| *DKAG* | Gretke Oldendorff | Lübeck | 2024,8 | 714,58 | 900 |
| DKAH | Seeadler | Maasholm | 16,3 | 5,74 | 70 |
| DKAK | Seeschwalbe | Lübeck | 25,2 | 8,91 | 35 |
| *DKAL* | Tete Oldendorff | Lübeck | 1524,2 | 583,03 | 600 |
| DKAN | Wodan | Lübeck | 628,1 | 221,73 | 350 |
| DKAP | Steinbutt | Heiligenhafen | 27,5 | 9,69 | 100 |
| DKAS | Swea | Lübeck-Travemünde | 22,1 | 7,82 | 50 |
| DKAX | Travemünde | Lübeck | 87,9 | 31,01 | 340 |
| DKAY | Ursula | Lübeck-Travemünde | 21,8 | 7,69 | 95 |
| *DKAZ* | Stella+ | Lübeck | 3351,7 | 1183,15 | 1840 |
| *DKBA* | Eversen | Niendorf | 82,5 | 29,12 | 240 |
| *DKBB* | Erna Oldendorff | Lübeck | 3232,8 | 1141,19 | 1200 |
| *DKBE* | Dorthe Oldendorff | Lübeck | 3527,4 | 1245,16 | 850 |
| *DKBF* | Birte Oldendorff | Lübeck | 3277,7 | 1157,05 | 1250 |
| *DKBG* | Venus | Burgstaaken | 30,4 | 10,75 | 120 |
| DKBJ | Hermann | Neustadt/Holst. | 22,2 | 7,85 | 120 |
| DKBK | Pfadfinder | Niendorf | 15,9 | 5,62 | 100 |
| *DKBM* | Henning Oldendorff | Lübeck | 6499,4 | 2294,24 | 1800 |
| DKBP | Herkules | Heiligenhafen | 18,3 | 6,44 | 90 |
| DKBQ | Emma | Burgstaaken | 20,5 | 7,23 | 75 |
| DKBR | Dievenow | Lübeck-Travemünde | 23,4 | 8,25 | 70 |
| DKBS | Falke | Kappeln/Schlei | 21,5 | 7,58 | 150 |
| DKBT | Waltraut | Heiligenhafen | 19,6 | 6,93 | 150 |
| DKBU | Nordland | Niendorf | 16,8 | 5,95 | 70 |
| DKBW | Heimwärts | Neustadt/Holst. | 18,9 | 6,68 | 105 |
| DKBY | C. K. 11 | Neustadt/Holst. | 567,1 | 200,20 | 3×130 |
| DKBZ | C. K. 10 | Neustadt/Holst. | 567,1 | 200,20 | 3×130 |
| DKCA | Carrara | Rendsburg | 457,9 | 161,64 | 290 |
| *DKCB* | Auriga | Lübeck | 3931,4 | 1387,79 | 1415 |

* = Bruttoraumgehalt.

## DKCC — DKEW

| Unterscheidungs-signale | Namen der Schiffe | Heimathafen | Kubikmeter Nettoraumgehalt | Registertons Nettoraumgehalt | PS |
|---|---|---|---|---|---|
| *DKCC* | Stettiner Haff | Lübeck-Travemünde | 59,9 | 21,14 | 180 |
| *DKCD* | Werner | Burgstaaken | 59,5 | 21,02 | 150 |
| *DKCF* | Hoffnung | Neustadt/Holst. | 27,5 | 9,70 | 120 |
| DKCG | Eduard | Lübeck | 215,8* | 76,18* | 375/450 |
| *DKCH* | Möwe III | Lübeck-Travemünde | 1986,0 | 701,05 | 1000 |
| *DKCI* | Südheide | Niendorf | 92,9 | 32,80 | 300 |
| DKCJ | Sturmvogel | Büsum | 23,8 | 8,39 | 75 |
| DKCK | Lübeck | Lübeck | 282,7* | 99,77* | 390 |
| DKCL | Clara | Lübeck | 119,4* | 42,13* | 300 |
| DKCN | Frida | Heiligenhafen | 23,3 | 8,21 | 150 |
| *DKCO* | Baltic | Heiligenhafen | 25,7 | 9,06 | 115 |
| *DKCQ* | Margarethe III | Lübeck-Travemünde | 23,4 | 8,26 | 70 |
| DKCR | Mobil | Lübeck | 98,1* | 34,63* | 160 |
| *DKCS* | Klaus Oldendorff | Lübeck | 6218,2 | 2195,04 | 1250 |
| *DKCT* | Forelle | Burgstaaken | 19,8 | 6,98 | 120 |
| *DKCW* | Gertrud-Marta | Kiel | 32,4 | 11,34 | 90 |
| DKDC | Brüsterort | Lübeck-Travemünde | 14,1 | 4,98 | 70 |
| DKDG | Gerda | Großenbrode | 17,9 | 6,32 | |
| DKDJ | Unverzagt | Lübeck | 23,0 | 8,05 | 95 |
| *DKDN* | Castorp | Lübeck | 2870,2 | 1013,17 | 1200 |
| *DKDP* | Signal | Lübeck | 1568,1 | 553,55 | 550 |
| *DKDS* | Seemöve | Lübeck-Travemünde | 66,7 | 23,56 | 125 |
| *DKDT* | Hugo Oldendorff | Lübeck | 2449,6 | 864,70 | 900 |
| *DKDV* | Breitenburg | Hamburg | 4352,5 | 1536,43 | 1500 |
| *DKDW* | Wickede | Lübeck | 1254,4 | 442,80 | 900 |
| DKDX | Charlotte | Niendorf | 32,6 | 11,52 | 150 |
| DKDY | Paula Helling | Niendorf | 32,6 | 11,52 | 190 |
| DKDZ | Anna | Heiligenhafen | 21,1 | 7,43 | 150 |
| DKEA | Christa | Lübeck-Travemünde | 27,7 | 9,77 | 100 |
| *DKEB* | Rüm Hart | Seester | 55,1 | 19,45 | 150 |
| DKEC | Doris | Lübeck-Travemünde | 34,6 | 12,31 | 150 |
| DKED | Christa | Lübeck-Travemünde | 26,5 | 9,36 | 250 |
| *DKEE* | Emil Berger | Lübeck | 3553,8 | 1254,50 | 2×650 |
| *DKEG* | Passat | Lübeck | 7179,8 | 2534,48 | 1100 |
| DKEH | Seeadler | Lübeck-Travemünde | 16,2 | 5,71 | |
| DKEI | Seeadler | Niendorf | 19,2 | 6,77 | 150 |
| DKEJ | Gerhard | Neustadt/Holst. | 26,5 | 9,36 | 150 |
| *DKEK* | Karl-Christian | Lübeck | 3931,1 | 1387,69 | 1300 |
| *DKEL* | Nordlicht | Burgstaaken | 27,5 | 9,71 | 100 |
| *DKEM* | Örtze | Niendorf | 142,0 | 50,13 | 290 |
| DKEN | Luchs | Neustadt/Holst. | 17,2 | 6,06 | 50 |
| DKEO | Europa II | Kappeln/Schlei | 24,0 | 8,46 | 120 |
| *DKEP* | Spika | Lübeck | 644,9 | 227,63 | 775 |
| DKEQ | Columbus | Burgstaaken | 17,7 | 6,26 | 120 |
| DKER | Carola | Rendsburg | 406,0 | 143,37 | 300 |
| *DKES* | Calla | Rendsburg | 414,4 | 146,27 | 250 |
| *DKET* | Cimbria | Rendsburg | 406,2 | 143,37 | 250 |
| *DKEV* | Wera Böhrnsen | Rendsburg | 834,5 | 294,59 | 360 |
| *DKEW* | Margot Entz | Rendsburg | 11915,4 | 4206,13 | 3510 |

* = Bruttoraumgehalt.

## DKEX — DKHM

| Unter-scheidungs-signale | Namen der Schiffe | Heimathafen der Schiffe | Kubik-meter Nettoraumgehalt | Register-tons Nettoraumgehalt | PS |
|---|---|---|---|---|---|
| *DKEX* | Monica Parchmann | Bremen | 1083,9 | 382,63 | 520 |
| *DKEY* | Peter Ahrens | Hamburg | 391,8 | 138,14 | 300 |
| *DKEZ* | Nordwind | Rendsburg | 539,0 | 190,26 | 300 |
| *DKFA* | Rantum+ | Rendsburg | 6929,2 | 2410,78 | 3600 |
| *DKFC* | Bertha Entz | Rendsburg | 7161,7 | 2528,08 | 8000 |
| DKFD | Hannchen Vollmers | Rendsburg | 463,7 | 163,70 | 250 |
| *DKFE* | Wera | Rendsburg | 945,7 | 298,55 | 300 |
| *DKFF* | Reinhold Krusemark | Rendsburg | 540,1 | 190,79 | 300 |
| DKFG | Marlies | Rendsburg | 605,9 | 213,88 | 150 |
| *DKFH* | Anne Catharina | Rendsburg | 529,0 | 186,72 | 300 |
| *DKFI* | Frisches Haff | Rendsburg | 62,7 | 22,14 | 150 |
| *DKFJ* | Detlef Schmidt | Rendsburg | 924,9 | 326,48 | 360 |
| *DKFK* | Wilhelm | Breiholz | 749,8 | 264,59 | 390 |
| *DKFL* | Stadt Essen | Rendsburg | 951,2 | 335,76 | 500 |
| DKFM | Avena | Breiholz | 549,4 | 193,95 | 270 |
| *DKFN* | Tinnum+ | Rendsburg | 8323,2 | 2938,11 | 4425 |
| DKFO | Claus Jürgen | Rendsburg | 341,2 | 120,46 | 150 |
| *DKFP* | Johann Kolb | Rendsburg | 525,0 | 185,38 | 300 |
| DKFQ | Christopher Meeder | Rendsburg | 975,9 | 344,51 | 480 |
| *DKFR* | Archsum | Rendsburg | 8616,2 | 3041,51 | 4650 |
| DKFS | Silke | Rendsburg | 209,1 | 73,83 | 120 |
| *DKGE* | Silbermöve | Kiel | 40,6 | 14,33 | 120 |
| *DKGI* | Reibel II | Hamburg | 1959,7 | 691,79 | 600 |
| *DKGJ* | Hannes | Kiel | 39,5 | 13,93 | 120 |
| *DKGK* | Michael | Kiel | 6127,8 | 2163,13 | 2000 |
| *DKGL* | Johanna | Heikendorf | 30,5 | 10,76 | 105 |
| *DKGM* | Donar | Lübeck | 681,3 | 240,51 | 850 |
| *DKGN* | Berta Kienass | Rendsburg | 853,0 | 301,12 | 850 |
| DKGP | Kehrheim | Kiel | 26,4 | 9,32 | 90 |
| *DKGR* | Lahn | Duisburg-Ruhrort | 431,3 | 152,26 | 360/390 |
| *DKGS* | Zukunft | Heikendorf | 44,2 | 15,60 | 150 |
| *DKGT* | Glaube | Büsum | 22,6 | 7,98 | |
| DKGU | Vorwärts | Laboe | 22,2 | 7,82 | 90 |
| *DKGV* | Walküre | Kiel | 40,4 | 14,26 | 160 |
| DKGX | Grüß Gott | Eckernförde | 15,8 | 5,59 | 140 |
| DKGY | Delphin | Strande | 23,1 | 8,17 | 100 |
| *DKGZ* | Blumenau | Kiel | 9400,0 | 3318,18 | 4000 |
| DKHA | Hannelore | Heikendorf | 31,4 | 11,08 | 105 |
| *DKHB* | Waltraut | Heikendorf | 34,7 | 12,24 | 150 |
| *DKHC* | Lina | Möltenort | 23,2 | 8,18 | 90 |
| *DKHD* | Adler | Heikendorf | 34,7 | 12,26 | 150 |
| *DKHE* | Adriana | Kiel | 3087,0 | 1089,70 | 1000 |
| *DKHF* | Lucianna | Kiel | 3085,2 | 1089,06 | 1000 |
| DKHG | Wolf | Kiel | 499,5 | 176,31 | 150 |
| DKHH | St. S. 82 | Kiel | 966,8 | 341,27 | — |
| DKHI | St. S. 83 | Kiel | 966,8 | 341,27 | — |
| DKHK | Rudi Klaus | Möltenort | 16,9 | 5,95 | 150 |
| *DKHL* | Dietmar | Kiel | 39,0 | 13,77 | 150 |
| *DKHM* | Schwalbenberg | Heikendorf | 63,6 | 22,46 | 120 |

## DKHN — DKJP

| Unter-scheidungs-signale | Namen der Schiffe | Heimathafen der Schiffe | Kubik-meter Nettoraumgehalt | Register-tons Nettoraumgehalt | PS |
|---|---|---|---|---|---|
| DKHN | Pil 35 | Möltenort | 15,6 | 5,51 | 70 |
| DKHO | Klaus Dieter | Kiel | 26,9 | 9,48 | 60 |
| DKHQ | Silbermöve | Kiel | 65,4 | 23,09 | 120 |
| *DKHR* | Labor et Fides | Kiel | 390,1 | 137,69 | 300 |
| *DKHT* | Capella | Heikendorf | 59,8 | 21,12 | 150 |
| *DKHU* | Ingrid | Cuxhaven | 59,1 | 20,86 | 150 |
| DKHV | Hans | Kiel | 55,4* | 19,57* | 130/150 |
| *DKHW* | Hoffnung | Heikendorf | 60,5 | 21,36 | 150 |
| *DKHX* | Belmonte | Kiel | 7359,5 | 2597,89 | 3000 |
| *DKIA* | Catherine Sartori+ | Kiel | 4533,8 | 1600,25 | 2400 |
| *DKIB* | Sigrid | Kiel | 60,9 | 21,51 | 120 |
| DKIC | Jupiter | Kiel | 25,1 | 8,86 | 120 |
| DKID | Helga | Kiel | 57,3 | 20,21 | 120 |
| *DKIE* | Einigkeit | Kiel | 59,6 | 21,04 | 120 |
| *DKIF* | Alexandra Sartori | Kiel | 3408,9 | 1203,34 | 2400 |
| DKIG | Helmut | Möltenort | 35,4 | 12,50 | 130 |
| DKIH | Sigrid | Kiel | 62,4 | 22,01 | 120 |
| DKII | St. S. 48 | Kiel | 656,6 | 231,80 | — |
| *DKIJ* | Störtebecker | Laboe | 59,5 | 20,99 | 180 |
| *DKIK* | Kahlberg-Liep | Kiel | 59,5 | 21,02 | 150 |
| DKIL | Johanna | Heikendorf | 58,2 | 20,58 | 135 |
| *DKIM* | Sperber | Kiel | 59,9 | 21,05 | 150 |
| *DKIN* | Delphin | Kiel | 59,7 | 21,09 | 150 |
| *DKIO* | Holtenau | Kiel | 572,0 | 201,90 | 1530 |
| *DKIP* | Kehrwieder | Kiel | 60,0 | 21,20 | 150 |
| *DKIQ* | Laboe | Kiel | 587,5 | 207,38 | 1530 |
| DKIS | Karin Christa | Kiel | 61,7 | 21,88 | 180 |
| *DKIT* | Bleibtreu | Heiligenhafen | 59,2 | 20,90 | 110 |
| DKIU | Forelle | Heikendorf | 60,5 | 21,36 | 150 |
| *DKIV* | Francisca Sartori | Kiel | 3410,5 | 1203,91 | 2400 |
| *DKIW* | Theo Grammerstorf | Kiel | 1799,5 | 635,22 | 530 |
| *DKIY* | Heimat | Eckernförde | 59,1 | 21,15 | 150 |
| DKIZ | Werner Martin Krüger | Heikendorf | 32,7 | 11,58 | 180 |
| DKJA | Helgoland | Hamburg | 79,0 | 27,88 | 120 |
| DKJB | Navico I | Hamburg | 73,0 | 25,76 | 70 |
| *DKJC* | Silbermöve | Hamburg | 405,3 | 143,07 | 220 |
| *DKJD* | Jens Bracke | Lübeck | 639,0 | 225,58 | 520 |
| DKJE | Alte Liebe | Niendorf | 28,1 | 9,91 | 150 |
| DKJG | Anni | Laboe | 15,8 | 5,56 | 120 |
| *DKJH* | Senator Possehl+ | Lübeck | 14703,7 | 5190,41 | 5340 |
| *DKJI* | Erika | Neustadt/Holst. | 41,8 | 14,75 | 150 |
| *DKJJ* | Annemarie | Lübeck-Travemünde | 26,9 | 9,48 | 150 |
| *DKJK* | Carina | Lübeck | 2436,6 | 860,13 | 810 |
| DKJL | Lotte | Neustadt/Holst. | 17,6 | 6,21 | 80 |
| *DKJM* | Twee Breeder | Burgstaaken | 27,2 | 9,62 | 120 |
| DKJN | Herrenwyk | Lübeck | 713,1 | 251,71 | — |
| DKJO | Glückauf | Lübeck | 713,4 | 251,82 | — |
| DKJP | Alfred | Neustadt/Holst. | 36,4 | 12,85 | 120 |

* = Bruttoraumgehalt.

## DKJQ — DKLQ

| Unter-scheidungs-signale | Namen der Schiffe | Heimathafen der Schiffe | Kubik-meter Nettoraumgehalt | Register-tons Nettoraumgehalt | PS |
|---|---|---|---|---|---|
| *DKJQ* | Antje von Sylt | Neustadt/Holst. | 60,7 | 21,43 | 120 |
| *DKJR* | Fredenhagen | Lübeck | 1558,3 | 550,08 | 100 |
| *DKJS* | Seemöve | Burgstaaken | 21,6 | 7,63 | 150 |
| *DKJT* | Melilla | Hamburg | 2441,9 | 862,0 | 2400 |
| *DKJU* | Ludolf Oldendorff | Lübeck | 3512,0 | 1239,74 | 2700 |
| DKJV | Alfred Porr | Hamburg | 1081,7 | 381,85 | 520 |
| DKJW | Neptun | Burgstaaken | 19,8 | 6,99 | 150 |
| *DKJX* | Dania | Lübeck | 1863,4 | 657,78 | 1500 |
| *DKJY* | Hans Lehmann+ | Lübeck | 1267,8 | 447,52 | 370 |
| DKJZ | Seeadler | Niendorf | 23,3 | 8,21 | 150 |
| *DKKA* | Travemünde | Lübeck | 3660,4 | 1292,13 | 1700 |
| DKKB | Lotte | Niendorf | 23,1 | 8,15 | 100 |
| *DKKD* | Imme Oldendorff | Lübeck | 2615,2 | 923,15 | 1600 |
| DKKE | Gertrud II | Niendorf | 23,1 | 8,15 | 150 |
| *DKKF* | Johannes Voss | Lübeck | 359,5 | 126,90 | 225 |
| DKKG | Fritz | Niendorf | 24,7 | 8,73 | 150 |
| *DKKH* | Nettelbeck | Laboe | 28,0 | 9,87 | 120 |
| DKKI | Seelöwe | Timmendorfer Strand | 18,6 | 6,65 | 80 |
| DKKJ | Seestern | Niendorf | 32,1 | 8,15 | 120 |
| DKKL | Störtebecker | Niendorf | 20,4 | 7,19 | 120 |
| DKKM | Sturmvogel | Timmendorfer Strand | 18,5 | 6,53 | 150 |
| *DKKO* | Memel | Niendorf | 57,9 | 20,44 | 120 |
| DKKP | Almut | Lübeck | 652,3 | 230,88 | 180 |
| *DKKQ* | Helga-Anni | Burgstaaken | 36,4 | 12,85 | 175 |
| *DKKR* | Rudolf-Hermann | Heiligenhafen | 55,0 | 19,42 | 150 |
| DKKS | Godenwind | Heiligenhafen | 33,6 | 11,84 | 150 |
| *DKKT* | Neukuhren | Niendorf | 32,4 | 11,44 | 150 |
| *DKKV* | Anneliese | Heikendorf | 28,3 | 9,97 | 150 |
| *DKKW* | Dietrich Oldendorff | Lübeck | 5274,6 | 1861,93 | 1600 |
| DKKX | Ursula | Lübeck-Travemünde | 34,7 | 12,24 | 120 |
| *DKKY* | Dora Oldendorff+ | Lübeck | 7189,7 | 2537,96 | 2700 |
| *DKKZ* | Alfred | Burgstaaken | 30,3 | 10,71 | 150 |
| *DKLA* | Eibe Oldendorff | Lübeck | 9513,6 | 3358,29 | 4180 |
| DKLB | Zukunft | Neustadt/Holst. | 16,7 | 5,91 | 120 |
| DKLC | Thedje | Lübeck-Travemünde | 23,2 | 8,19 | 150 |
| *DKLD* | Regina | Lübeck | 3195,4 | 1127,96 | 1250 |
| *DKLE* | Seeadler | Heikendorf | 58,1 | 20,51 | 140 |
| *DKLF* | Irene | Lübeck-Travemünde | 54,9 | 19,37 | 120 |
| *DKLG* | Kehrwieder | Lübeck-Travemünde | 60,9 | 21,51 | 150 |
| *DKLH* | Loreley | Heiligenhafen | 59,7 | 21,09 | 150 |
| *DKLI* | Lieschen | Haffkrug | 60,9 | 21,49 | 150 |
| *DKLJ* | Nordcap | Lübeck-Travemünde | 59,7 | 21,09 | 125 |
| *DKLK* | Wiltrud | Lübeck-Travemünde | 61,8 | 21,82 | 150 |
| *DKLL* | Finkwarder | Lübeck-Travemünde | 59,6 | 21,05 | 120 |
| *DKLM* | Utsire | Niendorf | 62,9 | 22,20 | 150 |
| *DKLN* | Renate | Niendorf | 60,0 | 21,20 | 150 |
| DKLO | Venus | Niendorf | 59,5 | 21,02 | 150 |
| *DKLP* | Stolper Bank | Lübeck-Travemünde | 45,3 | 15,98 | 150 |
| *DKLQ* | Zufriedenheit | Lübeck-Travemünde | 59,7 | 21,09 | 150 |

## DKLR — DLAX

| Unterscheidungssignale | Namen der Schiffe | Heimathafen der Schiffe | Kubikmeter Nettoraumgehalt | Registertons Nettoraumgehalt | PS |
|---|---|---|---|---|---|
| DKLR | Ostbries | Haffkrug | 67,6 | 23,86 | 150 |
| *DKLS* | Oderbank | Burgstaaken | 31,4 | 11,10 | 150 |
| *DKLT* | Gerda | Lübeck-Travemünde | 62,6 | 22,11 | 150 |
| *DKLU* | Mira+ | Lübeck | 3421,4 | 1207,75 | 1500 |
| *DKLV* | Christa | Heiligenhafen | 61,9 | 21,85 | 130 |
| *DKLW* | Condor | Lübeck | 222,7 | 78,62 | 300 |
| DKLX | Samland | Niendorf | 60,9 | 21,51 | 150 |
| DKLY | Elfriede | Heiligenhafen | 59,4 | 20,97 | 135 |
| *DKLZ* | Annemarie | Heiligenhafen | 62,7 | 22,13 | 125 |
| *DKMA* | Mercator+ | Walsum | 3543,0 | 1250,68 | 1260 |
| DKMB | Imperial | Uerdingen | 286,3 | 94,72 | 300 |
| DKMC | Glückauf II | Düsseldorf | 67,5 | 23,85 | 300 |
| *DKMD* | Niederrhein | Duisburg-Ruhrort | 500,5 | 176,68 | 300 |
| DKME | Neckar | Duisburg-Ruhrort | 656,7 | 231,81 | 515 |
| *DKMF* | Main | Duisburg-Ruhrort | 829,5 | 292,82 | 500 |
| *DKMG* | Lippe | Duisburg-Ruhrort | 522,3 | 184,37 | 300 |
| *DKMH* | Traude | Düsseldorf | 613,6 | 216,60 | 295 |
| DKMI | Anna-Luise | Duisburg-Ruhrort | 592,1 | 209,00 | 350 |
| DKMJ | Kormoran | Emmerich | 77,4 | 27,33 | 290 |
| DKMK | Johann Schepers | Duisburg | 522,5 | 184,46 | 360 |
| *DKML* | Saar | Duisburg-Ruhrort | 687,1 | 242,58 | 500 |
| *DKMM* | Pirola | Lübeck-Travemünde | 63,6 | 22,44 | 120 |
| *DKQA* | Gertraud | Heikendorf | 40,5 | 14,29 | 150 |
| *DKQB* | Süderholm+ | Kiel | 4284,0 | 1512,27 | 2430 |
| DKQC | Wangenstein | Strande | 56,1 | 19,81 | 125 |
| *DLAA* | Ravenstein | Bremen | 12989,4 | 4585,27 | 12000 |
| *DLAB* | Schütting | Bremen | 8698,0 | 3070,39 | 5400 |
| *DLAC* | Frauenfels | Bremen | 8636,1 | 3048,55 | 4650 |
| *DLAD* | Gertrud+ | Bremen | 4711,7 | 1663,22 | 2500 |
| *DLAE* | Casablanca+ | Bremen | 5160,7 | 1821,73 | 2520 |
| *DLAF* | Fink+ | Bremen | 1225,7 | 432,66 | 590 |
| *DLAG* | Jason | Bremen | 1550,9 | 547,47 | 1600 |
| *DLAH* | Renata Schröder | Bremen | 5454,6 | 1925,47 | 1650 |
| *DLAI* | Soneck | Bremen | 2292,5 | 809,25 | 1380 |
| *DLAJ* | Travestein | Bremen | 11260,7 | 3975,01 | 9000 |
| *DLAK* | Rothenstein | Bremen | 12628,9 | 4457,99 | 12000 |
| *DLAL* | Clivia+ | Bremen | 10619,0 | 3748,51 | 3920 |
| *DLAM* | Adolf Vinnen+ | Bremen | 7448,3 | 2629,42 | 3000 |
| *DLAN* | Klosterfrau | Bremen | 950,2 | 335,42 | 1250 |
| *DLAO* | Franz Doerenkamp | Bremen | 950,2 | 335,42 | 1250 |
| *DLAP* | Werner Vinnen+ | Bremen | 8604,7 | 3037,45 | 3360 |
| *DLAQ* | Hessenstein | Bremen | 14794,3 | 5222,38 | 10560 |
| *DLAR* | Tannstein | Bremen | 9041,4 | 3191,60 | 4700 |
| *DLAS* | Pallas | Bremen | 814,7 | 287,58 | 1000 |
| *DLAT* | Ginnheim+ | Bremen | 19129,9 | 6752,51 | 4200 |
| *DLAU* | Reifenstein | Bremen | 12784,3 | 4512,85 | 12000 |
| *DLAV* | Meise+ | Bremen-Vegesack | 1237,8 | 436,95 | 590 |
| *DLAW* | Liebenfels | Bremen | 12907,8 | 4556,45 | 5600 |
| *DLAX* | Torstein | Bremen | 9041,4 | 3191,60 | 4700 |

## DLAY — DLCV

| Unterscheidungssignale | Namen der Schiffe | Heimathafen der Schiffe | Kubikmeter Nettoraumgehalt | Registertons Nettoraumgehalt | PS |
|---|---|---|---|---|---|
| *DLAY* | Merkurius | Bremen | 3693,0 | 1303,64 | 1050 |
| *DLAZ* | Bremerhaven | Bremen | 4563,6 | 1610,95 | 6800 |
| *DLBA* | Admiral Bastian+ | Bremen | 3334,6 | 1177,13 | 2000 |
| *DLBB* | Schwalbe+ | Bremen | 1220,2 | 430,73 | 590 |
| *DLBC* | Priamus | Bremen | 814,7 | 287,58 | 1000 |
| *DLBD* | Lindenfels | Bremen | 12822,8 | 4526,43 | 5600 |
| *DLBE* | Kelkheim+ | Bremen | 6760,4 | 2386,43 | 3300 |
| *DLBF* | Stephanitor | Bremen | 19533,4 | 6895,29 | 7200 |
| *DLBG* | Atlas Hugo Stinnes | Bremen | 4396,4 | 1551,93 | 2300 |
| *DLBH* | Marienfels | Bremen | 12701,4 | 4483,59 | 5600 |
| *DLBI* | Fidentia | Bremen | 1707,8 | 602,86 | 1050 |
| *DLBJ* | Adamsturm | Bremen | 4487,7 | 1584,15 | 1380 |
| *DLBK* | Bischofstor+ | Bremen | 16238,5 | 5732,18 | 4200 |
| *DLBL* | Hundseck+ | Bremen | 1464,4 | 516,95 | 660 |
| *DLBM* | Roseneck+ | Bremen | 1431,8 | 505,43 | 660 |
| *DLBN* | Brunneck | Bremen | 1434,3 | 506,32 | 660 |
| *DLBO* | Ceuta+ | Bremen | 5638,2 | 1990,29 | 3500 |
| *DLBP* | Neidenfels | Bremen | 12701,4 | 4483,59 | 5600 |
| *DLBQ* | Birkenstein | Bremen | 9488,8 | 3349,58 | 9000 |
| *DLBR* | Hastedt | Bremen | 13588,3 | 4796,68 | 2540 |
| *DLBS* | Nordenham | Bremen | 4557,3 | 1608,74 | 6800 |
| *DLBT* | Breitenstein | Bremen | 9482,4 | 3347,29 | 9000 |
| *DLBU* | Octavia+ | Bremen | 8562,3 | 3022,48 | 3600 |
| *DLBV* | Bischofstein | Bremen | 9482,4 | 3347,29 | 9000 |
| *DLBW* | Stepenitz | Bremen | 1680,1 | 593,06 | 1050 |
| *DLBX* | Star+ | Bremen | 1220,2 | 430,75 | 590 |
| *DLBY* | Nora Hugo Stinnes | Bremen | 4385,8 | 1548,17 | 2300 |
| *DLBZ* | Eva-Maria+ | Bremen | 1496,0 | 528,09 | 1000 |
| *DLCA* | Neuenfels | Bremen | 12716,7 | 4488,99 | 5600 |
| *DLCB* | Carl Meentzen+ | Bremen | 4509,5 | 1591,87 | 2000 |
| *DLCD* | Ockenfels | Bremen | 12713,4 | 4487,85 | 5660 |
| *DLCE* | Falkental | Bremen | 4055,0 | 1431,41 | 4320 |
| *DLCF* | Arsterturm | Bremen | 2601,5 | 918,33 | 1200 |
| *DLCG* | Fangturm | Bremen | 4281,7 | 1511,44 | 1200 |
| *DLCH* | Wesertal | Bremen | 5156,7 | 1820,32 | 4320 |
| *DLCI* | Hille Oldendorff | Bremen | 3641,0 | 1285,28 | 2300 |
| *DLCJ* | Bernhard Althoff | Bremen | 1724,8 | 608,86 | 1050 |
| *DLCK* | Hemelingen+ | Bremen | 1816,8 | 641,32 | 1000 |
| *DLCL* | Alioth | Bremen | 2560,6 | 903,88 | 2100 |
| *DLCM* | Auriga | Bremen | 2432,5 | 858,69 | 1200 |
| *DLCN* | Rheinfels | Bremen | 13513,2 | 4770,17 | 2100 |
| *DLCO* | Charlotte Bastian | Bremen | 1594,1 | 562,72 | 1000 |
| *DLCP* | Seven Seas | Bremen | 23863,8 | 8423,92 | 8500 |
| *DLCQ* | Blankenstein+ | Bremen | 13480,7 | 4758,68 | 9000 |
| *DLCR* | Rabenfels | Bremen | 12663,6 | 4470,24 | 5600 |
| *DLCS* | Bartenstein+ | Bremen | 13480,7 | 4758,68 | 9000 |
| *DLCT* | Reichenfels | Bremen | 10634,4 | 3757,75 | 7200 |
| *DLCU* | Brake | Bremen | 4922,3 | 1737,56 | 3400 |
| *DLCV* | Syrte+ | Bremen | 4653,1 | 1642,54 | 2500 |

## DLCW — DMCP

| Unterscheidungssignale | Namen der Schiffe | Heimathafen der Schiffe | Kubikmeter Nettoraumgehalt | Registertons Nettoraumgehalt | PS |
|---|---|---|---|---|---|
| *DLCW* | Alcyone | Bremen | 2558,7 | 903,24 | 2100 |
| *DLCX* | Rotenfels | Bremen | 12908,9 | 4556,84 | 4000 |
| *DLCY* | Pagenturm | Bremen | 2528,0 | 892,38 | 1200 |
| *DLCZ* | Transsylvania+ | Bremen | 3000,5 | 1059,19 | 2200 |
| *DLDA* | Jasenitz | Bremen | 1680,1 | 593,06 | 1000 |
| *DLDB* | Bodenstein+ | Bremen | 13480,7 | 4758,68 | 9000 |
| *DLDC* | Phönix | Bremen | 2017,0 | 712,02 | 1300 |
| *DLDD* | Tellus | Bremen | 440,3 | 155,44 | 500 |
| DLDE | Bremer Pionier | Bremen | 77,2 | 27,24 | 1100 |
| *DLDF* | Gertrude Wiener | Bremen | 1573,2 | 555,33 | 750 |
| *DLDG* | Schönfels | Bremen | 10542,0 | 3721,32 | 3800 |
| *DLDH* | Phönizien+ | Bremen | 4673,4 | 1649,71 | 2500 |
| *DLDI* | Bremer Stauer | Bremen | 441,4 | 155,80 | 750 |
| *DLDJ* | Spreestein+ | Bremen | 9205,9 | 3249,69 | 3900 |
| DLDK | Ann-Charlott | Bremen | 704,7 | 248,75 | 450 |
| *DLDL* | Detmold | Bremen | 418,8 | 147,84 | 600 |
| DLDM | Mellum | Bremen | 255,1* | 90,06* | 750 |
| *DLDN* | Louise | Bremen | 1378,7 | 486,67 | 1000 |
| *DLDO* | Pluto | Bremen | 623,5 | 220,11 | 1000 |
| *DLDP* | Alcor | Bremen | 2544,5 | 898,22 | 2100 |
| *DLDQ* | Bielefeld | Bremen | 418,8 | 147,84 | 600 |
| *DLDR* | Praunheim | Bremen | 20022,7 | 7068,01 | 6300 |
| *DLDS* | Siegstein+ | Bremen | 4329,9 | 1528,44 | 3900 |
| *DLDT* | Hugo Stinnes | Bremen | 17127,0 | 6045,82 | 9000 |
| *DLDU* | Domsheide | Bremen | 21481,8 | 7583,08 | 5400 |
| *DLDV* | Albatros | Bremen | 2017,0 | 712,02 | 1300 |
| *DLDW* | Erika+ | Bremen | 2597,1 | 916,77 | 2500 |
| *DLDX* | Mellum+ | Bremen | 9379,6 | 3310,99 | 3800 |
| *DLDY* | Bremer Makler | Bremen | 698,7 | 246,63 | 750 |
| *DLDZ* | Bielefeld | Bremen | 444,7 | 156,99 | 310 |
| DMCP | Cornelis | Bensersiel | 102,2* | 36,08* | 100 |

*** = Bruttoraumgehalt.**

## b) Die Schiffe der Bundesmarine

in der Reihenfolge der Unterscheidungssignale

| Unterscheidungssignale | Namen der Schiffe | Art der Schiffe |
|---|---|---|
| DBNE | Silbermöve | Schnellboot |
| DBNF | Sturmmöve | Schnellboot |
| DBNG | Wildschwan | Schnellboot |
| DBNH | Orion | Minensuchboot |
| DBNI | Rigel | Minensuchboot |
| DBNJ | Merkur | Minensuchboot |
| DBNK | Sirius | Minensuchboot |
| DBNL | Castor | Minensuchboot |
| DBNM | Pollux | Minensuchboot |
| DBNN | Capella | Minensuchboot |
| DBNO | Mars | Minensuchboot |
| DBNP | Regulus | Minensuchboot |
| DBNQ | Spica | Minensuchboot |
| DBNR | Jupiter | Minensuchboot |
| DBNS | Saturn | Minensuchboot |
| DBNT | Wega | Minensuchboot |
| DBNU | Deneb | Minensuchboot |
| DBNV | Atair | Minensuchboot |
| DBNW | Algol | Minensuchboot |
| DBNX | Aldebaran | Minensuchboot |
| DBNY | Skorpion | Minensuchboot |
| DBNZ | Pegasus | Minensuchboot |
| DBOA | Arkturus | Minensuchboot |
| DBOB | Seehund | Minensuchboot |
| DBOC | Seelöwe | Minensuchboot |
| DBOD | Seestern | Minensuchboot |
| DBOE | Seeschlange | Minensuchboot |
| DBOF | Seepferd | Minensuchboot |
| DBOG | Seeigel | Minensuchboot |
| DBOZ | UW 10 | Schulboot |
| DBQX | UW 11 | Schulboot |
| DBRE | UW 12 | Schulboot |
| DBRF | Seeschwalbe | Schnellboot |
| DBRH | Göttingen | Minensuchboot |
| DBRM | Iltis | Schnellboot |
| DBRQ | Jaguar | Schnellboot |
| DBRU | Wetzlar | Minensuchboot |
| DBRX | Koblenz | Minensuchboot |
| DBRY | Knurrhahn | Hilfsschiff |
| DBRZ | Lindau | Minensuchboot |
| DBSA | H 1 | Hafenschutzboot |
| DBSB | H 2 | Hafenschutzboot |
| DBSC | H 3 | Hafenschutzboot |

## DBSD — DBWJ

| Unterscheidungssignale | Namen der Schiffe | Art |
|---|---|---|
| DBSD | Leopard | Schnellboot |
| DBSE | Luchs | Schnellboot |
| DBSN | H 4 | Hafenschutzboot |
| DBSO | H 5 | Hafenschutzboot |
| DBSP | H 6 | Hafenschutzboot |
| DBSQ | H 7 | Hafenschutzboot |
| DBSR | H 8 | Hafenschutzboot |
| DBSS | H 9 | Hafenschutzboot |
| DBSZ | Trave | Begleitschiff |
| DBTA | H 11 | Hafenschutzboot |
| DBTB | H 12 | Hafenschutzboot |
| DBTC | H 13 | Hafenschutzboot |
| DBTD | H 14 | Hafenschutzboot |
| DBTE | H 15 | Hafenschutzboot |
| BBTF | H 16 | Hafenschutzboot |
| DBTG | Eismöve | Schnellboot |
| DBTH | Raubmöve | Schnellboot |
| DBTI | Fl 4 | Schulboot |
| DBTJ | H 17 | Hafenschutzboot |
| DBTK | H 18 | Hafenschutzboot |
| DBTL | H 19 | Hafenschutzboot |
| DBTM | H 20 | Hafenschutzboot |
| DBTX | Ems | Begleitschiff |
| DBTY | Oste | Begleitschiff |
| DBTZ | Eider | Begleitschiff |
| DBUA | FM 1 | Schulboot |
| DBUB | FM 2 | Schulboot |
| DBUC | FM 3 | Schulboot |
| DBUD | UW 1 | Schulboot |
| DBUE | UW 2 | Schulboot |
| DBUF | TM 1 | Schulboot |
| DBUG | UW 4 | Schulboot |
| DBUH | UW 5 | Schulboot |
| DBUI | UW 6 | Schulboot |
| DBUJ | AT 1 | Schulboot |
| DBUK | AT 2 | Schulboot |
| DBUL | OT 1 | Schulboot |
| DBUM | Fl 3 | Schulboot |
| DBVR | Nordwind | Schulboot |
| DBVS | H 10 | Hafenschutzboot |
| DBVU | Eutin | Tanker |
| DBVV | Plön | Schlepper |
| DBVW | Borkum | Tanker |
| DBVX | Torpedoklarmachschiff | Kranschiff |
| DBVY | Pellworm | Seeschlepper |
| DBVZ | Passat | Seeschlepper |
| DBWB | Schleswig | Minensuchboot |
| DBWJ | Tübingen | Minensuchboot |

Schiffe der Bundesmarine und der Behörden

## DBWK — DBZQ

| Unter-scheidungs-signale | Namen der Schiffe | Art der Schiffe |
|---|---|---|
| DBWK | Hai | Unterseeboot |
| DBWL | Hecht | Unterseeboot |
| DBWU | Wolf | Schnellboot |
| DBXI | Fl 2 | Schulboot |
| DBYA | Brummer | Schulboot |
| DBYB | Bremse | Schulboot |
| DBYC | Hummel | Schulboot |
| DBYD | Biene | Schulboot |
| DBYE | Wespe | Schulboot |
| DBYZ | Fl 1 | Schulboot |
| DBZQ | Zerstörer 1 (Z1) | Zerstörer |

## Die Schiffe der Bundesmarine

in alphabetischer Reihenfolge der Namen

| Unterscheidungssignale | Namen der Schiffe | Unterscheidungssignale | Namen der Schiffe |
|---|---|---|---|
| DBNX | Aldebaran | DBTK | H 18 |
| DBNW | Algol | DBTL | H 19 |
| DBOA | Arkturus | DBTM | H 20 |
| DBNV | Atair | DBWK | Hai |
| DBUJ | AT 1 | DBWL | Hecht |
| DBUK | AT 2 | DBYC | Hummel |
| DBYD | Biene | DBRM | Iltis |
| DBVW | Borkum | DBRQ | Jaguar |
| DBYB | Bremse | DBNR | Jupiter |
| DBYA | Brummer | DBRY | Knurrhahn |
| DBNN | Capella | DBRX | Koblenz |
| DBNL | Castor | DBSD | Leopard |
| DBNU | Deneb | DBRZ | Lindau |
| BBTZ | Eider | DBSE | Luchs |
| DBTG | Eismöve | DBNO | Mars |
| DBTX | Ems | DBNJ | Merkur |
| DBVU | Eutin | DBVR | Nordwind |
| DBYZ | Fl 1 | DBNH | Orion |
| DBXI | Fl 2 | DBTY | Oste |
| DBUM | Fl 3 | DBUL | OT 1 |
| DBTI | Fl 4 | DBVZ | Passat |
| DBUA | FM 1 | DBNZ | Pegasus |
| DBUB | FM 2 | DBVY | Pellworm |
| DBUC | FM 3 | DBVV | Plön |
| DBRH | Göttingen | DBNM | Pollux |
| DBSA | H 1 | DBTH | Raubmöve |
| DBSB | H 2 | DBNP | Regulus |
| DBSC | H 3 | DBNI | Rigel |
| DBSN | H 4 | DBNS | Saturn |
| DBSO | H 5 | DBWB | Schleswig |
| DBSP | H 6 | DBOB | Seehund |
| DBSQ | H 7 | DBOG | Seeigel |
| DBSR | H 8 | DBOC | Seelöwe |
| DBSS | H 9 | DBOF | Seepferd |
| DBVS | H 10 | DBOE | Seeschlange |
| DBTA | H 11 | DBRF | Seeschwalbe |
| DBTB | H 12 | DBOD | Seestern |
| DBTC | H 13 | DBNE | Silbermöve |
| DBTD | H 14 | DBNK | Sirius |
| DBTE | H 15 | DBNY | Skorpion |
| DBTF | H 16 | DBNQ | Spica |
| DBTJ | H 17 | DBNF | Sturmmöve |
| | | DBUF | TM 1 |

## DBVX — DBZQ

| Unter-scheidungs-signale | Namen der Schiffe | Unter-scheidungs-signale | Namen der Schiffe |
|---|---|---|---|
| DBVX | Torpedo-klarmachschiff | DBOZ | UW 10 |
| | | DBQX | UW 11 |
| DBSZ | Trave | DBRE | UW 12 |
| DBWJ | Tübingen | DBNT | Wega |
| DBUD | UW 1 | DBYE | Wespe |
| DBUE | UW 2 | DBRU | Wetzlar |
| DBUG | UW 4 | DBNG | Wildschwan |
| DBUH | UW 5 | DBWU | Wolf |
| DBUI | UW 6 | DBZQ | Zerstörer 1 (Z 1) |

## c) Die Rettungsboote

der

Deutschen Gesellschaft zur Rettung Schiffbrüchiger

**in der Reihenfolge der Unterscheidungssignale**

**Die Maschinenstärke der Boote bezieht sich auf indizierte Pferdestärken oder Wellenpferde**

**Die mit einem Telegraphiefunkgerät ausgerüsteten Boote sind hinter dem Namen mit Ꮓ, die mit einem Peilfunkgerät mit einem Ⓩ und die mit Sprechfunkgerät ausgerüsteten mit *T* bezeichnet**

| Unterscheidungssignale | Namen der Boote | Rettungsstation | PS |
|---|---|---|---|
| DBAB | Hermann Apelt Ⓩ *T* | Helgoland | 2×300<br>1×1200 |
| DBAC | Borkum *T* | Borkum | 150 |
| DBAD | Bremen Ⓩ *T* | Wesermündung | 2×123 |
| DBAF | Carl Laeisz *T* | Büsum | 150 |
| DBAG | Theodor Heuss *T* Ⓩ *R* | Borkum | 2×150<br>1200 |
| DBAH | Rickmer Bock *T* | Hörnum | 150 |
| DBAJ | Geh. Rat Sartori *T* | Langeoog | 150 |
| DBAK | Hermann Frese *T* | List/Sylt | 150 |
| DBAL | Hindenburg Ⓩ *T* | Cuxhaven | 2×150 |
| DBAM | Langeoog *T* | Langeoog | 150 |
| DBAN | Lübeck *T* | Wangerooge | 150 |
| DBAO | Norderney *T* | Norderney | 2×150 |
| DBAP | Schlei *T* | Maasholm | 150 |
| DBAQ | Spiekeroog *T* | Laboe | 150 |
| DBAR | Weser *T* | Burgstaaken | 150 |

## d) Die Boote

### des Zollgrenzschutzes

in der Reihenfolge der Unterscheidungssignale

**Die mit einem Telegraphiefunkgerät ausgerüsteten Boote sind hinter dem Namen mit ℨ, die mit einem Peilfunkgerät ausgerüsteten mit Ⓩ, die mit Sprechfunkgerät ausgerüsteten mit *T* und die mit Radar ausgerüsteten mit *R* bezeichnet.**

| Unterscheidungssignale | Name des Schiffes | Heimathafen |
|---|---|---|
| DLVC | Helgoland *T R* | Cuxhaven |
| DLVD | Brunsbüttel *T R* | Glückstadt |
| DLVE | Priwall *T R* | Lübeck-Travemünde |
| DLVF | Seeadler *T R* | Bremerhaven |
| DLVG | Hamburg *T R* | Hamburg |
| DLVH | Deutschland *T R* | Hamburg |
| DLVI | Hohwacht *T R* | Kiel |
| DLVJ | Lützow *T* | Langballigau |
| DLVK | Jade *T R* | Oldenburg |
| DLVL | Holnis *T R* | Flensburg |
| DLVM | Süllberg *T R* | Lübeck |
| DLVN | Faldern *T R* | Emden |
| DLVO | Dithmarschen *T R* | Husum |
| DLVP | Fehmarn *T R* | Heiligenhafen |
| DLVQ | Kniepsand *T R* | Wittdün/Amrum |
| DLVR | Angeln *T R* | Eckernförde |
| DLVS | Geier *T R* | Bremerhaven |
| DLVV | Kondor *T R* | Bremerhaven |
| DLVX | Schleswig-Holstein *T R* | Kiel |

## e) Bundes- und Länderfahrzeuge

in der Reihenfolge der Unterscheidungssignale

Die Maschinenstärke der Dampf- und Motorfahrzeuge ist in indizierten Pferdestärken oder Wellenpferden angegeben

**Die mit Wasserschallempfänger ausgerüsteten Schiffe sind hinter dem Namen mit ☞, die mit Telegraphiefunkgerät ausgerüsteten mit ʓ, die mit einem Peilfunkgerät ausgerüsteten mit ⓩ, die mit Sprechfunkgerät ausgerüsteten mit *T*, die mit Radar ausgerüsteten mit *R* und die mit Decca Navigatorgerät ausgerüsteten mit *D* bezeichnet.**

| Unterscheidungssignale | Namen der Schiffe | Art der Schiffe | Heimathafen der Schiffe | PS |
|---|---|---|---|---|
| DBAW | Victor Hensen *T* ☞ .. | Forschungsschiff ..... | Bremerhaven... | 155 |
| DBBC | Atair *T D* .......... | Peil- u. Wracksuchboot | Hamburg ..... | 120 |
| DBBM | Bussard ʓ ⓩ *T R D* .. | Seezeichenschiff ...... | Kiel........... | 540 |
| DBBN | Capitain Karpfanger . | Lotsendampfer ...... | Cuxhaven...... | 330 |
| DBBP | Delphin ʓ *T* ........ | Seezeichenschiff ...... | Kiel........... | 300 |
| DBBQ | Eisfuchs *T* .......... | Eisbrecher........... | Hamburg ..... | 600 |
| DBBS | Emden ʓ ⓩ *T R*.... | Lotsendampfer ...... | Emden ........ | 1400 |
| DBBW | Greif ⓩ *T R* ....... | Lotsenbeförd.-Schiff .. | Cuxhaven...... | 820 |
| DBBX | Hooge ⓩ *T D* ...... | Peilboot............ | Hamburg ..... | 2×200 |
| DBBY | Kersten Miles ☞ ʓ ⓩ *TR* | Lotsendampfer ...... | Cuxhaven...... | 1200 |
| DBCA | Langeoog ʓ ⓩ *T R D*. | Seezeichenschiff ...... | Bremerhaven... | 500 |
| DBCC | Ludwig Plate *T R* .... | Lotsendampfer ...... | Bremen ....... | 700 |
| DBCE | Walter Körte ʓ *T R D* | Seezeichenschiff ...... | Brunsbüttelkoog | 2120 |
| DBCF | Neuwerk ☞ ʓ ⓩ *TRD* | Seezeichenschiff ...... | Cuxhaven...... | 920 |
| DBCI | Eisbrecher 2 (Ostpreußen) ......... | Eisbrecher........... | Hamburg ..... | 1200 |
| DBCM | Preußen *T* ......... | Eisbrecher........... | Kiel........... | 1850 |
| DBCO | Samland *T*......... | Seezeichenschiff ...... | Wilhelmshaven | 200 |
| DBCQ | Simon v. Utrecht ☞ ʓ ⓩ *T R*...... | Lotsendampfer ...... | Cuxhaven...... | 2×600 |
| DBCR | Eisbrecher 1 (Stettin) *T* | Eisbrecher........... | Hamburg ..... | 1900 |
| DBCS | Weser *T R* .......... | Lotsendampfer ...... | Bremerhaven... | 500 |
| DBCT | Wilhelms ʓ ⓩ *T R D*.. | Seezeichenschiff ...... | Kiel........... | 500 |
| DBCU | Friesland ʓ ⓩ *T R D*. | Seezeichenschiff ...... | Emden ........ | 500 |
| DBCX | Alte Liebe .......... | Reededampfer ...... | Cuxhaven...... | 260 |
| DBCY | Aurich ............... | Schlepper und Eisbrecher ......... | Emden ........ | 400 |
| DBCZ | Balje ............... | Schleppdampfer ..... | Bremerhaven... | 325 |
| DBDA | Bant ............... | Dampfprahm ........ | Bremen ....... | 2×70 |
| DBDC | Burkana ............ | Schleppdampfer ..... | Emden ........ | 500 |
| DBDD | Columbus .......... | Transportfahrzeug ... | Emden ........ | 75 |
| DBDE | Columbus .......... | Saugbagger ......... | Cuxhaven ..... | 600 |
| DBDH | Donar.............. | Eisbrecher........... | Bremen ....... | 900 |
| DBDI | Drossel ............ | Motorschlepper ..... | Emden ........ | 350 |
| DBDN | Elbe ............... | Seezeichenschiff ...... | Hamburg ..... | 2×230 |
| DBDO | Ems *T*............. | Peil-u. Bereisungsschiff | Emden ........ | 375 |

## DBDP — DBFV

| Unterscheidungssignale | Namen der Schiffe | Art der Schiffe | Heimathafen der Schiffe | PS |
|---|---|---|---|---|
| DBDP | Emshörn | Schleppdampfer | Emden | 400 |
| DBDR | Franzius | Saugbagger | Bremerhaven | 800 |
| DBDS | Geheimrat Goeker | Saugbagger | Bremerhaven | 1170 |
| DBDT | Hansa | Schleppdampfer | Bremerhaven | 350 |
| DBDU | Woltmann | Schlepper | Cuxhaven | 268 |
| DBDW | Mathilde *T* | Schlepp- u. Bereisungsboot | Norden | 65 |
| DBDX | Meyerslegde | Saugbagger | Cuxhaven | 700 |
| DBDY | Mittelgrund | Saugbagger | Cuxhaven | 2×395 |
| DBDZ | Möwe *T* | Seezeichenschiff | Bremerhaven | 68 |
| DBEA | Neufeld | Peildampfer | Hamburg | 220 |
| DBEB | Niederelbe | Bereisungsmotorschiff | Hamburg | 250 |
| DBEF | Norderney | Seezeichen- u. Vermessungsschiff | Norden | 100 |
| DBEH | Randzel *T* | Peildampfer | Emden | 160 |
| DBEJ | Ruden (↯) *T D* | Peilboot | Hamburg | 2×200 |
| DBEL | Scharhörn *T* | Bereisungs- und Peildampfer | Cuxhaven | 2×350 |
| DBEM | Scheelenkuhlen | Schleppdampfer | Cuxhaven | 220 |
| DBEN | Seehund | Schleppboot | Norden | 75/90 |
| DBEO | Seehund | Schleppdampfer | Bremerhaven | 140 |
| DBEQ | Simson | Pumpenbagger | Emden | 350 |
| DBEW | Süd | Schleppdampfer | Bremerhaven | 120 |
| DBEX | Tender | Kohlentransportdampfer | Emden | 250 |
| DBEZ | Till | Schleppdampfer | Bremen | 325 |
| DBFA | Torum | Schlepper | Wilhelmshaven | 250 |
| DBFB | Gauss ↯ (↯) *T R D* | Versuchs- und Vermessungsschiff | Hamburg | 1000 |
| DBFC | Tümmler | Schleppdampfer | Bremerhaven | 200 |
| DBFE | Wangerooge *T* | Schiffsverbindung Harle-Wangerooge | Oldenburg | 220 |
| DBFF | Wapel | Schleppdampfer | Bremen | 260 |
| DBFG | Wega *T* | Peil- u. Wracksuchboot | Hamburg | 120 |
| DBFH | Welle | Schlepp- u. Bereisungsdampfer | Bremerhaven | 2×300 |
| DBFK | Wremen | Saugbagger | Bremen | 1800 |
| DBFM | Meerkatze ↯ (↯) *T R.* | Fischereischutzboot | Cuxhaven | 1000 |
| DBFN | Uthörn (↯) *T* | Forschungsboot | List/Sylt | 120 |
| DBFO | Anton Dohrn ↯ (↯) *T R D* | Fischereiforschungsschiff | Bremerhaven | 850 |
| DBFP | Frithjof ↯ (↯) *T R* | Fischereischutzboot | Cuxhaven | 550 |
| DBFQ | Poseidon ↯ (↯) *T R D* | Fischereischutzboot | Cuxhaven | 800 |
| DBFT | Münster *T* | Schiffsverbindung Harle-Wangerooge | Oldenburg | 168 |
| DBFV | Theodor Heuss ↯ (↯) *T R D* | Eisenbahn-Hochsee-Fährschiff | Grossenbrode | 9600 |

## DBFW — DBHX

| Unterscheidungssignale | Namen der Schiffe | Art der Schiffe | Heimathafen der Schiffe | PS |
|---|---|---|---|---|
| DBFW | Deutschland ↯ (↯) *T R D* | Eisenbahn-Hochsee-Fährschiff | Großenbrode | 2×2750 |
| DBFX | Schleswig-Holstein *T R* | Eisenbahnfähre | Heiligenhafen | 2×200 |
| DBFY | Fehmarn *T R* | Eisenbahnfähre | Heiligenhafen | 2×250 |
| DBFZ | Reichsbahn | Seenotboot der Bundesbahn | Fehmarnsund | 120 |
| DBGE | Südfall (↯) *T R* | Forschungsschiff | Kiel | 150 |
| DBGF | Odin | Schlepper | Husum | 2×75 |
| DBGG | Tertius | Vermessungsschiff | Büsum | 105 |
| DBGH | Greif *T* | Fischerei-Aufsichtsfahrzeug | Kiel | 2×140 |
| DBGI | Trischen | Schlepper | Husum | 75 |
| DBGJ | Hecht *T* | Fischereiaufsichtsboot | Hörnum | 36 |
| DBGK | Wasserschutzpolizei 16 | Streifenboot | Hannover | 80 |
| DBGL | Wasserschutzpolizei 2 *T* | Küstenboot | Norderney | 2×65 |
| DBGM | Wasserschutzpolizei 13 | Küstenboot | Wilhelmshaven | 80 |
| DBGO | Wasserschutzpolizei 15 *T* | Streifenboot | Nienburg | 125 |
| DBGP | Gesine | Frachtschiff | Norderney | 20/24 |
| DBGW | Wasserschutzpolizei 19 *T* | Streifenboot | Hamburg | 360 |
| DBGX | Wasserschutzpolizei 36 *T* | Streifenboot | Hamburg | 300 |
| DBGY | Wasserschutzpolizei 15 *T* | Streifenboot | Hamburg | 1000 |
| DBHD | Wasserschutzpolizei Bremen 2 ☛ *T* | Streifenboot | Bremerhaven | 2×750 |
| DBHE | Wasserschutzpolizei Bremen 3 ☛ *T* | Streifenboot | Bremerhaven | 2×750 |
| DBHF | Niedersachsen *T* | Fischereiaufsichtsboot | Bremerhaven | 80 |
| DBHG | Wasserschutzpolizei Bremen 1 ☛ ↯ *T* | Streifenboot | Bremen | 2×1350 |
| DBHH | Wasserschutzpolizei Bremen 4 ☛ *T* | Streckenboot | Bremen | 250 |
| DBHK | Wal *T* | Eisbrecher | Rendsburg | 1200 |
| DBHL | Kapitän Meyer ↯ (↯) *T R D* | Seezeichenschiff | Tönning | 2×375 |
| DBHM | Alk | Schlepperschiff | Lübeck | 350 |
| DBHN | Orion *T* | Bereisungsschiff | Helgoland | 175 |
| DBHO | Seeadler *T* | Seezeichenschiff | Kiel | 220 |
| DBHP | Friedrich Voß *T* | Bereisungsfahrzeug | Kiel | 500 |
| DBHT | Flemhude | Motorschlepper | Kiel | 2×350 |
| DBHU | Uwe Jens Lornsen *T* | Seezeichenschiff | Wittdün/Amrum | 220 |
| DBHV | Möwe | Schleppdampfer | Tönning | 200 |
| DBHW | Wulf Isebrand | Seezeichenschiff | Kiel | 80 |
| DBHX | Eider | Motorschlepper | Kiel-Holtenau | 420 |

| DBHY — DBQE | | | | |
|---|---|---|---|---|
| **Unter-scheidungs-signale** | **Namen** der Schiffe | **Art** der Schiffe | **Heimathafen der Schiffe** | **PS** |
| DBHY | Bussard II .......... | Motorschlepper ...... | Kiel-Holtenau .. | 350 |
| DBJG | Vogelsand ........... | Schlepp- und Verkehrsboot ............ | Cuxhaven...... | 250 |
| DBJH | Brokdorf ............ | Kranschiff........... | Hamburg ..... | 350/400 |
| DBJI | Baumrönne ......... | Tonnenleger- und Bereisungsschiff ... | Cuxhaven...... | 150 |
| DBJJ | Alte Liebe ........... | Bereisungsschiff ...... | Emden ........ | 250 |
| DBJK | v. Jonguieres......... | Schlepper und Eisbrecher......... | Cuxhaven...... | 500 |
| DBJL | Stickersgatt.......... | Peilboot ............. | Cuxhaven...... | 100 |
| DBJM | Luechtergrund ....... | Transportfahrzeug ... | Cuxhaven...... | 120 |
| DBJN | Süderoog ............ | Vermessungsschiff .... | Hamburg ..... | 620 |
| DBJO | Grimmershörn ....... | Reedefahrzeug ....... | Cuxhaven...... | 500 |
| DBJP | Eisfuchs *T* .......... | Eisbrecher........... | Cuxhaven...... | 1100 |
| DBLF | Heppens ............ | Transportfahrzeug ... | Bremerhaven... | 300 |
| DBLG | Ebbe *T* ............. | Seezeichenschiff ...... | Bremerhaven... | 300 |
| DBLH | Nickel ............... | Kohlen- und Wasserversorgungsschiff .. | Bremen ....... | 350 |
| DBLI | Nixe ................ | Bereisungsfahrzeug ... | Bremerhaven... | 250 |
| DBLJ | Imsum .............. | Versorgungsfahrzeug .. | Bremerhaven... | 220 |
| DBLK | Balje ............... | Seeschlepper ........ | Brake ......... | 430 |
| DBLL | Nord *T D* .......... | Vermessungsschiff .... | Bremerhaven... | 430 |
| DBLM | Seelotse *R* .......... | Lotsennachfahrer..... | Bremerhaven... | 628 |
| DBLN | Tide ................ | Motorschlepper ...... | Bremerhaven... | 250 |
| DBLO | Süd ................ | Motorschiff .......... | Bremen ....... | 2×100 |
| DBLP | Spring .............. | Motorschlepper ...... | Bremerhaven... | 250 |
| DBPA | Borkum ↯ (↯) *T R* .. | Lotsendampfer ...... | Emden ........ | 1467 |
| DBPC | Oldeoog *T* .......... | Eisbrecher und Vermessungsschiff | Wilhelmshaven . | 450 |
| DBPD | Norden (↯) *T R D*..... | Seezeichenschiff ...... | Norderney ..... | 650 |
| DBPE | Knock ............... | Motorschlepper ....... | Emden ........ | 250 |
| DBPF | Emshörn ............ | Schlepper und Eisbrecher......... | Emden ........ | 750 |
| DBPG | Schillig *T* .......... | Seezeichen- u. Vermessungsschiff ..... | Wilhelmshaven | 250 |
| DBPH | Paapsand............ | Kohle- und Versorgungsschiff .. | Emden ........ | 285 |
| DBPJ | Aldessen ........... | Dampfprahm ........ | Wilhelmshaven | 2×70 |
| DBPK | Lütjehörn ........... | Transportschiff ...... | Emden ........ | 100 |
| DBPZ | Ostfriesland *T*........ | Fischereiaufsichtsfahrzeug ......... | Norddeich ..... | 120 |
| DBQA | Rüstringen .......... | Peilboot............. | Wilhelmshaven . | 150 |
| DBQB | Buise *T* ............ | Peil- und Vermessungsschiff ........... | Norden........ | 100/120 |
| DBQC | Hannover *T*......... | Fischereiaufsichtsfahrzeug........... | Bremerhaven... | 40 |
| DBQD | Wasserschutzpolizei . 12 *T* ........... | Streifenboot ......... | Stade ......... | 80 |
| DBQE | Oldenburg *T*........ | Streifenboot ......... | Leer .......... | 220 |

## DBQF — DBQW

| Unterscheidungssignale | Namen der Schiffe | Art der Schiffe | Heimathafen der Schiffe | PS |
|---|---|---|---|---|
| DBQF | Fehmarn *T* | Streifenboot | Kiel | 500 |
| DBQG | Merkur *T* | Streifenboot | Kappeln/Schlei | 2×150 |
| DBQH | Neptun *T* | Streifenboot | Kappeln/Schlei | 2×150 |
| DBQI | Jupiter *T* | Streifenboot | Heiligenhafen | 2×150 |
| DBQJ | Mars *T* | Streifenboot | Travemünde | 250 |
| DBQK | Saturn *T* | Streifenboot | Tönning | 250 |
| DBQL | Helgoland *T* | Streifenboot | Büsum | 600 |
| DBQM | Castor *T* | Streifenboot | Kiel | 2×46 |
| DBQN | Präsident Herwig *T* | Motorboot | Büsum | 2×135 |
| DBQO | Wacht *T* | Fischereiaufsichtsfahrzeug | Langballigholz | 120 |
| DBQP | Dieksand | Saug- u. Spülbagger | Friedrichskoog | 110 |
| DBQQ | Ingo *T* | Fischereiaufsichtsfahrzeug | Heiligenhafen | 150 |
| DBQR | Braunschweig *T* | Streifenboot | Emden | 2×150<br>1×55 |
| DBQS | Hannover *T* | Streifenboot | Wilhelmshaven | 2×500<br>1×75 |
| DBQT | Memmert *T* | Bereisungsschiff | Norddeich | 90 |
| DBQU | Eitzenbalje | Transportschute | Cuxhaven | 100 |
| DBQV | MS 34 | Transportschute | Cuxhaven | 40 |
| DBQW | Burchana | Arbeits- u. Vermessungsschiff | Norderney | 50/60 |

## f) Die Feuerschiffe

der

Bundesrepublik Deutschland

| Geographisches Signal der Feuerschiffstation | Funkrufzeichen der Feuerschiffstation | Internationales Unterscheidungssignal beim Verlassen d. Feuerschiffstation | Namen der Schiffe |
|---|---|---|---|
| | | | I. Stamm-Feuerschiffe |
| | | | a) Ostsee |
| AFRU | DCL | *DBBT* | Fehmarnbelt |
| AIKR | DCN | *DBBZ* | Kiel |
| AFVN | DCM | *DBBU* | Flensburg |
| | | | b) Nordsee |
| AFHC | DCG | *DBBJ* | Elbe 3 (Bürgermeister Abendroth) |
| AFHB | DCK | *DBBK* | Elbe 2 (Bürgermeister Bartels) |
| AFHA | DCH | *DBBR* | Elbe 1 (Bürgermeister O'Swald) |
| ACCP | DCO | *DBCV* | Bremen (Weser I) |
| ARHW | DCA | *DBCG* | Weser (Norderney I) |
| | DCB | *DBBB* | P 12 (Amrumbank) |
| | DCD | *DBHI* | P 8 (Außenjade) |
| ABZN | DCF | *DBPI* | J/E 3-Borkumriff |
| | | | II. Reserve-Feuerschiffe |
| | | | a) Ostsee |
| — | — | *DBBD* | Reserve Holtenau |
| | | | b) Nordsee |
| — | — | *DBCP* | Senator Brockes |
| — | — | *DBBG* | Reserve Emden |

Alphabetische Reihenfolge der Schiffsnamen

# TEIL II

## Die Kauffahrteischiffe

der

## Bundesrepublik Deutschland

**in alphabetischer Reihenfolge der Namen**

**(Das Unterscheidungssignal der mit Funk ausgerüsteten Schiffe ist in Schrägschrift [*Kursiv*] gesetzt)**

| Unterscheidungssignale | Namen der Schiffe | Heimathafen der Schiffe |
|---|---|---|
| *DABC* | Aachen | Bremerhaven |
| DDMR | Aade | Bremen |
| DGAB | Aar | Hamburg |
| *DHNW* | Achilles | Hamburg |
| DGAC | Achim Griese | Kiel |
| *DLBJ* | Adamsturm | Bremen |
| DFUH | Adda | Grünendeich |
| DFZV | Adele | Barnkrug |
| DCBE | Adele | Hamburg |
| DGAH | Adele | Hamburg |
| *DGRL* | Adele | Hamburg |
| DHGI | Adele | Hamburg |
| DFUJ | Adele | Wischhafen |
| DFYJ | Adele | Neuland/Kehdingen |
| DFUK | Adele | Bützfleth |
| *DDLJ* | Adele Ohlrogge | Brake |
| DCBF | Adelgunde | Haren/Ems |
| DCBG | Adelheid | Haren/Ems |
| DCBH | Adelheid | Westrhauderfehn |
| DGAI | Adelheid | Hamburg |
| DGAJ | Adelheid | Hamburg |
| *DIQI* | Adelheid | Uetersen |
| *DCGH* | Adelheid Sibum | Emden |
| *DABA* | Adeline | Leer |
| *DHOZ* | Adema | Bremerhaven |
| DCAH | Adler | Köln |
| DCDT | Adler | Leer |
| *DDTK* | Adler | Bremen |
| DJND | Adler | Kappeln/Schlei |
| DIYT | Adler | Schulau |
| *DKHD* | Adler | Heikendorf |
| DGAL | Adler | Hamburg |
| *DGJB* | Adler | Hamburg |
| DGPA | Adler | Hamburg |
| DDMS | Adler | Bremen-Vegesack |
| DERI | Adler | Bremerhaven |
| *DIUI* | Adlergrund | Lübeck-Travemünde |
| *DLBA* | Admiral Bastian | Bremen |

| Unterscheidungssignale | Namen der Schiffe | Heimathafen der Schiffe |
|---|---|---|
| DCBJ | Adolf | Haren/Ems |
| *DHPB* | Adolf Leonhardt | Hamburg |
| DDLN | Adolf Otholt | Brake |
| *DLAM* | Adolf Vinnen | Bremen |
| DHFE | Adolph | Hamburg |
| DFSU | Adolph | Gauensiek |
| *DABB* | Adonis | Hamburg-Finkenwerder |
| *DEFI* | Adria | Bremen |
| *DGQV* | Adrian | Hamburg |
| *DKHE* | Adriana | Kiel |
| *DEBX* | Ägäis | Bremen |
| *DABY* | Ägäis | Hamburg |
| DJAD | Ägir | Hamburg |
| *DHNV* | Aegir | Hamburg |
| *DHJU* | Änne-Ursula | Hamburg |
| DDFA | Aenne Jacobs | Brake |
| DGXW | Aenne Tänzler | Hamburg |
| DGAP | Agnes | Hamburg |
| DFUL | Agnes | Krautsand |
| *DAMA* | Agnes Engel | Hamburg-Finkenwerder |
| *DIAV* | Agnes Essberger | Hamburg |
| DGAR | A. H. Both | Hamburg |
| *DGSD* | Ahrensburg | Hamburg |
| *DAMF* | A. Kappelhoff | Emden |
| DDDW | Akke Meyer | Varelerhafen |
| *DEQL* | Albatros | Bremerhaven |
| DIYG | Albatros | Beidenfleth |
| DIZZ | Albatros | Flensburg |
| *DLDV* | Albatros | Bremen |
| DGAS | Albatross | Hamburg-Finkenwerder |
| DIHE | Albatross | Hamburg |
| DCBK | Albatross | Norddeich |
| *DEBD* | Albert | Bremen |
| DGAT | Albert | Hamburg |
| DHRN | Albert | Hamburg |
| DJDZ | Albert | Cuxhaven |
| DGAW | Albert Gido | Hamburg |

| Unter-scheidungs-signale | Namen der Schiffe | Heimathafen | Unter-scheidungs-signale | Namen der Schiffe | Heimathafen |
|---|---|---|---|---|---|
| *DAMB* | Albert Pust | Bremerhaven | *DHJF* | Alteland | Hamburg |
| DGEE | Albertine | Hamburg | DGBI | Alteland | Hamburg |
| *DDNR* | Albireo | Bremen | *DIGK* | Alteland | Hamburg |
| DCHZ | Albrecht Geerds | Emden | *DFLG* | Alte Liebe | Heikendorf |
| *DIFQ* | Alca | Hamburg | *DAMD* | Alte Liebe | Cuxhaven |
| *DLDP* | Alcor | Bremen | DKJE | Alte Liebe | Niendorf |
| *DLCW* | Alcyone | Bremen | *DEBI* | Altenwall | Bremen |
| *DECG* | Aldebaran | Bremen | *DGVY* | Altenwerder | Hamburg |
| *DENY* | Aldebaran | Bremerhaven | DJWC | Altstadt | Kiel |
| *DFAW* | Alemannia | Bremerhaven | DCWM | Alwine | Norderney |
| DCBM | Alex | Haren/Ems | DFUN | Alwine | Assel |
| DCJH | Alexander | Haren/Ems | DFSV | Alwine | Barnkrug |
| *DABE* | Alexander v. Humboldt | Bremerhaven | *DCWF* | Alwin Klein | Emden |
| | | | DGBL | A. M. 1 | Hamburg |
| DJAB | Alexandra | Flensburg | DGBM | A. M. 2 | Hamburg |
| *DKIF* | Alexandra Sartori | Kiel | *DCBR* | Amalie | Leer |
| | | | DFUO | Amalie | Wischhafen |
| *DEFY* | Alexis | Bremen | DFUP | Amalie | Abbenfleth |
| *DHHF* | Alfred | Hamburg | *DHEI* | Amalie C. Ertel | Hamburg |
| DKJP | Alfred | Neustadt/Holst. | *DIEZ* | Amalie Essberger | Hamburg |
| *DKKZ* | Alfred | Burgstaaken | DFUQ | Amanda | Ritsch/Kehdingen |
| DISW | Alfred Hinsch | Hamburg | | | |
| *DABN* | Alfred Theodor | Hamburg | DFUR | Amanda | Grünendeich |
| DKJV | Alfred Porr | Hamburg | DGBP | Amandus | Hamburg |
| *DABN* | Alfred Theodor | Hamburg | *DIAS* | Amazonas | Hamburg |
| *DEDH* | Algenib | Bremen | DGBR | Amazone | Hamburg |
| *DHMJ* | Algier | Hamburg | *DGMS* | Amazone II | Hamburg |
| *DEDX* | Algol | Bremen | DJAC | Ambronia | Amrum |
| *DEBE* | Alice | Bremen | *DIPY* | Amélie Thyssen | Hamburg |
| DGAX | Alida | Hamburg | *DIXW* | Amigo | Glückstadt |
| *DLCL* | Alioth | Bremen | *DJDQ* | Amisia | Flensburg |
| DGAZ | Alita III | Hamburg | *DIZF* | Ameland | Glückstadt |
| *DFTY* | Alk | Dornbusch | *DILE* | Ammerland | Hamburg |
| *DIFW* | Alk | Hamburg | *DGBS* | Amor | Hamburg-Finkenwerder |
| DGBB | Allegro | Hamburg | | | |
| DGBC | Alma | Hamburg | *DHPV* | Amrum | Hamburg |
| DGBD | Alma | Hamburg | *DDNH* | Amsel | Bremen |
| DGBE | Alma | Hamburg | *DEUW* | Andenes | Bremerhaven |
| DGBF | Alma | Hamburg | *DFMY* | Andernach | Cuxhaven |
| DFUM | Alma | Bützfleth | DGBT | Andome | Hamburg |
| DFTF | Alma | Dornbusch | DENQ | Andreas | Bremerhaven |
| DCSU | Almina | Grossefehn | *DABV* | Andreas Gayk | Bremerhaven |
| *DHJA* | Almut | Hamburg | DHDK | Ane Jess | Rendsburg |
| DKKP | Almut | Lübeck | DCBT | Angela | Haren/Ems |
| *DDNS* | Alphard | Bremen | DCBU | Angela | Haren/Ems |
| *DIGF* | Alsen | Hamburg | DJYJ | Angela | Burgstaaken |
| DGBG | Alster | Hamburg | DCBV | Angela Elisa | Haren/Ems |
| *DICP* | Alsterdamm | Hamburg | DCWU | Angela Schepers | Haren/Ems |
| DACF | Alsterdorf | Hamburg | *DHPZ* | Angelburg | Hamburg |
| *DGCD* | Alsterfleet | Hamburg | *DGMC* | Angelika I | Düsseldorf |
| *DIMT* | Alsterkamp | Hamburg | DCBW | Angelina | Haren/Ems |
| *DIPL* | Alsterkamp | Hamburg | *DGAY* | Angeln | Hamburg |
| *DIEM* | Alsterpark | Hamburg | *DABH* | Anhalt | Bremen-Vegesack |
| *DICH* | Alstertal | Hamburg | DGBU | Anita | Hamburg |
| *DIBQ* | Alstertor | Hamburg | *DHQY* | Anita | Hamburg |
| *DIHV* | Alsterufer | Hamburg | *DFLE* | Anita | Hamburg-Finkenwerder |
| *DDTY* | Altair | Bremen | | | |
| *DCBQ* | Altair | Emden | *DABO* | Anita Bolten | Hamburg |

| Unterscheidungssignale | Namen der Schiffe | Heimathafen der Schiffe |
|---|---|---|
| DHHW | Anita Hauschildt | Hamburg |
| *DIYM* | Anita Schütt | Itzehoe |
| *DIYH* | Anke | Niendorf |
| DJZD | Anke II | Glückstadt |
| *DIXT* | Anke Christa | Glückstadt |
| DGMF | Anke Grothmann | Hamburg |
| *DIHY* | Anke Henrici | Hamburg |
| DDQS | Anke Pahl | Hamburg |
| DCBY | Anna | Haren/Ems |
| DCBZ | Anna | Westrhauderfehn |
| DJCL | Anna | Amrum |
| DGBX | Anna | Hamburg |
| DGCA | Anna | Hamburg |
| *DGCC* | Anna | Hamburg-Finkenwerder |
| DFUT | Anna | Wischhafen |
| DFTB | Anna | Gräpel |
| DFST | Anna | Ostendorf |
| DCCF | Anna | Leer |
| DFUU | Anna | Krautsand |
| DFUV | Anna | Assel |
| DFZT | Anna | Assel |
| DIQU | Anna | Bützfleth |
| DJED | Anna | Pellworm |
| DJNM | Anna | Kiel |
| DKDZ | Anna | Heiligenhafen |
| DIQW | Anna | Schulau |
| DDDN | Anna Bohlen | Varel |
| *DEUT* | Anna Busse | Bremerhaven |
| *DIDL* | Anna Catharina | Hamburg |
| DFUW | Anna Dieckmann | Emden |
| DJNN | Anna-Elise | Varelerhafen |
| DGCG | Anna-Frieda | Hamburg |
| DGCH | Anna-Helene | Hamburg |
| DKMI | Anna-Luise | Duisburg-Ruhrort |
| DCCI | Anna-Maria | Haren/Ems |
| DFUX | Anna-Maria | Dornbusch |
| DCCJ | Anna-Maria | Ditzum |
| DGCK | Anna Marie | Hamburg |
| *DINV* | Anna-Marie | Hamburg |
| *DGCL* | Anna Marta | Hamburg |
| *DJYI* | Anna Oldendorff | Lübeck |
| *DGHB* | Anna Rehder | Hamburg |
| *DFZF* | Anna Sietas | Grünendeich |
| DGCM | Anna Thekla | Hamburg |
| DCCK | Anna Wilhelmine | Westrhauderfehn |
| *DGCN* | Anna Woldmann | Hamburg-Finkenwerder |
| *DGKA* | Annaliese Wehlen | Hamburg |
| *DJUF* | Annchen Felter | Lübeck |
| *DGCO* | Annchen Peters | Hamburg |
| DLDK | Ann-Charlott | Bremen |
| *DEBM* | Ann-Christin | Bremen |
| DJYQ | Ann Ida | Lübeck |
| DFSZ | Anne | Assel |
| DFUY | Anne | Bützfleth |
| *DKFH* | Anne Catharina | Rendsburg |

| Unterscheidungssignale | Namen der Schiffe | Heimathafen der Schiffe |
|---|---|---|
| DGCP | Anne-Elfriede | Hamburg |
| DGCQ | Anne Helene | Hamburg |
| *DJMQ* | Anne Ohl | Ulsnis |
| DDFI | Annegret | Brake |
| *DIOW* | Annegret | Hamburg |
| DCVX | Annegret I | Haren/Ems |
| DJWE | Anne Gret | Lübeck-Gothmund |
| DCCM | Annele | Bensersiel |
| *DABJ* | Annelies | Hamburg-Finkenwerder |
| *DETU* | Anneliese | Kiel |
| DJWN | Anneliese | Lübeck-Schlutup |
| *DKKV* | Anneliese | Heikendorf |
| *DIDN* | Anneliese Porr | Hamburg |
| *DJDJ* | Annelis Christophersen | Flensburg |
| DDAE | Annemarie | Varelerhafen |
| DGCS | Annemarie | Hamburg |
| *DJLD* | Annemarie | Kappeln |
| *DKLZ* | Annemarie | Heiligenhafen |
| *DJTV* | Annemarie | Kiel |
| DJNO | Annemarie | Leer |
| *DKJJ* | Annemarie | Lübeck-Travemünde |
| DJAE | Annemarie | Keitum/Sylt |
| *DIKS* | Anne Marie | Hamburg |
| *DHKP* | Annemarie Krüger | Hamburg |
| DHIE | Annemarie Renate | Hamburg |
| DHQE | Anni | Hamburg |
| DGCT | Anni | Hamburg |
| DGCU | Anni | Hamburg |
| DFYY | Anni | Gräpel |
| DFUZ | Anni | Wischhafen |
| DJEI | Anni | Pellworm |
| DKJG | Anni | Laboe |
| *DCCE* | Anni Nübel | Emden |
| *DIHM* | Annie Hugo Stinnes | Hamburg |
| *DCVW* | Anni Schaa | Leer |
| *DJAW* | Annik | Flensburg |
| *DDTE* | Ansgaritor | Bremen |
| *DDTX* | Antares | Bremen |
| DGCW | Antares | Hamburg |
| *DGMZ* | Antares | Hamburg |
| *DABK* | Antares | Bremerhaven |
| *DCAC* | Antha | Köln |
| *DHJV* | Antilope | Hamburg |
| DCCN | Antine | Borkum |
| DFNG | Antje | Otterndorf |
| DJNP | Antje | Kiel |
| DCCO | Antje | Rorichmoor |
| DJMM | Antje | Kappeln/Schlei |
| DJWF | Antje | Niendorf |
| *DABL* | Antje | Hamburg-Finkenwerder |

| Unterscheidungssignale | Namen der Schiffe | Heimathafen der Schiffe | Unterscheidungssignale | Namen der Schiffe | Heimathafen der Schiffe |
|---|---|---|---|---|---|
| *DGCX* | Antje | Hamburg | *DCHJ* | Atlantis | Norderney |
| *DGDN* | Antje | Hamburg | *DFTQ* | Atlantis | Stade |
| *DHND* | Antje | Heiligenhafen | *DEAA* | Atlas | Bremen |
| DGAK | Antje Adelheid | Hamburg | *DLBG* | Atlas Hugo | |
| *DJYC* | Antje-Christa | Heikendorf | | Stinnes | Bremen |
| *DIXR* | Antje Jansen | Uetersen | *DGDG* | Audieck | Hamburg- |
| DGCY | Antje Mahler | Hamburg | | | Finkenwerder |
| DGCZ | Antje Oltmann | Hamburg | *DEDZ* | Audentia | Bremen |
| DKJQ | Antje von Sylt | Neustadt/Holst. | DDMY | Auerhahn | Bremen- |
| DCCP | Anton | Haren/Ems | | | Vegesack |
| *DHJK* | Anton Castens | Hamburg | *DIBW* | Augsburg | Hamburg |
| *DDKP* | Anton Wilhelm | Brake | *DILS* | Augusta | Hamburg |
| *DGMX* | Antonia | Hamburg | DJNQ | August | Kiel |
| *DEEZ* | Aphaia | Bremen | *DHPL* | August Bolten | Hamburg |
| *DDNL* | Apollo | Bremen | *DGWO* | August Peters | Hamburg |
| *DIPC* | Apollo | Hamburg | *DILR* | August Thyssen | Hamburg |
| DCGI | Aquamarin | Emden | DGDH | Auguste | Hamburg |
| DGDA | Aquarius | Emden | DGDI | Auguste | Hamburg |
| *DKFR* | Archsum | Rendsburg | *DAMH* | Auguste Kämpf | Bremerhaven |
| *DEBL* | Arcturus | Bremen | *DABO* | Auguste Levers | Hamburg |
| *DDNV* | Arete | Bremen | *DCVV* | Auguste Schulte | Hamburg |
| *DDRC* | Argenfels | Bremen | *DIOR* | Auguste Weitert | Hamburg |
| *DDTQ* | Argo | Bremen | *DINA* | Augustenburg | Hamburg |
| DGDB | Argonaut | Orth/Fehmarn | DDSQ | Aumund | Bremen |
| *DGGS* | Argonaut | Hamburg | DGDJ | Aurora | Hamburg |
| DCCQ | Ariadne | Borkum | DCFO | Aurich | Emden |
| *DGET* | Ariadne | Hamburg | *DKCB* | Auriga | Lübeck |
| *DEEK* | Aries | Bremen | *DLCM* | Auriga | Bremen |
| DDUP | Arion | Bremen | DGDK | Ausdauer | Hamburg |
| *DDRE* | Arion | Bremen | DIDG | Ausdauer | Hamburg |
| DHEE | Arkona | Hamburg | DIMZ | Austria | Hamburg |
| *DHJL* | Arktis | Hamburg | DKFM | Avena | Breiholz |
| DCCS | Arktur | Westrhauderfehn | DGDL | Aventura | Hamburg |
| DCCT | Armin | Haren/Ems | *DDTP* | Axenfels | Bremen |
| DJEN | Arn VIII | Arnis | *DIEN* | Babitonga | Hamburg |
| DCCU | Arnold | Haren/Ems | DEGB | Bär | Bremen |
| *DGDC* | Arnolde | Hamburg | *DDUI* | Baden | Bremen |
| *DLCF* | Arsterturm | Bremen | *DFNC* | Baden | Cuxhaven |
| *DJXC* | Asella | Lübeck | DENW | Bärbel | Lübeck- |
| DHEQ | Asgard | Hamburg | | | Travemünde |
| DEEU | Aschanti IV | Bremen | *DEAS* | Bärenfels | Bremen |
| *DHQV* | Assel | Hamburg | *DECZ* | Bärenstein | Bremen |
| *DJWS* | Assen | Lübeck | *DHJH* | Bahrenfeld | Hamburg |
| DDKW | Assistent I | Lemwerder | *DABP* | Balder | Glückstadt |
| *DHMW* | Astarte | Hamburg | *DIAN* | Baldur | Hamburg |
| DIRD | Astarte | Wilhelmshaven | DGDM | Baldur | Hamburg |
| DJAF | Astrea | List/Sylt | *DGEW* | Balkan | Hamburg |
| DGDE | Astrid | Hamburg | *DKCO* | Baltic | Heiligenhafen |
| DJZJ | Astrid II | Orth/Fehmarn | DCSD | Baltic | Haren/Ems |
| *DHPX* | Athen | Hamburg | DCCX | Baltrum I | Baltrum |
| *DINX* | Athlet | Hamburg | DCCY | Baltrum II | Baltrum |
| DICZ | Atalanta | Hamburg | *DDLP* | Barbara | Elsfleth |
| *DHOK* | Atlanta | Hamburg | *DGFG* | Barbara | Hamburg |
| *DHNB* | Atlantic | Hamburg | *DIFC* | Barbara | Hamburg |
| DETM | Atlantic | Lübeck- | DJMB | Barbara | Büsum |
| | | Travemünde | DCDA | Barbara | Ditzum |
| *DGDF* | Atlantik | Hamburg | *DEBY* | Barbara | |
| *DIAB* | Atlantik | Hamburg | | Meentzen | Bremen |

| Unterscheidungssignale | Namen der Schiffe | Heimathafen der Schiffe |
|---|---|---|
| DAOZ | Bardenfleth | Bremen |
| *DHKA* | Barmbek | Hamburg |
| DGDO | Barnkrug | Hamburg |
| *DLCS* | Bartenstein | Bremen |
| *DFTU* | Basbeck | Osten |
| DGDQ | Baumwall | Hamburg |
| *DHNJ* | Baumwall | Hamburg |
| *DDRN* | Bayern | Bremen-Vegesack |
| *DFLF* | Bayern | Cuxhaven |
| *DHAV* | Bayern | Leer |
| *DEFD* | Bayernstein | Bremen |
| *DIMJ* | Beate | Hamburg |
| *DHDQ* | Beate Bolten | Hamburg |
| *DHJI* | Bellatrix | Hamburg |
| *DDUC* | Bellona | Bremen |
| *DGQN* | Belgrano | Hamburg |
| *DKHX* | Belmonte | Kiel |
| DABS | Beluga | Hamburg |
| *DHNF* | Benno | Hamburg |
| *DABF* | Bergeland | Hamburg |
| DGDT | Berger V | Bremerhaven |
| DGDU | Berger VII | Hamburg |
| DHEZ | Bergungsschute 4 | Hamburg |
| *DDMV* | Berkersheim | Bremen |
| *DABU* | Berlin | Bremerhaven |
| *DEDU* | Berlin | Bremen |
| *DHLO* | Berlin | Hamburg |
| *DIEJ* | Berlin | Hamburg |
| DGMY | Bernd | Hamburg |
| DIRE | Bernd | Hamburg |
| *DGFN* | Bernd Becker | Hamburg |
| DCIY | Bernd Boll | Haren/Ems |
| *DIOQ* | Bernd-Gunda | Hamburg |
| *DGAG* | Bernd Leonhardt | Hamburg |
| *DHOV* | Bernd Wesch | Hamburg |
| *DEBR* | Bernhard | Bremen |
| DCDC | Bernhard | Haren/Ems |
| DCUJ | Bernhard | Haren/Ems |
| *DLCJ* | Bernhard Althoff | Bremen |
| *DETQ* | Bernhard Grundmann | Bremerhaven |
| *DJDM* | Bernhard Howaldt | Flensburg |
| DCDD | Bernhardus | Haren/Ems |
| *DCWD* | Berni Nübel | Emden |
| DIXM | Berta | Elmshorn |
| *DENZ* | Berta | Bremerhaven |
| *DHBT* | Berta Beck | Hamburg |
| DGDY | Berta Hermine | Hamburg-Finkenwerder |
| DDJS | Berta Jacobs | Brake |
| *DKGN* | Berta Kienass | Rendsburg |
| DGEA | Berta Köhlmann | Hamburg |
| DGDV | Berta Louise | Hamburg |
| DHGK | Berta Marie | Hamburg |
| DFYS | Bertha | Abbenfleth |
| DGDW | Bertha | Hamburg |
| DGDX | Bertha | Hamburg |
| DHJM | Bertha | Hamburg |
| DJEM | Bertha | Flensburg |
| DFVC | Bertha | Hamburg |
| *DKFC* | Bertha Entz | Rendsburg |
| DGDZ | Bertha Johanna | Hamburg |
| DGEB | Bertha Troles | Hamburg |
| *DHLP* | Beteigeuze | Hamburg |
| DGEC | Betty | Hamburg |
| DFZA | Betty | Gräpel |
| DFVD | Betty | Krautsand |
| *DHES* | Bewa | Hamburg |
| DJCP | Bianka | Heiligenhafen |
| *DECN* | Bieberstein | Bremen |
| *DLDQ* | Bielefeld | Bremen |
| *DLDZ* | Bielefeld | Bremen |
| *DGCE* | Bilbao | Hamburg |
| *DIER* | Billetal | Hamburg |
| *DCGE* | Bina | Haren/Ems |
| *DJRN* | Biomaris-Atlantic | Bremen |
| *DIKO* | Birka | Hamburg |
| *DEOU* | Birkenau | Bremerhaven |
| *DEAW* | Birkenfels | Bremen |
| *DLBQ* | Birkenstein | Bremen |
| *DJDO* | Birknack | Flensburg |
| *DINY* | Birte | Hamburg |
| *DGBN* | Birte Hugo Stinnes | Kiel |
| *DKBF* | Birte Oldendorff | Lübeck |
| *DLBV* | Bischofstein | Bremen |
| *DLBK* | Bischofstor | Bremen |
| *DIYE* | Bishorst | Haseldorf |
| *DIIL* | Bismarckstein | Hamburg |
| *DLCQ* | Blankenstein | Bremen |
| *DKIT* | Bleibtreu | Heiligenhafen |
| *DDMW* | Blexen | Bremen |
| DCFJ | Blinkfüer | Emden |
| *DJTK* | Blidum | Rendsburg |
| *DHLT* | Blinkfuer | Hamburg-Finkenwerder |
| DGIK | Blitz | Hamburg |
| *DKGZ* | Blumenau | Kiel |
| *DDNQ* | Blumenthal | Bremen |
| DDRB | Blumenthal | Bremen |
| *DABQ* | Bockenheim | Bremen |
| *DEQZ* | Bockholm | Flensburg |
| *DILQ* | Bökelnburg | Hamburg |
| *DLDB* | Bodenstein | Bremen |
| *DJCG* | Bodil Schmidt | Flensburg |
| *DJSR* | Bonanza | Kiel |
| *DIMR* | Bonita | Hamburg |
| *DEUS* | Bonn | Bremerhaven |
| *DIGG* | Boreas | Hamburg |
| DCMF | Borkum | Emden |
| *DFMG* | Borkum | Cuxhaven |
| DHBE | Borkum | Hamburg |

| Unterscheidungssignale | Namen der Schiffe | Heimathafen der Schiffe |
|---|---|---|
| *DILA* | Borkum | Hamburg |
| *DIIA* | Borkumriff | Hamburg |
| *DEDN* | Bornheim | Bremen |
| *DIIO* | Botilla Russ | Hamburg |
| DIPP | BP Olex 34 | Hamburg |
| *DIOD* | Brage | Hamburg |
| *DACB* | Brahe | Bremerhaven |
| DEEJ | Brake | Bremen |
| *DLCU* | Brake | Bremen |
| DCDG | Brandaris | Langeoog |
| *DEFJ* | Brandenburg | Bremen-Vegesack |
| DJWI | Brandenburg | Hamburg |
| *DHMF* | Brandenburg | Hamburg |
| *DECC* | Brandenstein | Bremen |
| *DEAZ* | Braunfels | Bremen |
| *DEON* | Braunschweig | Bremerhaven |
| *DIFO* | Braunschweig | Hamburg |
| *DIOJ* | Braunsfeld | Hamburg |
| DIIH | Bravo | Hamburg |
| DJZT | Bredow | Lübeck |
| DGWE | Breiholz | Rendsburg |
| *DKDV* | Breitenburg | Hamburg |
| *DLBT* | Breitenstein | Bremen |
| *DEBQ* | Bremen | Bremen |
| *DFAN* | Bremen | Bremerhaven |
| DDMZ | Bremen | Bremen-Vegesack |
| *DEGC* | Bremer Boerse | Bremen |
| *DEFU* | Bremer Flagge | Bremen |
| *DEGP* | Bremer Flotte | Bremen |
| *DEBT* | Bremer Glocke | Bremen |
| *DEGL* | Bremer Handel | Bremen |
| *DDOJ* | Bremer Kueper | Bremen |
| DEGQ | Bremerlotse | Bremen |
| *DLDY* | Bremer Makler | Bremen |
| DLDE | Bremer Pionier | Bremen |
| *DLDI* | Bremer Stauer | Bremen |
| *DAMI* | Bremerhaven | Bremerhaven |
| DDSN | Bremerhaven | Bremen |
| *DFAV* | Bremerhaven | Bremerhaven |
| *DLAZ* | Bremerhaven | Bremen |
| *DECE* | Bremer Roland | Bremen |
| *DEEP* | Bremer Wappen | Bremen |
| DGEG | Brigitta | Strande |
| DJTG | Brigitte | Eckernförde |
| *DECI* | Brillant | Bremen |
| *DGEH* | Brix Hansen | Hamburg-Finkenwerder |
| *DHFD* | Brook | Hamburg |
| DKDC | Brüsterort | Lübeck-Travemünde |
| DDNB | Brunhild | Kiel |
| *DLBN* | Brunneck | Bremen |
| DHPU | Bruno | Hamburg |
| DIZG | Bruno | Brunsbüttelkoog |
| *DIMH* | Brunswick | Hamburg |
| *DHKQ* | Brunsbüttel | Hamburg |
| *DIKF* | Brunshausen | Hamburg |
| DDLD | BSG 1 | Brake |
| DDLF | BSG 2 | Brake |
| *DJNT* | Bülk | Kiel |
| *DCHA* | Bürgermeister Diekmann | Emden |
| *DJVW* | Büsum | Kiel |
| DGEN | Bützfleth | Hamburg |
| DICW | Bugsier 1 | Hamburg |
| DIDK | Bugsier 2 | Hamburg |
| DIEI | Bugsier 3 | Hamburg |
| DGEF | Bugsier 4 | Hamburg |
| DGQJ | Bugsier 6 | Hamburg |
| DGWF | Bugsier 7 | Hamburg |
| DHKN | Bugsier 8 | Hamburg |
| DHFM | Bugsier 9 | Hamburg |
| DHMN | Bugsier 10 | Hamburg |
| DHFA | Bugsier 11 | Hamburg |
| DIHW | Bugsier 12 | Hamburg |
| DIOE | Bugsier 14 | Hamburg |
| DIOX | Bugsier 15 | Hamburg |
| *DJNU* | Bungsberg | Hamburg |
| *DIQD* | Bunte Kuh | Hamburg |
| *DEAN* | Buntentor | Bremen |
| *DHQJ* | Burg Sparrenberg | Hamburg |
| DCDH | Burkana | Emden |
| *DHNM* | Burkhard Bröhan | Hamburg |
| *DHJT* | Burstah | Hamburg |
| *DEDB* | Bussard | Bremen |
| *DIFT* | Bussard | Hamburg-Finkenwerder |
| *DGEM* | Bussard | Hamburg |
| *DIYW* | Bussard | Schulau |
| DJVB | Bussard I | Hamburg |
| DJNE | Bussard II | Büsum |
| *DGPM* | Bussard III | Büsum |
| *DFLI* | Butendiek | Haffkrug |
| *DIGB* | Butt | Hamburg |
| *DGEO* | B. & V. Kranich | Hamburg |
| DFYT | Cäcilie | Freiburg/Elbe |
| *DGRN* | Cairo | Hamburg |
| *DDRJ* | California | Bremen |
| *DKES* | Calla | Rendsburg |
| *DGVI* | Calliope | Hamburg |
| *DGEQ* | Capella | Hamburg |
| DCDJ | Capella | Bensersiel |
| DCDK | Capella | Greetsiel |
| *DKHT* | Capella | Heikendorf |
| *DIII* | Cap Blanco | Hamburg |
| *DILH* | Cap Finisterre | Hamburg |
| *DIIU* | Cap Frio | Hamburg |
| *DIKE* | Cap Norte | Hamburg |
| *DHKO* | Cap Ortegal | Hamburg |
| *DIPR* | Cap Palmas | Hamburg |
| *DGOF* | Cap Roca | Hamburg |
| *DHBL* | Cap Verde | Hamburg |
| *DIKV* | Cap Vilano | Hamburg |
| *DKJK* | Carina | Lübeck |

| Unterscheidungssignale | Namen der Schiffe | Heimathafen der Schiffe |
|---|---|---|
| DFAA | Carl | Bremerhaven |
| *DHKH* | Carl | Hamburg |
| DCSP | Carl Dantziger | Emden |
| *DCVU* | Carl Fisser | Emden |
| *DCIK* | Carl Fritzen | Emden |
| DJES | Carl Jensen | Kiel |
| *DHDF* | Carl Julius | Hamburg |
| *DESS* | Carl Kämpf | Bremerhaven |
| *DIOH* | Carl Levers | Hamburg |
| *DLCB* | Carl Meentzen | Bremen |
| *DINH* | Carlota Bolten | Hamburg |
| *DCDM* | Carl Thiele | Emden |
| *DAPN* | Carl Wilkens | Hamburg |
| DHGH | Carla | Hamburg |
| *DHGV* | Carlo Porr | Hamburg |
| DKER | Carola | Rendsburg |
| *DGNN* | Carola Reith | Hamburg |
| *DCEX* | Carola Schulte | Emden |
| *DGES* | Carlshütte | Hamburg |
| DHFU | Carlshütte IV | Rendsburg |
| DGVA | Carlsson II | Hamburg |
| DCLB | Caroline | Langeoog |
| *DIOV* | Caroline Oetker | Hamburg |
| *DDNP* | Carpathia | Bremen |
| DKCA | Carrara | Rendsburg |
| *DAMJ* | Carsten Janssen | Bremerhaven |
| DIPB | Carsten Rehder | Hamburg |
| *DJAG* | Carsten Witt | Bremen |
| *DLAE* | Casablanca | Bremen |
| DEOD | Castor | Lübeck-Travemünde |
| *DEBH* | Castor | Bremen |
| *DKDN* | Castorp | Lübeck |
| DFVE | Catharina | Abbenfleth |
| *DJWA* | Catharina Oldendorff | Lübeck |
| *DKIA* | Catherine Sartori | Kiel |
| *DEGM* | Catrin | Bremen |
| DJEU | Catrina | Friedrichstadt |
| *DGEX* | C. A. Woldmann | Hamburg-Finkenwerder |
| *DEDM* | Ceres | Bremen |
| *DLBO* | Ceuta | Bremen |
| *DIHJ* | Charles Eckelmann | Hamburg |
| *DDKN* | Charlotte | Osten |
| DGEY | Charlotte | Hamburg |
| *DGEZ* | Charlotte | Hamburg |
| DKDX | Charlotte | Niendorf |
| *DLCO* | Charlotte Bastian | Bremen |
| DJCV | Charlotte Bohl | Flensburg |
| *DHGD* | Charlotte Schröder | Hamburg |
| DGBZ | Cheeta | Hamburg |
| DGFC | C. H. Kreft | Hamburg-Finkenwerder |
| DCDO | C. H. Metger | Emden |
| *DIBY* | Christa | Hamburg |
| DGFD | Christa | Hamburg |
| *DJRQ* | Christa | Heikendorf |
| DKEA | Christa | Lübeck-Travemünde |
| DKED | Christa | Lübeck-Travemünde |
| *DKLV* | Christa | Heiligenhafen |
| DHRY | Christa II | Hamburg |
| *DJQP* | Christa Griese | Kiel |
| DGFE | Christa Juls | Hamburg |
| DHHE | Christa Köncke | Hamburg |
| DGHR | Christa Thielemann | Brake |
| DJAI | Christel | Neustadt/Holstein |
| *DAOI* | Christel | Büsum |
| *DCVC* | Christel | Haren/Ems |
| DJVJ | Christian | Kiel |
| *DGZW* | Christian Goedeken | Hamburg |
| *DFAX* | Christian Homann | Bremerhaven |
| DCFF | Christian I | Kappeln/Schlei |
| *DGER* | Christian Russ | Hamburg |
| *DJPI* | Christian Sartori | Kiel |
| DCDQ | Christina | Haren/Ems |
| *DGJD* | Christianna Pikuritz | Hamburg |
| *DAOC* | Christiane Schulte | Hamburg |
| DJAJ | Christine | Wyk/Föhr |
| DJZG | Christine | Heiligenhafen |
| *DJXD* | Christoffer Oldendorff | Lübeck |
| DDIB | Christoph Kleemeyer | Bremen |
| *DKFQ* | Christopher Meeder | Rendsburg |
| DEOE | Chronik | Bremerhaven |
| *DECA* | Ciandra | Bremen |
| *DKET* | Cimbria | Rendsburg |
| DKBZ | C. K. 10 | Neustadt/Holst. |
| DKBY | C. K. 11 | Neustadt/Holst. |
| *DGUQ* | Claere Jung | Hamburg |
| *DJVZ* | Cläre Grammerstorf | Kiel |
| *DIMM* | Cläre Hugo Stinnes | Hamburg |
| DGFH | Clara | Hamburg |
| DKCL | Clara | Lübeck |
| *DGYO* | Clara Blumenfeld | Hamburg |
| *DIBN* | Claudia | Hamburg |
| DDRP | Claus | Lübeck |
| DFZR | Claus | Bützfleth |
| DGFK | Claus | Friedrichskoog |
| *DHRO* | Claus Bischoff | Hamburg |

| Unterscheidungssignale | Namen der Schiffe | Heimathafen der Schiffe |
|---|---|---|
| *DHKD* | Claus Böge | Hamburg |
| DGFM | Claus Erich | Hamburg |
| DJEG | Claus Hermann | Büsum |
| DKFO | Claus Jürgen | Rendsburg |
| *DHIG* | Claus Möller | Hamburg |
| DJZE | Claus Peter | Heiligenhafen |
| DJUL | Claus S | Hamburg |
| *DGPW* | Claus Schriewer | Hamburg |
| *DJQE* | Clemens Sartori | Kiel |
| *DIAM* | Cleopatra | Hamburg |
| *DIOT* | Clio | Hamburg |
| *DLAL* | Clivia | Bremen |
| *DHLE* | Coburg | Hamburg |
| *DECR* | Colonia | Bremen |
| *DJYR* | Columbus | Lübeck-Travemünde |
| DKEQ | Columbus | Burgstaaken |
| DFVF | Comet | Krautsand |
| *DIJM* | Commerz | Hamburg |
| DDFN | Concordia | Brake |
| *DGVK* | Concordia | Hamburg |
| DJMF | Concordia | Kappeln/Schlei |
| DCDS | Concordia | Norddeich |
| *DJYF* | Concordia I | Lübeck-Travemünde |
| DGFO | Condor | Hamburg |
| DGFP | Condor | Hamburg |
| DGFQ | Condor | Hamburg |
| DDFO | Condor | Brake |
| DIRP | Condor | Schulau |
| *DKLW* | Condor | Lübeck |
| *DIIV* | Congo | Hamburg |
| DCWK | Conrad | Haren/Ems |
| *DDUF* | Consul Arlt | Bremen |
| DCEB | Consul Breuer | Emden |
| *DGJL* | Consul Horn | Hamburg |
| *DDNC* | Contentia | Bremen |
| DIVG | Contentia | Assel |
| *DHPS* | Continent | Hamburg |
| DIOO | Continental | Hamburg |
| *DHJS* | Cordelia | Hamburg |
| *DGTT* | Cord Eckelmann | Hamburg |
| DIOU | Cormoran | Hamburg |
| DHGG | Cormoran II | Hamburg |
| DCDV | Cornelia | Warsingsfehn |
| *DCDW* | Cornelia | Leer |
| DMCP | Cornelis | Bensersiel |
| *DIOL* | Corona | Hamburg |
| *DEGO* | Corona | Bremen |
| DGFT | Courier | Hamburg |
| DFZN | Courier | Dornbusch |
| *DACM* | C. P. Andersen | Hamburg |
| *DGNH* | Cranz I | Hamburg-Finkenwerder |
| *DHFR* | Cranz | Hamburg |
| DFVH | Cremon | Dornbusch |
| *DHOM* | Cremon | Hamburg |

| Unterscheidungssignale | Namen der Schiffe | Heimathafen der Schiffe |
|---|---|---|
| DFZZ | Cremona 2 | Hamburg |
| *DIDY* | Cressida | Hamburg |
| DCDY | Cum Deo | Haren/Ems |
| *DDTM* | Crostafels | Bremen |
| *DAMM* | Cuxhaven | Cuxhaven |
| *DERJ* | Cuxhaven | Bremerhaven |
| DFVI | Daheim | Krautsand |
| *DGVV* | Dalbek | Hamburg |
| *DGIG* | Damaskus | Hamburg |
| *DGQR* | Dammtor | Hamburg |
| *DKJX* | Dania | Lübeck |
| *DCAE* | Daniel Denker | Köln |
| *DDNE* | Dankwart | Bremen |
| *DACQ* | Danzig | Hamburg |
| *DFLW* | Darmstadt | Cuxhaven |
| *DGHO* | Darmstadt | Hamburg |
| DDAJ | Dauens | Cuxhaven |
| *DCFW* | Dele | Haren/Ems |
| *DDUK* | Delia | Bremen |
| *DFAL* | Delphin | Bremerhaven |
| DCEC | Delphin | Norddeich |
| *DKIN* | Delphin | Kiel |
| DKGY | Delphin | Strande |
| DGFW | Delphin III | Hamburg |
| DGFX | Delphin IV | Hamburg |
| *DGQF* | Deneb | Hamburg |
| DGFZ | Derfflinger | Hamburg |
| *DIAA* | Desdemona | Hamburg |
| *DKFJ* | Detlef Schmidt | Rendsburg |
| *DAMN* | Detmold | Cuxhaven |
| *DLDL* | Detmold | Bremen |
| *DGGA* | Deutschland | Hamburg |
| DCED | Dia Aubel | Emden |
| *DEBR* | Diamant | Bremen |
| DGGB | Diamant | Neustadt/Holst. |
| DIRS | Diamant | Friedrichskoog |
| DHPR | Diana | Hamburg |
| DGGC | Diana | Wyk/Föhr |
| *DJDR* | Diana | Flensburg |
| DGRO | Diana M | Hamburg |
| DGGD | Dide | Hamburg |
| *DGAM* | Dieksand | Hamburg-Finkenwerder |
| *DIPU* | Dieksand | Hamburg |
| *DEOK* | Dieter | Kiel |
| *DKHL* | Dietmar | Kiel |
| DDFQ | Dietrich Ahrens | Brake |
| *DKKW* | Dietrich Oldendorff | Lübeck |
| *DJTQ* | Dievenow | Kiel |
| DKBR | Dievenow | Lübeck-Travemünde |
| *DJZC* | Dinklage | Lübeck-Travemünde |
| DDNG | Dirk | Bremen |
| *DFLC* | Dithmarschen | Cuxhaven |
| *DIMA* | Dithmarschen | Hamburg |
| *DIJT* | Ditmar Koel | Hamburg |

| Unterscheidungssignale | Namen der Schiffe | Heimathafen der Schiffe |
|---|---|---|
| DCUY | Ditzum-Petkum | Ditzum |
| *DGIA* | Dixy Porr | Hamburg |
| *DGXM* | Dockenhuden | Hamburg |
| *DHHL* | Dörte II | Flensburg |
| *DHHS* | Doggerbank | Hamburg |
| *DEQS* | Dohrnbank | Bremerhaven |
| *DLDU* | Domsheide | Bremen |
| *DKGM* | Donar | Lübeck |
| *DAEF* | Donau | Cuxhaven |
| DERO | Dora | Bremerhaven |
| DGGF | Dora | Hamburg |
| DGGH | Dora | Hamburg |
| DJWT | Dora | Burgstaaken |
| DFYP | Dora | Freiburg/Elbe |
| DFVK | Dora | Dornbusch |
| *DCCC* | Dora Fritzen | Emden |
| *DKKY* | Dora Oldendorff | Lübeck |
| DJNZ | Dorathea | Kiel |
| *DERG* | Doris | Bremerhaven |
| DJAK | Doris | Flensburg |
| DJSI | Doris | Kiel |
| DKEC | Doris | Lübeck-Travemünde |
| DGGJ | Dorotea | Hamburg |
| DCUD | Dorothea | Duisburg-Ruhrort |
| DGGK | Dorothea | Hamburg |
| DGGL | Dorothea | Hamburg |
| *DCEK* | Dorothea Siemering | Hamburg |
| *DHFF* | Dorothea Weber | Hamburg |
| *DKBE* | Dorthe Oldendorff | Lübeck |
| DCEL | Dortmund | Emden |
| *DFAE* | Dortmund | Bremerhaven |
| *DHEK* | Dortmund | Hamburg |
| DEFZ | Dorum | Bremen |
| *DECU* | Drachenfels | Bremen |
| *DAMP* | Dradenau | Hamburg-Finkenwerder |
| DCEM | Dr. Eichelbaum | Neuharlingersiel |
| DAOF | Dr. Eichelbaum | Emden |
| *DIBG* | Dresden | Hamburg |
| *DDOM* | Drossel | Bremen |
| DEBC | Dudizol I | Bremen |
| DECT | Dudizol III | Bremen |
| DEGX | Dudizol IV | Bremen |
| *DJSL* | Duburg | Kiel |
| DIRX | Düneck | Uetersen |
| *DJUB* | Düvelsbek | Kiel |
| *DFMP* | Duisburg | Cuxhaven |
| *DCAW* | Duisburg | Duisburg-Ruhrort |
| *DHNY* | Duisburg | Hamburg |
| *DACX* | Düsseldorf | Hamburg |
| *DGHJ* | Düsseldorf | Hamburg |
| *DAMQ* | Düsseldorf | Cuxhaven |
| *DIMB* | Ebba Blumenfeld | Hamburg |
| DCEO | Ebenezer | Neuharlingersiel |
| *DGGP* | Eben Ezer | Hamburg-Finkenwerder |
| *DAPA* | Eberhart Essberger | Hamburg |
| *DAMR* | Eckernförde | Kiel |
| DJOC | Eckholt | Eckernförde |
| DGAO | Eckstein | Leer |
| *DEDF* | Edda Cords | Bremen |
| *DHHP* | Edelgard | Hamburg |
| DFVL | Edelweiß | Krautsand |
| *DIXY* | Edelweiß | Seester |
| *DJPZ* | Editha | Eckernförde |
| DJQC | Edith | Heikendorf |
| DGGQ | Edith | Hamburg |
| DCUA | Edith | Papenburg |
| DCGB | Edith I | Spetzerfehn |
| *DJBK* | Edith N. Christophersen | Flensburg |
| *DCAF* | Edmund Halm | Köln |
| *DIDM* | Edmund Hugo Stinnes | Hamburg |
| DKCG | Eduard | Lübeck |
| *DICG* | Eduard Becker | Hamburg |
| *DIEX* | Eduard Rusche | Hamburg |
| *DICT* | Eduard Schupp | Hamburg |
| DDNI | Edward | Bremen-Vegesack |
| *DGGR* | Egerland | Hamburg |
| *DIGA* | Egon Wesch | Hamburg |
| *DHQI* | Ehrenfeld | Hamburg |
| *DECL* | Ehrenfels | Bremen |
| *DKLA* | Eibe Oldendorff | Lübeck |
| DHON | Eider | Hamburg |
| DJFJ | Eider | Süderstapel |
| *DJVF* | Eider | Kiel |
| *DEBV* | Eifel | Bremen |
| *DHQM* | Eifeltal | Bremen |
| *DIOA* | Eilbek | Hamburg |
| *DHRH* | Eilenau | Hamburg |
| *DILI* | Eilenburg | Hamburg |
| DJSA | Einigkeit | Neufeld |
| *DKIE* | Einigkeit | Kiel |
| *DJUP* | Einigkeit | Möltenort |
| *DIXZ* | Elbe | Elmshorn |
| *DGGU* | Elbe | Hamburg |
| DGGV | Elbe | Hamburg |
| DGGX | Elbe | Hamburg |
| DGGY | Elbe | Hamburg |
| *DAOG* | Elbe | Emden |
| *DILY* | Elbe | Hamburg |
| DJWX | Elbing II | Lübeck |
| *DHMY* | Elbstrom | Hamburg |
| DJPC | Elch | Hamburg |
| *DIAG* | Electra | Bremen |
| DGHA | Elenore | Hamburg |
| DIRL | Eleonore | Uetersen |
| DDDM | Elfe | Wilhelmshaven |

| Unterscheidungssignale | Namen der Schiffe | Heimathafen der Schiffe |
|---|---|---|
| *DHCM* | Elfi Breuer | Hamburg |
| DFZL | Elfriede | Assel |
| DKLY | Elfriede | Heiligenhafen |
| *DJTS* | Elfriede | Kiel |
| DCEU | Elisabeth | Haren/Ems |
| DCEV | Elisabeth | Potshausen |
| DCEW | Elisabeth | Greetsiel |
| DDKJ | Elisabeth | Brake |
| *DDKK* | Elisabeth | Barssel |
| *DEFT* | Elisabeth | Bremen |
| DFVM | Elisabeth | Wischhafen |
| DIKU | Elisabeth | Elsfleth |
| *DJTJ* | Elisabeth | Eckernförde |
| *DHHH* | Elisabeth Arlt | Bremen |
| *DEFB* | Elisabeth Berger | Bremen |
| *DGVM* | Elisabeth Boll | Haren/Ems |
| *DHNZ* | Elisabeth Bornhofen | Hamburg |
| *DIQB* | Elisabeth Bröker | Hamburg |
| *DJOJ* | Elisabeth Entz | Rendsburg |
| *DCWO* | Elisabeth Hendrik Fisser | Emden |
| *DCFU* | Elisabeth Schulte | Emden |
| DCEY | Elise | Haren/Ems |
| DGHG | Elise | Hamburg |
| DGSA | Elise Oltmann | Hamburg |
| *DCUN* | Eliza Nübel | Emden |
| *DGWC* | Elke | Düsseldorf |
| *DETR* | Elke-Brigitte | Heiligenhafen |
| *DHDA* | Elke Freese | Hamburg |
| DFWE | Elke-Marie | Krautsand |
| DFVO | Ella | Bützfleth |
| DGHH | Ella | Hamburg |
| *DHHJ* | Ella Feldtmann | Hamburg |
| *DGHI* | Ellen | Hamburg |
| *DADD* | Ellen | Hamburg-Finkenwerder |
| *DHMC* | Ellen Hugo Stinnes | Hamburg |
| *DIIW* | Ellen M | Hamburg |
| *DGWL* | Ellerbek | Hamburg |
| *DJQY* | Ellerbek | Kiel |
| DGNX | Elli | Hamburg |
| *DDKO* | Elli Ahrens | Brake |
| DGPY | Elli-Margot | Hamburg |
| DCFB | Elli Schaa | Leer |
| DINW | Elmo | Hamburg |
| DJZK | Elmshorn | Elmshorn |
| DJLA | Elsa | Maasholm |
| DGHK | Elsa | Hamburg |
| *DIDI* | Elsa Essberger | Hamburg |
| DJXX | Elsbeth | Lübeck-Schlutup |
| *DDUY* | Elsbeth Wiards | Bremen |
| *DDKV* | Else | Brake |
| DCFC | Else | Haren/Ems |

| Unterscheidungssignale | Namen der Schiffe | Heimathafen der Schiffe |
|---|---|---|
| DCFD | Else | Emden |
| *DHLV* | Else Hugo Stinnes | Hamburg |
| DFVP | Else Marie | Heiligenhafen |
| *DHRE* | Else Müller | Hamburg |
| *DGXN* | Else Parchmann | Bremen |
| *DGGI* | Elselotte Rehder | Hamburg |
| DDNK | Elsfleth | Bremen |
| DGHL | Elster | Hamburg |
| DCFE | Elternsegen | Haren/Ems |
| *DHET* | Elvdiek | Hamburg |
| DGHM | Emanuel | Hamburg |
| DGHN | Emanuel | Hamburg |
| *DEFX* | Emanuel II | Bremen |
| DJOF | Emil | Kiel |
| DGHP | Emil | Hamburg |
| *DKEE* | Emil Berger | Lübeck |
| *DCHW* | Emil Fox | Emden |
| DIHX | Emilia | Hamburg |
| *DGND* | Emily Sauber | Hamburg |
| *DAMT* | Emma | Hamburg-Finkenwerder |
| DGHQ | Emma | Hamburg |
| DGHS | Emma | Hamburg |
| DGHT | Emma | Hamburg |
| DGHW | Emma | Hamburg-Altenwerder |
| DGHX | Emma | Hamburg |
| DKBQ | Emma | Burgstaaken |
| DJOG | Emma Dorothea | Schilksee-Strande |
| DFSR | Emma Fitschen | Assel |
| DGHZ | Emma Irene | Hamburg |
| DGIB | Emma Lucie | Hamburg |
| DGIC | Emma Oltmann | Hamburg |
| *DHEX* | Emma Sauber | Hamburg |
| DGRD | Emma Sell | Kiel |
| DGWP | Emmalies Funk | Hamburg |
| DJSN | Emmi | Laboe |
| *DDUH* | EmmyFriederich | Bremen |
| *DFMI* | Emmy Ottens | Cuxhaven |
| DCFG | Ems | Duisburg-Ruhrort |
| DCFH | Ems | Varelerhafen |
| DCUE | Ems IV | Leer |
| *DADE* | Emsgatt | Hamburg |
| DCDZ | Emsland | Düsseldorf |
| *DHEY* | Emsriff | Hamburg |
| *DEAG* | Emsstein | Bremen |
| DCFL | Emsstrom | Haren/Ems |
| DJAH | En Attendent | Dagebühl |
| DGID | Energie | Hamburg |
| DIDW | Energie | Hamburg |
| DCFM | Engelbert | Haren/Ems |
| DADG | Ente | Hamburg |
| DDNM | Ente | Bremen-Vegesack |
| DCFN | Eos | Haren/Ems |
| *DGGW* | Eric Reckmann | Hamburg |

| Unterscheidungssignale | Namen der Schiffe | Heimathafen | Unterscheidungssignale | Namen der Schiffe | Heimathafen |
|---|---|---|---|---|---|
| DGIF | Erich | Hamburg | *DADN* | Essen | Emden |
| *DEGW* | Erich Haslinger | Bremen | *DGNV* | Essen | Hamburg |
| *DDKM* | Erich Ohlrogge | Brake | DERQ | Essen | Bremerhaven |
| *DGKU* | Erich Schröder | Hamburg | DGIW | Esso 60 | Hamburg |
| *DHAK* | Erik Blumenfeldt | Hamburg | DHOY | Esso 61 | Hamburg |
| *DGZG* | Erik Seyd | Hamburg | DIAD | Esso 62 | Hamburg |
| DCJD | Erika | Norddeich | DHPQ | Esso 65 | Hamburg |
| DGII | Erika | Hamburg | *DIBI* | Esso Bolivar | Hamburg |
| *DKJI* | Erika | Neustadt/Holst. | *DIHU* | Esso Düsseldorf | Hamburg |
| *DLDW* | Erika | Bremen | *DIKL* | Esso Frankfurt | Hamburg |
| *DGIL* | Erika Bischoff | Hamburg | *DIKA* | Esso Hamburg | Hamburg |
| *DCWL* | Erika Fritzen | Emden | *DHGX* | Esso München | Hamburg |
| *DCAG* | Erika Hendrik Fisser | Köln | DJPS | Esso Nordenham | Hamburg |
| DGNM | Erika Reinhold | Hamburg | DABZ | Esso Schulau | Hamburg |
| *DHEN* | Erika Schulte | Hamburg | DIPV | Esso Vegesack | Hamburg |
| *DCBI* | Erin Nübel | Emden | *DHGM* | Este | Hamburg |
| *DGRM* | Erlangen | Hamburg | *DADP* | Este | Hamburg |
| DCFP | Erna | Warsingsfehn | *DABI* | Estebrügge | Hamburg |
| DGIJ | Erna | Heiligenhafen | *DGZQ* | Esteburg | Hamburg |
| DGTR | Erna | Hamburg | DGIX | Estetal | Hamburg |
| DHGN | Erna | Hamburg | *DHNK* | Esther Schulte | Hamburg |
| DIWW | Erna | Elmshorn | DCII | Etta | Norddeich |
| DDFV | Erna | Brake | *DDOI* | Eugen Friederich | Bremen |
| *DEST* | Erna | Cuxhaven | DGSR | E. u. M. Schwimmkran I | Hamburg |
| DHEO | Erna Liebisch | Hamburg | DGDR | E.u.M.Schwimmkran III | Hamburg |
| DGIM | Erna Marie | Hamburg | DHEJ | E.u.M.Schwimmkran IV | Hamburg |
| DGIN | Erna Meyer | Hamburg | DKEO | Europa II | Kappeln/Schlei |
| *DKBB* | Erna Oldendorff | Lübeck | *DGPN* | Euros | Hamburg |
| *DIPZ* | Erna Witt | Hamburg | *DJQQ* | Eva | Heikendorf |
| DGIP | Ernst | Hamburg | *DLBZ* | Eva-Maria | Bremen |
| DGIS | Ernst August | Hamburg | DGAV | Eversand | Bremen |
| *DHQH* | Ernst Blumenfeld | Hamburg | *DKBA* | Eversen | Niendorf |
| *DJQA* | Ernst Friesecke | Kiel | DGJA | Ewald Ehlert | Rendsburg |
| DGWY | Ernst Gaulke | Hamburg | DCFR | Exelsior | Holte |
| *DAMU* | Ernst Gröschel | Bremerhaven | *DHPA* | Fairplay I. | Hamburg |
| *DGCF* | Ernst G. Russ | Hamburg | DGJC | Fairplay II. | Hamburg |
| DISH | Ernst Heinrich | Moorege | DJIU | Fairplay III | Hamburg |
| *DING* | Ernst Schröder | Hamburg | DIHP | Fairplay IV | Hamburg |
| *DADM* | Ernst Schweckendieck | Emden | *DHBB* | Fairplay VI | Hamburg |
| DIYL | Ernst Sturm | Glückstadt | *DADQ* | Fairplay VII | Hamburg |
| DGXJ | Ernst Uwe | Hamburg | DGJG | Fairplay VIII | Hamburg |
| DISI | Ernte | Oberndorf | DGJH | Fairplay IX | Hamburg |
| *DGCV* | Eros | Hamburg | DGJI | Fairplay X | Hamburg |
| *DDUL* | Erpel | Bremen | DGJJ | Fairplay XI | Hamburg |
| *DHFV* | E. Russ | Hamburg | DGJK | Fairplay XII | Hamburg |
| DGIT | Erwin | Hamburg | *DIKW* | Fairplay XIV | Hamburg |
| DGIU | Erwin | Hamburg | *DIFN* | Fairway | Hamburg |
| *DGJF* | Erwin Schröder | Hamburg | *DILN* | Fairwind | Hamburg |
| *DEAF* | Eschersheim | Bremen | *DGJO* | Falke | Hamburg |
| DCTO | E. S. I. 1 | Neuharlingersiel | DGJP | Falke | Hamburg |
| DCTP | E. S. I. 2 | Neuharlingersiel | DIJD | Falke | Hamburg |
| DCTQ | E. S. I. 3 | Neuharlingersiel | DKBS | Falke | Kappeln/Schlei |
| DDOX | Esdörp | Hamburg | *DDTR* | Falke | Bremen |
| *DHAE* | Esperanza | Hamburg | *DISL* | Falke | Schulau |
| DGIV | Esriel | Hamburg | DGRV | Falke | Lübeck |

| Unterscheidungssignale | Namen der Schiffe | Heimathafen der Schiffe |
|---|---|---|
| *DHJJ* | Falkenberg | Hamburg |
| *DECX* | Falkenfels | Bremen |
| DGJQ | Falkenstein | Hamburg |
| *DIFB* | Falkenstein | Hamburg |
| *DJOT* | Falkenstein | Kiel |
| *DLCE* | Falkental | Bremen |
| *DEOX* | Falkland | Bremerhaven |
| *DAIE* | Fanal | Kiel |
| *DLCG* | Fangturm | Bremen |
| DGJR | Fanto XVIII | Hamburg |
| DEEE | Farge | Bremen |
| DDNN | Fasan | Bremen-Vegesack |
| *DDRA* | Fasan | Bremen |
| DDNO | Fasolt | Bremen-Vegesack |
| *DEQN* | Fatima | Lübeck-Travemünde |
| *DIAY* | Fatima | Bremen |
| *DDRD* | Fauna | Bremen |
| *DIKG* | Faust | Hamburg |
| *DJOI* | Fehmarn | Hamburg |
| DGBA | Fehmarn III | Hamburg |
| DJSO | Felsen | Eckernförde |
| *DGIH* | Ferdinandstor | Hamburg |
| *DAFY* | Ferdinand Vieth | Hamburg |
| DJFW | Feuerland | Büsum |
| *DLBI* | Fidentia | Bremen |
| DGJS | Fiducia | Hamburg |
| *DIDE* | Fina | Hamburg |
| *DLAF* | Fink | Bremen |
| *DKLL* | Finkwarder | Lübeck-Travemünde |
| *DGJT* | Finkwarder | Hamburg |
| DIMP | Finkenwerder | Hamburg |
| *DFLR* | Fischereidirektor Meinken | Cuxhaven |
| *DHDC* | Fischbek | Hamburg |
| DGJU | Fischland | Hamburg |
| *DKAC* | Fjordmöwe | Lübeck-Travemünde |
| *DEOB* | Flachsee | Bremerhaven |
| *DFLQ* | Fladengrund | Neustadt/Holst. |
| *DESR* | Fladengrund | Bremerhaven |
| DJWL | Flamingo | Flensburg |
| *DGJV* | Fleiss | Hamburg |
| DJCT | Flensau | Flensburg |
| *DGCR* | Flensburg | Hamburg |
| DHPW | Flensburg | Flensburg |
| *DJQU* | Flensburg | Kiel |
| *DINS* | Fleth | Hamburg |
| *DEBG* | Flora | Bremen |
| DCFV | Flott | Greetsiel |
| *DHQC* | Flottbek | Hamburg |
| DICA | Flottbek | Hamburg |
| *DDUA* | Flut | Bremen |
| DGJX | F. M. Harmstorf | Hamburg |
| DJAR | Föhr-Amrum | Wyk/Föhr |
| *DJYL* | Fona | Lübeck |
| DJAT | Forelle | Flensburg |
| *DKCT* | Forelle | Burgstaaken |
| DKIU | Forelle | Heikendorf |
| DEOO | Forelle | Hamburg-Altenwerder |
| DFZH | Fortuna | Wischhafen |
| *DISM* | Fortuna | Glückstadt |
| DETN | Fortuna | Hamburg-Finkenwerder |
| DGJY | Fortuna | Hamburg |
| DGJZ | Fortuna | Hamburg |
| DGKB | Fortuna | Hamburg |
| DGKC | Fortuna | Hamburg |
| DGKD | Fortuna | Hamburg |
| DCFY | Fortuna | Warsingsfehn |
| DCFZ | Fortuna | Rhaudermoor |
| DCGA | Fortuna | Hamburg |
| DCGC | Fortuna I | Spiekeroog |
| *DKIV* | Francisca Sartori | Kiel |
| *DHHA* | Francis N | Hamburg |
| *DFLA* | Franken | Cuxhaven |
| *DICR* | Frankfurt | Hamburg |
| *DEOZ* | Frankfurt a. M. | Bremerhaven |
| *DERR* | Frankfurt/Main | Bremerhaven |
| *DIIF* | Frank Leonhardt | Hamburg |
| DCBB | Franz | Duisburg |
| *DCUU* | Franz | Haren/Ems |
| DCWC | Franz | Emden |
| *DLAO* | Franz Doerenkamp | Bremen |
| *DGKE* | Franz Holm | Hamburg |
| *DHKY* | Franz Mathies | Hamburg |
| *DDLE* | Franz Ohlrogge | Brake |
| *DADU* | Franz Schau | Bremerhaven |
| *DAOU* | Franz Thiele | Emden |
| DCGD | Franziska | Haren/Ems |
| DGKF | Franziska | Hamburg |
| *DADW* | Franziska | Schulau |
| *DCWI* | Franziska Hendrik Fisser | Emden |
| *DLAC* | Frauenfels | Bremen |
| *DADY* | Frauke | Leer |
| DCGF | Frauke | Warsingsfehn |
| *DINC* | Frauke | Hamburg |
| *DIGM* | Frauke Danz | Hamburg |
| *DCWZ* | Frauke Hermanna | Greetsiel |
| *DEQI* | Freddy | Hamburg |
| *DKJR* | Fredenhagen | Lübeck |
| DGKH | Freia | Burgstaaken |
| DGKI | Freia | Hamburg-Finkenwerder |
| *DGKJ* | Freia | Hamburg-Finkenwerder |
| *DIPO* | Freiburg | Hamburg |
| *DFLO* | Freiburg i. Br. | Cuxhaven |

| Unterscheidungssignale | Namen der Schiffe | Heimathafen der Schiffe |
|---|---|---|
| *DEDP* | Freienfels | Bremen |
| *DDTZ* | Freiheit | Bremen |
| *DGKK* | Freiherr vom Stein | Hamburg |
| *DIFJ* | Freundschaft | Hamburg |
| *DDKU* | Freya | Brake |
| DIFM | Freya | Hamburg |
| *DJUT* | Freya | Kiel |
| DGKL | Frida | Hamburg |
| DJGB | Frida | Büsum |
| DKCN | Frida | Heiligenhafen |
| *DGSP* | Frida Thorborg | Hamburg |
| DGKM | Fridmariwalt | Hamburg |
| DJTE | Frie 2 | Büsum |
| DJSH | Frie 4 | Friedrichsort |
| DFSL | Frieda | Assel |
| DFVS | Frieda | Dornbusch |
| DFYQ | Frieda | Bützfleth |
| DFYX | Frieda | Gräpel |
| DFZB | Frieda | Barnkrug |
| DGKO | Frieda | Hamburg |
| DGKP | Frieda | Hamburg |
| DGKQ | Frieda | Hamburg |
| DGKR | Frieda | Hamburg |
| DGKS | Frieda | Hamburg |
| DISQ | Frieda | Schulau |
| DIWX | Frieda | Elmshorn |
| *DJIW* | Frieda | Pellworm |
| DFVT | Frieda Elisabeth | Wischhafen |
| DGFU | Frieda Jonas | Hamburg |
| DDGA | Frieda Luise | Dedesdorf |
| DGKV | Frieda Mariechen | Hamburg |
| DDSV | Frieda Morgenroth | Bremen |
| *DHPF* | Frieda Peters | Hamburg |
| *DIMV* | Frieda Russ | Hamburg |
| *DGTB* | Frieda Wilckens | Hamburg |
| *DEOR* | Friedel | Bremerhaven |
| *DHGL* | Friedel | Hamburg |
| *DHJQ* | Frieden | Hamburg |
| *DDGB* | Frieden | Hamburg |
| *DFAY* | Friedenau | Bremerhaven |
| DFYZ | Friedrich | Bremervörde |
| DDGC | Friedrich-August | Oldenburg |
| *DEUB* | Friedrich Busse | Bremerhaven |
| DGKW | Friedrich Campsen | Hamburg |
| DJWK | Friedrich Pahlke | Burg/Fehmarn |
| DGKY | Friedr. Wilhelm | Hamburg |
| *DFMH* | Friedrichshafen | Cuxhaven |
| DJOK | Friedrichsort | Kiel |
| *DDGD* | Friesenland | Brake |
| *DDAD* | Friesland | Leer |
| *DDAS* | Friesland | Wilhelmshaven |
| *DAPI* | Frigga | Hamburg |
| *DISU* | Frija | Glückstadt |
| DJSQ | Frisch Auf | Eckernförde |
| *DKFI* | Frisches Haff | Rendsburg |
| *DFAO* | Frisia | Bremerhaven |
| DJAU | Frisia | Wyk/Föhr |
| DCGK | Frisia I | Norderney |
| DCCR | Frisia II | Emden |
| DCGM | Frisia III | Norderney |
| *DCWQ* | Frisia IV | Norderney |
| DCGN | Frisia V | Norderney |
| DCGO | Frisia VI | Norderney |
| DCGP | Frisia VII | Norderney |
| DCGQ | Frisia IX | Norderney |
| DCGR | Frisia X | Norderney |
| DCGT | Frisia XIV | Norderney |
| DCGU | Frisia XV | Norderney |
| DCGL | Frisia XVI | Norderney |
| DKKG | Fritz | Niendorf |
| *DJDL* | Fritz Raabe | Bremen |
| DGKZ | Fritz Reuter | Hamburg |
| DGLA | Fritz Schindler | Hamburg |
| DGLB | Fritz Vollmers | Hamburg |
| *DCEG* | Fritzen I | Emden |
| DIRI | F. Werner | Uetersen |
| DCGV | Fünf Gebrüder | Ditzum |
| DJGF | Fürchtenicht | Tönning |
| *DJQR* | Gaarden | Kiel |
| *DIAI* | Galata | Hamburg |
| *DEBJ* | Galtgarben | Bremen |
| DHNX | Ganges | Hamburg |
| *DJXK* | Gebe Oldendorff | Lübeck |
| DHIS | Gebina | Haren/Ems |
| DDKH | Gebrüder | Nordenham |
| DGLC | Gebrüder | Hamburg |
| DGLD | Gebrüder | Büsum |
| DJLK | Gebrüder | Büsum |
| DFGI | Gebrüder | Otterndorf |
| DDGF | Gebrüder | Nordenham |
| DCGW | Gebrüder | Neuharlingersiel |
| *DAEB* | Gebrüder Kähler | Bremerhaven |
| DCGY | Geen Tied | Greetsiel |
| DCGZ | Geeske | Bensersiel |
| DDAV | Geeske | Varelerhafen |
| *DADZ* | Geeste | Bremerhaven |
| *DERB* | Geestemünde | Bremerhaven |
| *DIJH* | Geert Howaldt | Hamburg |
| *DJOB* | Geheimrat Sartori | Kiel |
| *DHDB* | Geier | Hamburg |
| DDNW | Geier | Bremen-Vegesack |
| *DEFG* | Geier | Bremen |
| *DIGT* | Gelsenkirchen | Hamburg |
| DGLF | Gemeinschaft | Bremerhaven |
| *DJXO* | Gemma | Lübeck |
| DHGA | Genius | Hamburg |
| DCVF | Gent Visser | Norderney |
| DJOL | Georg | Kiel |
| *DICM* | Georg Russ | Hamburg |
| DGBQ | Georgswerder | Hamburg |

| Unterscheidungssignale | Namen der Schiffe | Heimathafen |
|---|---|---|
| DGIE | Gerd | Hamburg |
| DGVH | Gerd Schöning | Hamburg |
| DCBN | Gerd Specht | Borkum |
| DKDG | Gerda | Großenbrode |
| *DKLT* | Gerda | Lübeck-Travemünde |
| DCHB | Gerda | Westrhauderfehn |
| DGLG | Gerda | Hamburg |
| DDNX | Gerda | Kiel |
| DEOV | Gerda | Bremerhaven |
| DFZM | Gerda Adele | Elm/Stade |
| *DCIW* | Gerhard Ekkenga | Emden |
| DGLJ | Gerda Waller | Hamburg |
| *DINJ* | Gerd Freese | Hamburg |
| *DGLK* | Gerfried | Hamburg |
| DCHC | Gerhard | Haren/Ems |
| DFGK | Gerhard | Geversdorf |
| DKEJ | Gerhard | Neustadt/Holst. |
| *DCEE* | Gerhard Elfring | Haren/Ems |
| *DEUI* | Gerhard van Heukelum | Bremerhaven |
| DCHD | Gerhardine | Borkum |
| *DGKT* | Gerlinde | Rendsburg |
| DFTI | Germane | Stade |
| DCHE | Germania | Warsingsfehn |
| *DDLG* | Germania | Elsfleth |
| *DETC* | Germania | Heiligenhafen |
| *DEQC* | Germania | Bremerhaven |
| DGLM | Gertha | Hamburg |
| *DKQA* | Gertraud | Heikendorf |
| *DGLN* | Gertrud | Hamburg |
| DGLO | Gertrud | Hamburg |
| DGLP | Gertrud | Hamburg |
| DGLR | Gertrud | Hamburg |
| DHFT | Gertrud | Hamburg |
| DCHF | Gertrud | Haren/Ems |
| *DGLQ* | Gertrud | Cranz/Elbe |
| DJXQ | Gertrud | Kiel |
| *DAMX* | Gertrud | Leer |
| *DLAD* | Gertrud | Bremen |
| DGLS | Gertrud II | Hamburg |
| DKKE | Gertrud II | Niendorf |
| *DCFA* | Gertrud Fritzen | Emden |
| *DKCW* | Gertrud-Marta | Kiel |
| *DLDF* | Gertrude Wiener | Bremen |
| DGUO | Gesa | Hamburg |
| DGLU | Gesche | Hamburg |
| *DCFI* | Gesche Rohden | Emden |
| DCHG | Geschwisterliebe | Haren/Ems |
| DCHH | Gesina | Haren/Ems |
| DCHI | Gesine | Ostgroßefehn |
| DCHL | Gesine | Leer |
| DGLV | Gesine | Hamburg |
| *DDTN* | Geversdorf | Bremen |
| DCHN | G. F. Zimmermann | Emden |
| DEOW | Gier | Bremerhaven |
| *DIJX* | Gilda | Hamburg |
| *DLAT* | Ginnheim | Bremen |
| *DIJZ* | Gisela Essberger | Hamburg |
| *DEBO* | Gisela Meyer-Gerhards | Bremen |
| *DAED* | Gisela Oldendorff | Lübeck |
| *DGQM* | Gisela Russ | Hamburg |
| *DKGT* | Glaube | Büsum |
| *DEBB* | Gloria | Bremen |
| *DGLX* | Gloria | Hamburg |
| *DAEE* | Glückauf | Bremen |
| DCHO | Glückauf | Haren/Ems |
| DGLY | Glückauf | Hamburg |
| *DHKG* | Glückauf | Hamburg |
| *DHLI* | Glückauf | Hamburg |
| *DJYM* | Glückauf | Hamburg |
| *DIMS* | Glückauf | Hamburg |
| DKJO | Glückauf | Lübeck |
| DDNZ | Glück-Auf | Bremen |
| DKMC | Glückauf II | Düsseldorf |
| *DJSX* | Glücksburg | Kiel |
| *DJOH* | Glücksburg | Kiel |
| DCDI | G. M. Daneker | Emden |
| *DESK* | Gneisenau | Lübeck-Travemünde |
| *DGMA* | Goden Wind | Hamburg-Finkenwerder |
| DKKS | Godenwind | Heiligenhafen |
| *DACA* | Götaland | Hamburg |
| *DAOY* | Göttingen | Cuxhaven |
| *DHCW* | Götttingen | Hamburg |
| *DAEG* | Goliath | Hamburg |
| *DEEL* | Goldenfels | Bremen |
| *DAMY* | Gonzenheim | Bremen |
| DJXS | Gorch Fock | Niendorf |
| *DGMD* | Gorch Fock | Hamburg |
| *DGME* | Gorch Fock | Hamburg-Finkenwerder |
| *DAEH* | Gotland | Cuxhaven |
| *DEUA* | Gotland | Kiel |
| DCHS | Gott mit uns | Haren/Ems |
| DGMG | Grauerort | Hamburg |
| *DJZZ* | Greetsiel | Hamburg |
| *DAEI* | Greif | Lübeck |
| DJXV | Greif | Lübeck |
| *DECH* | Greif | Bremen |
| DGMH | Greif | Hamburg |
| DIKR | Greif | Hamburg |
| DJNG | Greif | Kappeln/Schlei |
| *DDTF* | Greiffenfels | Bremen |
| DGMJ | Greta | Hamburg |
| *DDOA* | Gretchen | Bremen |
| DFLH | Gretchen | Otterndorf |
| DGML | Gretchen | Hamburg |
| DGMM | Gretchen | Hamburg |
| DFZU | Gretchen | Ritsch/Kehd. |

| Unterscheidungssignale | Namen der Schiffe | Heimathafen |
|---|---|---|
| *DHPN* | Gretchen Müller. | Hamburg |
| *DIWZ* | Gretchen Vollmers | Uetersen |
| DHHO | Gretchen von Allwörden | Osten |
| DIXU | Grete | Itzehoe |
| DGMP | Grete | Hamburg |
| DJAX | Grete | Flensburg |
| DDGJ | Grete | Brake |
| DFVW | Grete | Krautsand |
| DFGR | Grete | Cuxhaven |
| *DDTH* | Grete Büscher | Bremen |
| DGGE | Grete Hagenah | Hamburg |
| *DGYN* | Grete Hauschildt | Hamburg |
| DJST | Grete-Herta | Möltenort |
| *DKAG* | Gretke Oldendorff | Lübeck |
| DGLH | Gretel Marina | Hamburg |
| DGMT | Griep | Hamburg |
| DJXW | Griep to | Lübeck-Travemünde |
| DINP | Griesenwerder | Hamburg |
| *DDSI* | Griesheim | Bremen |
| *DICC* | Grimm | Hamburg |
| *DAEK* | Grönorth | Strande |
| *DIHG* | Grönnebek | Hamburg |
| *DEGS* | Grohn | Bremen |
| *DCEH* | Großer Bär | Emden |
| *DAEJ* | Großer Kurfürst | Emden |
| *DFTZ* | Groverort | Stade |
| DKGX | Grüß Gott | Eckernförde |
| *DEUE* | Gudrun | Laboe |
| DGMV | Gudrun | Hamburg |
| DFVX | Günter | Wischhafen |
| DJGM | Günther | Niendorf |
| DFLV | Günther | Cuxhaven |
| DIBT | Günther | Oldenburg |
| *DIIJ* | Günther | Hamburg |
| *DHLH* | Günther Russ | Hamburg |
| *DHKJ* | Günther Schulte | Hamburg |
| *DEFL* | Gulosenfjord | Bremen |
| *DFTL* | Gunda | Stade |
| *DGMI* | Gundula | Hamburg |
| DGUS | Gustav | Hamburg |
| DJGN | Gustav | Pellworm |
| DGNA | Gustav Adolf | Hamburg |
| *DAEL* | Gustav Borgner | Bremerhaven |
| *DFBA* | Gustav Dahrendorf | Bremerhaven |
| *DGNT* | Gustav Pistor | Hamburg |
| *DEEV* | Gutenfels | Bremen |
| DDOD | Habicht | Bremen-Vegesack |
| DDSC | Habicht | Bremen |
| *DEEB* | Habicht | Bremen |
| DHRV | Habicht | Lübeck |
| *DJXY* | Habicht | Lübeck-Travemünde |
| DGUL | Hadersleben | Hamburg |
| *DEDL* | Hafentor | Hamburg |
| *DANA* | Haga | Hamburg |
| DJYB | Hai | Timmendorferstrand |
| *DHMS* | Hai | Hamburg |
| *DEUJ* | Haltenbank | Bremerhaven |
| DGNC | Hamburg | Hamburg |
| *DHGZ* | Hamburg | Hamburg |
| *DHHT* | Hamburg | Hamburg |
| DIIM | Hamburg | Hamburg |
| DIPD | Hammaburg | Hamburg |
| *DIDC* | Hammonia | Hamburg |
| *DAEO* | Hanna | Leer |
| *DCHK* | Hanna | Norderney |
| DGNF | Hanna | Hamburg |
| *DIMC* | Hanna Dreier | Hamburg |
| DJXZ | Hanna Frida | Kiel |
| *DGWD* | Hannah Böge | Hamburg |
| DGLW | Hannchen | Lübeck-Schlutup |
| DGNG | Hannchen Allers | Hamburg |
| DIUN | Hannchen Staeglich | Schulau |
| DKFD | Hannchen Vollmers | Rendsburg |
| DCHV | Hanne | Spetzerfehn |
| DDDG | Hanne | Wilhelmshaven |
| *DETK* | Hanne | Lübeck-Travemünde |
| *DANM* | Hanne Henninga | Großefehn |
| *DEUC* | Hannelore | Lübeck-Travemünde |
| DKHA | Hannelore | Heikendorf |
| *DKGJ* | Hannes | Kiel |
| *DFTT* | Hanngrid | Stade |
| *DFZS* | Hanni-Lene | Krautsand |
| *DFZS* | Hanni-Lene | Bremen |
| DFTX | Hanno | Stade |
| *DAEQ* | Hannover | Bremen-Vegesack |
| *DFMQ* | Hannover | Cuxhaven |
| DGNI | Hannover | Hamburg |
| *DHNC* | Hannover | Leer |
| *DIIT* | Hannover | Hamburg |
| DDKT | Hans | Brake |
| DKHV | Hans | Kiel |
| DGNJ | Hans | Ritsch |
| DGNK | Hans | Hamburg |
| DGNL | Hans | Hamburg |
| DCHX | Hans | Haren/Ems |
| DFVZ | Hans | Krautsand |
| DDTG | Hans | Bremen |
| DIHB | Hans August | Hamburg |
| DGNO | Hans Albert | Hamburg |
| *DAMW* | Hans Bernstein | Hamburg |
| *DAES* | Hans Böckler | Bremerhaven |
| DIAK | Hans Bröhan | Hamburg |
| DIYD | Hans Bülow | Kollmar |

| Unterscheidungssignale | Namen der Schiffe | Heimathafen der Schiffe |
|---|---|---|
| *DGVW* | Hannes Fesefeldt | Hamburg |
| DFGX | Hans Friedrich | Oberndorf |
| *DDGP* | Hans-Georg | Elsfleth |
| DIEB | Hans Gosch | Hamburg |
| DCHY | Hansgrete | Hamburg |
| DGNQ | Hans Günther | Hamburg |
| *DIMY* | H.-Günther Bülow | Hamburg |
| *DEPI* | Hans Heinz | Heikendorf |
| DJOM | Hans-Helmut | Schilksee-Strande |
| DHGQ | Hans Hermann | Hamburg |
| *DHOD* | Hans Hinnick | Hamburg |
| DGNS | Hans Hinrich | Hamburg |
| *DFAR* | Hans Homann | Bremerhaven |
| *DEEA* | Hans Honold | Bremen |
| DJHO | Hans Jürgen | Hamburg |
| *DESY* | Hans Kunkel | Bremerhaven |
| *DJWJ* | Hans Matthias | Burgstaaken |
| *DKJY* | Hans Lehmann | Lübeck |
| *DJXF* | Hans Oldendorff | Lübeck |
| *DGTJ* | Hans Oltmann | Hamburg |
| *DGWJ* | Hans Pickenpack | Hamburg |
| *DADO* | Hans-Peter | Itzehoe |
| DJXH | Hans Peter | Lübeck-Travemünde |
| DGNW | Hans und Grete | Helgoland |
| *DESX* | Hans vom Hoff | Bremerhaven |
| *DGNY* | Hans Werner | Hamburg |
| DJYU | Hans Werner | Lübeck-Travemünde |
| *DIHR* | Hansa | Hamburg |
| *DGEP* | Hansahöft | Hamburg |
| *DHIH* | Hanseat | Hamburg |
| *DGNZ* | Hanseat | Hamburg |
| DJZI | Hanseat I | Niendorf |
| *DABR* | Hanseatic | Hamburg |
| DICX | Hansestadt Hamburg | Hamburg |
| *DGPV* | Hansestadt Lübeck | Hamburg |
| *DAEU* | Haparanda | Hamburg |
| *DIFE* | Harald Becker | Hamburg |
| *DFMS* | Harald Ottens | Cuxhaven |
| DHHY | Harald Schröder | Hamburg |
| *DJAA* | Harnis | Flensburg |
| *DHJW* | Harriet Siedler | Hamburg |
| DGOC | Hartwig | Hamburg |
| *DAFP* | Harvestehude | Hamburg |
| *DGQL* | Haseldorf | Hamburg |
| *DIDF* | Hasselburg | Hamburg |
| DIJB | Hasselwerder | Hamburg |
| *DLBR* | Hastedt | Bremen |
| *DACE* | Haveland | Hamburg |
| *DEEM* | Havelstein | Bremen |
| DCIB | Hayo | Leer |
| *DAEV* | H. C. Nibbe | Hamburg-Finkenwerder |
| DGOE | Hebe | Hamburg |
| DDAX | Hebelina | Leer |
| *DHMT* | Hecht | Hamburg |
| *DDUD* | Hector | Bremen |
| *DDRH* | Heddernheim | Bremen |
| *DJGS* | Hedi Engels | Büsum |
| DJXE | Hedwig | Lübeck-Travemünde |
| *DJRX* | Hedwig-Elisabeth | Heikendorf |
| *DILL* | Hedwigshütte | Hamburg |
| *DIJV* | Hedwig Henning | Hamburg |
| *DIIB* | Hedwig Lünstedt | Hamburg |
| *DJBB* | Hedwig Pannbacker | Flensburg |
| DJUO | Hei 24 | Heikendorf |
| DJTP | Hei 25 | Möltenort |
| DJTH | Hei 28 | Heikendorf |
| DJPV | Hei 31 | Heikendorf |
| *DJVU* | Hei 47 | Arnis/Schlei |
| *DGOH* | Heidberg | Hamburg |
| *DAEW* | Heidelberg | Lübeck |
| *DFMJ* | Heidelberg | Cuxhaven |
| *DIEL* | Heidelberg | Hamburg |
| DIJY | Heidenau | Hamburg |
| *DAHK* | Heidenheim | Cuxhaven |
| DEOI | Heidi | Lübeck-Travemünde |
| DJXR | Heidi | Friedrichskoog |
| DDGS | Heidina | Barsselermoor |
| DGLE | Heijo | Haren/Ems |
| *DEPB* | Heike | Bremerhaven |
| *DINB* | Heike | Hamburg |
| DDPK | Heike Möller | Glückstadt |
| *DJNW* | Heikendorf | Kiel |
| *DJSY* | Heikendorf | Kiel |
| *DIBB* | Heilbronn | Hamburg |
| DCDE | Heimat | Neuharlingersiel |
| DCIC | Heimat | Haren/Ems |
| DCTL | Heimat | Norderney |
| *DGOI* | Heimat | Hamburg |
| *DGOJ* | Heimat | Hamburg |
| *DIFR* | Heimat | Hamburg-Finkenwerder |
| DJJR | Heimat | Kappeln |
| DJUK | Heimat | Laboe |
| DJVC | Heimat | Rendsburg |
| DJYD | Heimat | Lübeck-Schlutup |
| DJYE | Heimat | Niendorf |
| *DKIY* | Heimat | Eckernförde |
| *DJUM* | Heimatland | Möltenort |
| *DJRZ* | Heimatland | Eckernförde |
| DGOK | Heimatland | Hamburg |
| *DFMU* | Heimatland | Cuxhaven |
| *DIHK* | Heimdal | Hamburg |
| DCAS | Heimkehr | Duisburg |

| Unterscheidungssignale | Namen der Schiffe | Heimathafen der Schiffe |
|---|---|---|
| DCID | Heimkehr | Emden |
| DCTI | Heimkehr | Cuxhaven |
| DGOL | Heimkehr | Hamburg |
| DGOM | Heimkehr | Hamburg |
| *DJOV* | Heimkehr | Eckernförde |
| *DHPM* | HeimoReckmann | Hamburg |
| DKBW | Heimwärts | Neustadt/Holst. |
| DGON | Heimwärts | Hamburg |
| *DEUQ* | Hein Davidsen | Bremerhaven |
| *DEQP* | Hein Mück | Bremerhaven |
| *DIBX* | Hein Hoyer | Hamburg |
| DFWB | Heini | Hamburg-Neuenfelde |
| *DGMU* | Heino | Hamburg |
| DDGT | Heinrich | Barssel |
| *DEBF* | Heinrich | Bremen |
| DFWC | Heinrich | Dornbusch |
| DGAA | Heinrich | Stade |
| DGOR | Heinrich | Cranz |
| DJDU | Heinrich | Pellworm |
| DJOR | Heinrich | Kiel |
| DDLQ | Heinrich Brand | Elsfleth |
| DCIE | Heinrich Brons | Emden |
| *DESZ* | Heinrich Bueren | Bremerhaven |
| *DINF* | Heinrich Christian Oetker | Hamburg |
| *DHJR* | Heinr. Colsmann | Hamburg |
| DCIF | Heinrich Elfring | Haren/Ems |
| DICD | Heinrich Erich | Hamburg |
| *DHQT* | Heinrich Grammerstorf | Kiel |
| *DEEF* | Heinrich Honold | Bremen |
| *DIIN* | Heinrich Hugo Stinnes | Bremen |
| *DHMK* | Heinrich Ihde | Hamburg |
| *DAFK* | Heinrich Kaufmann | Bremerhaven |
| *DIOF* | Heinrich Knüppel | Hamburg |
| *DIBS* | Heinrich Lorenz | Hamburg |
| *DCHQ* | Heinrich-Lutter | Emden |
| *DERW* | Heinrich Meins | Bremerhaven |
| *DEGU* | Heinrich Parchmann | Bremen |
| *DAFE* | Heinrich Schulte | Emden |
| *DCUW* | Heinrich Schulte | Emden |
| *DIPH* | Heinrich Udo Schulte | Hamburg |
| DGTA | Heinrich Wegener | Hamburg |
| DDEA | Heinrich Wessels | Emden |
| DCIH | Heinz | Haren/Ems |
| DGOT | Heinz | Hamburg |
| DFZK | Heinz | Lühe |
| DFTG | Heinz Bernhard | Stade |
| DFXX | Heinz-Georg | Barssel |
| DGOU | Heinz-Heino | Hamburg |

| Unterscheidungssignale | Namen der Schiffe | Heimathafen der Schiffe |
|---|---|---|
| *DIMK* | Heinz-Helmut | Hamburg |
| *DGOW* | Heinz Schriewer | Hamburg |
| DJYA | Heita | Lübeck-Travemünde |
| *DCFQ* | Helena | Haren/Ems |
| DCBP | Helena Schepers | Haren/Ems |
| DGOX | Helene | Hamburg |
| DGOY | Helene | Hamburg |
| DGOZ | Helene | Hamburg-Altenwerder |
| DIAZ | Helene | Hamburg |
| DHNP | Helene | Kiel |
| DCIJ | Helene II | Haren/Ems |
| DDBA | Helene-Auguste | Kiel |
| *DGPB* | Helene B. Schupp | Hamburg |
| *DAFF* | Helene Russ | Hamburg |
| DGPC | Helga | Hamburg |
| DGPD | Helga | Hamburg-Finkenwerder |
| DGPE | Helga | Hamburg |
| *DIGL* | Helga | Hamburg |
| DCAY | Helga | Düsseldorf |
| DKID | Helga | Kiel |
| DHNI | Helga I | Hamburg |
| *DKKQ* | Helga-Anni | Burgstaaken |
| *DHQZ* | Helga Böge | Hamburg |
| *DIAC* | Helga Bolten | Hamburg |
| *DFTR* | Helga Dehde | Stade |
| *DHFO* | Helga Howaldt | Hamburg |
| *DGVJ* | Helga Russ | Hamburg |
| *DAGZ* | Helga Wehr | Hamburg |
| *DIMI* | Helge | Hamburg |
| DCTC | Helgoland | Düsseldorf |
| *DCIL* | Helgoland | Emden |
| DHFK | Helgoland | Husum |
| DKJA | Helgoland | Hamburg |
| *DFAQ* | Helgoland | Bremerhaven |
| *DFLT* | Helgoland | Lübeck-Travemünde |
| *DDUJ* | Helios | Bremen |
| DFWD | Helios | Stade |
| DJXB | Hella | Haffkrug |
| DKIG | Helmut | Möltenort |
| DHEV | Helmut | Hamburg |
| DGPK | Helmut | Hamburg |
| DGPI | Helmuth | Hamburg |
| DICF | Helmuth | Hamburg |
| DILO | Helmuth Hardekopf | Hamburg |
| *DLCK* | Hemelingen | Bremen |
| *DHOI* | Heluan | Hamburg |
| *DCTU* | Hendrik Fisser | Emden |
| *DDAB* | Hendrik Okko Fisser | Emden |
| DDSB | Hengst | Bremen |
| DJOS | Henni | Rendsburg |

| Unterscheidungssignale | Namen der Schiffe | Heimathafen der Schiffe |
|---|---|---|
| *DKBM* | Henning Oldendorff | Lübeck |
| DERA | Henny | Cuxhaven |
| DFSK | Henny | Assel |
| DFTD | Henny | Keitum/Sylt |
| DDGX | Henny | Großensiel |
| DCIM | Henny | Warsingsfehn |
| DJAL | Henriette | Munkmarsch |
| *DCVO* | Henriette Schulte | Hamburg |
| *DCEN* | Henriette Wilhelmine Schulte | Emden |
| *DIKH* | Henry Böge | Hamburg |
| *DEPL* | Henry Everling | Bremerhaven |
| *DJCB* | Henry Horn | Glücksburg |
| DJVV | Herbert | Rendsburg |
| *DDUM* | Hercules | Bremen |
| DIPS | Herford | Hamburg |
| DDUQ | Herkules | Bremen |
| DKBP | Herkules | Heiligenhafen |
| *DCIO* | Herm | Haren/Ems |
| *DCHR* | Herm Kiepe | Haren/Ems |
| DJKR | Herma Ohle | Hamburg |
| DCIP | Hermangela | Haren/Ems |
| DFME | Hermann | Oberndorf |
| DCTR | Hermann | Emden |
| DGPS | Hermann | Hamburg |
| DGPT | Hermann | Lübeck-Travemünde |
| *DCUO* | Hermann | Haren/Ems |
| DDGY | Hermann | Barssel |
| DKBJ | Hermann | Neustadt/Holst. |
| *DEOG* | Hermann Ahlers | Bremerhaven |
| *DCHT* | Herman Akkermann | Borkum |
| *DJDN* | Hermann Althoff | Flensburg |
| *DGIY* | Hermann Blume | Hamburg |
| *DFTM* | Hermann Elsen | Stade |
| DCAQ | Hermann Gunther | Duisburg |
| *DHGB* | Hermann-Hans | Hamburg |
| DCET | Hermann Kiepa | Haren/Ems |
| *DEOF* | Hermann Krause | Bremerhaven |
| *DIFX* | Hermann Krone | Hamburg |
| *DIND* | Hermann Largreder | Hamburg |
| *DCVP* | Hermann Litmeyer | Haren/Ems |
| DFLZ | Hermann Fischer | Cuxhaven |
| *DAPK* | Hermann Fritzen | Emden |
| *DDOC* | Hermann Krages | Bremen |
| *DIEV* | Hermann Schulte | Hamburg |
| *DHPY* | Herman Sauber | Hamburg |
| DHDP | Hermann Tiedemann | Hamburg |
| DJSB | Hermann Tiessen | Kiel |
| *DEPU* | Hermes | Bremerhaven |
| *DHOO* | Hermes | Hamburg |
| DGPU | Hermine | Hamburg |
| DCIQ | Hermine | Haren/Ems |
| *DCIR* | Hermine | Leer |
| DJBC | Hermine | Wyk/Föhr |
| *DAPJ* | Hermod | Hamburg |
| *DIZC* | Hermod | Glückstadt |
| *DGLI* | Heros | Hamburg |
| DCEP | Herrentor | Emden |
| DKJN | Herrenwyk | Lübeck |
| DGPX | Herta | Neuenfelde |
| DJHB | Herta | Arnis/Schlei |
| *DCWE* | Herta Engeline Fritzen | Emden |
| DHGS | Herta Giese | Hamburg |
| *DHOP* | Herta Johanne III | Hamburg |
| DFWV | Herta-Marlies | Hamburg |
| DGFV | Herta Raap | Hamburg |
| DGPZ | Hertha | Hamburg |
| DGQA | Hertha | Hamburg |
| DJOU | Hertha | Kiel |
| *DEPD* | Hertha | Bremerhaven |
| DCDF | Hertha I | Norderney |
| *DHBF* | Hertha Gerdau | Hamburg |
| DGPH | Hertha Henning | Hamburg |
| DCIT | Hertha Johanne | Rhaudermoor |
| *DAJA* | Hessen | Emden |
| *DDSK* | Hessen | Bremen-Vegesack |
| *DLAQ* | Hessenstein | Bremen |
| *DDUT* | Hestia | Bremen |
| *DEPF* | Hever | Hamburg |
| DGQB | Hiev | Hamburg |
| *DJOW* | Hilda | Kiel |
| *DGQC* | Hilda | Hamburg-Finkenwerder |
| DGQD | Hilda | Husum |
| *DEEW* | Hilda Ahrens | Bremen |
| *DHKE* | Hilda-Rebecka | Hamburg |
| DGCJ | Hilda-S | Hamburg |
| *DILZ* | Hilda Wesch | Hamburg |
| DCIV | Hilde | Leer |
| *DGQE* | Hilde Loop | Hamburg-Finkenwerder |
| DDLO | Hilde Osterkamp | Brake |
| *DIXF* | Hildegard Bülow | Kollmar/Holstein |
| *DIHO* | Hildegard Doerenkamp | Hamburg |
| DJHD | Hildegard-Marie | Husum |
| *DHQF* | Hildegard Peters | Hamburg |
| *DHQO* | Hildegard Z. Nimtz | Hamburg |
| *DFMA* | Hildesheim | Cuxhaven |
| *DLCI* | Hille Oldendorff | Bremen |
| *DJAS* | Hilligenlei | Wyk/Föhr |
| DJDG | Hillgenlei | Langeness |

| Unter-scheidungs-signale | Namen der Schiffe | Heimathafen der Schiffe | Unter-scheidungs-signale | Namen der Schiffe | Heimathafen der Schiffe |
|---|---|---|---|---|---|
| DCIZ | Hinderk Looden | Greetsiel | *DKIO* | Holtenau ..... | Kiel |
| DCCH | Hinerk ........ | Haren/Ems | *DCBA* | Homberg ..... | Duisburg-Ruhrort |
| *DIET* | Hinrich ....... | Hamburg | *DGEL* | Hornbay ....... | Hamburg |
| DDOF | Hinrich Ahrens . | Bremen | *DGKX* | Hornberg ...... | Hamburg |
| *DIBL* | Hinrich Hey.... | Hamburg | *DIJU* | Horncap ....... | Hamburg |
| *DFUA* | Hinrich Kolster . | Osten | *DHPG* | Hornfels ....... | Hamburg |
| *DJWR* | Hinrich Oldendorff ... | Lübeck | *DIHD* | Hornkliff ...... | Hamburg |
| DIYR | Hinrich Koppelmann . | Schulau | *DGJM* | Hornland ..... | Hamburg |
| *DILB* | Hinrich Peters . | Hamburg | DFLB | Hornsriff....... | Hamburg-Finkenwerder |
| *DERU* | Hinrich Sieghold | Bremerhaven | *DIPK* | Hornsriff....... | Hamburg |
| *DAFQ* | Hinrich Wessel-höft ......... | Bremerhaven | *DIMG* | Hornstern .... | Hamburg |
| DGQI | Hinrich Wilhelm | Hamburg | *DHPT* | Hornsund .... | Hamburg |
| DCWY | Hinricus ....... | Norddeich | *DEAV* | Horst Arlt ..... | Bremen |
| DEPG | H. Klopp ...... | Bremerhaven | *DHCN* | Hove ......... | Hamburg |
| *DAFR* | H. M. Behrens .. | Bremerhaven | DJCE | Hubert ........ | Langballigholz |
| *DJDC* | Hochmeister.... | Flensburg | *DIGI* | Hüxter ........ | Hamburg |
| DFKX | Hochsee I ..... | Cuxhaven | *DDQX* | Hugo Arlt ..... | Bremen |
| *DCCG* | Hödur ........ | Emden | *DAHC* | Hugo Heimke Schütt ....... | Itzehoe |
| *DIYY* | Hödur ........ | Glückstadt | *DEPV* | Hugo Homann . | Bremerhaven |
| *DAFU* | Hörnum ....... | Rendsburg | *DKDT* | Hugo Oldendorff | Lübeck |
| *DHME* | Hoechst ....... | Hamburg | *DLDT* | Hugo Stinnes .. | Bremen |
| *DFNB* | Hof .......... | Cuxhaven | *DGQO* | Hummel ...... | Hamburg |
| DCJB | Hoffnung ...... | Rhaudermoor | DIGX | Humor ........ | Hamburg |
| DFWF | Hoffnung ...... | Krautsand | *DLBL* | Hundseck ..... | Bremen |
| DDHB | Hoffnung ...... | Haren/Ems | *DIKC* | Hunneberg .... | Hamburg |
| DEPH | Hoffnung ...... | Neustadt/Holst. | *DJVE* | Husum ........ | Kiel |
| *DANC* | Hoffnung ...... | Hamburg-Finkenwerder | DGQQ | Ida........... | Hamburg |
| | | | DFWH | Ida........... | Krautsand |
| DGQK | Hoffnung ...... | Hamburg | DDHE | Ida........... | Barssel |
| *DKCF* | Hoffnung ...... | Neustadt/Holst. | DITI | Ida Joerk ..... | Hamburg |
| DJYS | Hoffnung ...... | Lübeck-Travemünde | DGVZ | Ida Kuhlencort . | Hamburg |
| | | | DCJG | Iduna ......... | Haren/Ems |
| *DKHW* | Hoffnung ...... | Heikendorf | *DDTT* | Ilse .......... | Hamburg |
| DCQU | Hoffnung E .... | Warsingsfehn | DJPF | Ilse .......... | Kiel |
| *DIPJ* | Hohenbuchen... | Hamburg | DFHH | Ilse .......... | Cuxhaven |
| *DIOM* | Hoheneichen ... | Hamburg | *DIPN* | Ilse Feldmann .. | Hamburg |
| DIBE | Hohewisch ..... | Hamburg | *DCDL* | Ilse Fritzen..... | Emden |
| *DEDW* | Hohenfels ..... | Bremen | DEQQ | Ilse-Marlen..... | Hamburg-Finkenwerder |
| DJPA | Hohwacht...... | Kiel | | | |
| *DGFJ* | Hohenlinden ... | Hamburg | *DGTE* | Ilse Matthiesen . | Hamburg |
| *DHIU* | Holger ........ | Hamburg | *DGYR* | Ilse Russ....... | Hamburg |
| DJYN | Holl fast ....... | Brake | DJQB | Iltis .......... | Kiel |
| *DHRL* | Holnis ........ | Hamburg | *DDUW* | Imkenturm..... | Bremen |
| DJPB | Holsatia ....... | Kiel | DGQS | Immanuel ..... | Hamburg |
| *DDSX* | Holstein ....... | Bremen-Vegesack | DCJJ | Immanuel ..... | Holterfehn |
| | | | *DKKD* | Imme Oldendorff | Lübeck |
| *DHLN* | Holstein ....... | Hamburg | *DIOI* | Imperator ..... | Hamburg |
| *DDCI* | Holstein ....... | Lübeck-Travemünde | DKMB | Imperial ...... | Uerdingen |
| | | | *DAFW* | Imsum ....... | Bremen |
| DDCZ | Holstein ....... | Schulau | DEFW | Imsum ....... | Bremen |
| *DITG* | Holstein ....... | Uetersen | *DETF* | Inge ......... | Heiligenhafen |
| *DJDS* | Holstein ....... | Glücksburg | DGQT | Inge ......... | Rendsburg |
| *DILU* | Holsten ........ | Hamburg | DJVY | Inge ......... | Laboe |
| *DFTS* | Holstentor ..... | Lübeck | DDHH | Ingeborg....... | Oldenburg |
| *DJPD* | Holtenau ...... | Kiel | DERP | Ingeborg....... | Bremerhaven |

| Unterscheidungssignale | Namen der Schiffe | Heimathafen der Schiffe |
|---|---|---|
| *DGQU* | Ingeborg | Osten |
| DGQW | Ingeborg | Hamburg |
| *DHBZ* | Ingeborg | Hamburg |
| *DIOY* | Ingeborg | Hamburg |
| DHES | Ingeborg II | Hamburg |
| DGQX | Ingeborg III | Hamburg |
| *DIQA* | Inge Leonhardt | Hamburg |
| *DJAP* | Inge R.-Christophersen | Flensburg |
| *DIGU* | Inge-Ursula | Hamburg |
| DITN | Ingerta | Hamburg |
| DCIS | Ingo | Papenburg |
| DDRK | Ingorata | Bremen |
| DIKQ | Ingrid | Hamburg |
| *DIYA* | Ingrid | Uetersen |
| DJPG | Ingrid | Kiel |
| DJYO | Ingrid | Lübeck-Travemünde |
| DKHU | Ingrid | Cuxhaven |
| DGYW | Ingrid Becker | Rendsburg |
| *DIFV* | Ingrid Leonhardt | Hamburg |
| *DIZY* | Ingrid Weide | Flensburg |
| DGRA | Ingrid Metzendorff | Hamburg |
| *DGBK* | Inka Ritscher | Hamburg |
| *DEAE* | Innstein | Bremen |
| DFHK | Insulaner | Helgoland |
| DCJK | Insulaner | Norderney |
| *DDOG* | Irak | Bremen |
| DDSF | Iran | Bremen |
| *DGQY* | Irene | Hamburg |
| *DGQZ* | Irene | Kiel |
| DJOS | Irene | Pellworm |
| *DKLF* | Irene | Lübeck-Travemünde |
| *DEDD* | Iris | Bremen |
| DEPK | Iris | Bremerhaven |
| DJYP | Irjo | Niendorf |
| DFWI | Irma | Gauensiek |
| *DHMB* | Irma-Renate | Kiel-Friedrichsort |
| DGRE | Irmgard | Hamburg |
| *DGRF* | Irmgard | Hamburg |
| DFHL | Irmgard | Cuxhaven |
| DJBE | Irmgard | Amrum |
| DITO | Irmgard | Wischhafen |
| *DIAR* | Irmgard Pleuger | Hamburg |
| DGRG | Isar | Hamburg |
| *DEEX* | Isarstein | Bremen |
| *DHRX* | Isebek | Hamburg |
| *DESN* | Island | Bremerhaven |
| *DHMD* | Jacob Becker | Hamburg |
| DCIU | Jakob Emeius Rass | Norderney |
| *DHRM* | Jacob Rüsch | Hamburg |
| DGRH | Jacobus | Hamburg |
| *DCUP* | Jacobus Fritzen | Emden |
| *DCVL* | Jakob Ekkenga | Emden |

| Unterscheidungssignale | Namen der Schiffe | Heimathafen der Schiffe |
|---|---|---|
| *DCIN* | Jakob Ekkenga | Emden |
| *DCWT* | Jan | Haren/Ems |
| DHQN | Jan | Hamburg |
| *DDLI* | Jane | Elsfleth |
| DCEQ | Jan Gerdes | Haren/Ems |
| DGVU | Jan Hamm | Hamburg |
| *DIHN* | Jan Jonas | Hamburg |
| *DIEE* | Jan Keiken | Hamburg |
| *DJCY* | Jan Meeder | Flensburg |
| *DHIM* | Jan Peter | Hamburg |
| DFVR | Jan Reinhold | Nordstrand |
| *DFTN* | Jan Suhr | Stade |
| *DEPO* | Jan van Gent | Hamburg-Finkenwerder |
| DGAF | Jan Wilfried | Hamburg |
| DCEI | Jann Looden | Greetsiel |
| *DCDR* | Jann Saathoff | Emden |
| DCJN | Jantje | Borkum |
| *DLDA* | Jasenitz | Bremen |
| *DLAG* | Jason | Bremen |
| *DGRJ* | Jason | Cuxhaven |
| *DGXF* | J. C. Ertel | Hamburg |
| DGRK | J. C. Wriede | Hamburg-Finkenwerder |
| DIPM | J. H. Jonas | Hamburg |
| *DEOM* | J. Hinr. Wilhelms | Bremerhaven |
| DDDV | Jeanlyma | Wilhelmshaven |
| *DGFL* | Jenny Porr | Hamburg |
| *DKJD* | Jens Bracke | Lübeck |
| DGAE | Jens Jensen | Hamburg |
| *DHNE* | Jersbek | Hamburg |
| *DEBP* | Joachim Hendrik Fisser | Bremen |
| *DHIX* | Joachim Schulte | Hamburg |
| DDLA | Joan | Brake |
| *DJXT* | Jobst Oldendorff | Lübeck |
| *DEPP* | Jochen | Hamburg |
| *DAGB* | Jochen Homann | Bremerhaven |
| *DIJL* | Joern Witt | Hamburg |
| *DESA* | Jörg-Peter | Hamburg |
| DCKW | Jogela | Haren/Ems |
| *DGJE* | Johan Carel Oetker | Hamburg |
| DDHK | Johann | Oldenburg |
| DDHL | Johann | Barssel |
| DFHO | Johann | Oberndorf |
| *DHQA* | Johann Ahlers | Hamburg |
| *DGMW* | Johann Blumenthal | Hamburg |
| *DJRS* | Johann Böhnke | Strande |
| *DHRG* | Johann Haltermann | Hamburg |
| DCJP | Johann Hermann | Haren/Ems |
| *DKFP* | Johann Kolb | Rendsburg |
| DIJA | Johann Petersen | Hamburg |
| DKMK | Johann Schepers | Duisburg |

| Unterscheidungssignale | Namen der Schiffe | Heimathafen |
|---|---|---|
| *DCDP* | Johann Schulte | Emden |
| *DCUG* | Johann Schulte | Emden |
| *DCJQ* | Johann Wessels | Emden |
| *DCJR* | Johann Wessels | Emden |
| DDHM | Johanna | Brake |
| *DGRR* | Johanna | Hamburg-Finkenwerder |
| DCJS | Johanna | Warsingsfehn |
| DFTE | Johanna | Hamburg |
| DFWJ | Johanna | Gauensiek |
| DFYL | Johanna | Wischhafen |
| DFYO | Johanna | Freiburg/Elbe |
| *DIDQ* | Johanna | Hamburg |
| *DKGL* | Johanna | Heikendorf |
| DKIL | Johanna | Heikendorf |
| DGRS | Johanna Höge | Hamburg |
| DCJV | Johanne | Haren/Ems |
| DFSP | Johanne | Drochtersen |
| DFSY | Johanne | Assel |
| DFWK | Johanne | Neuland/Kehd. |
| DFWL | Johanne | Bützfleth |
| DFWM | Johanne | Mühlenhafen |
| DFYV | Johanne | Grünendeich |
| DGRT | Johanne | Hamburg |
| DGRU | Johanne | Hamburg |
| DGRW | Johanne Becker | Hamburg |
| DFZQ | Johanne-Marie | Bützfleth |
| DFYW | Johannes | Estebrügge |
| DCJZ | Johannes | Haren/Ems |
| DCKA | Johannes | Norddeich |
| DGRX | Johannes | Hamburg |
| DGRZ | Johannes | Hamburg |
| *DJYT* | Johannes | Lübeck |
| DFWN | Johannes Emil | Krautsand |
| DHFS | Johannes Friedrich | Hamburg |
| *DEQW* | Johannes Krüss | Bremerhaven |
| DFZP | Johannes Leopold | Itzehoe |
| DGSA | Johannes Matthies | Hamburg |
| *DIHS* | Johannes Russ | Hamburg |
| *DIDJ* | Johannes Schupp | Hamburg |
| *DKKF* | Johannes Voss | Lübeck |
| *DHLL* | John Augustus Eßberger | Hamburg |
| DGUX | John Beckedorf | Hamburg |
| DFWO | John Friedrich | Krautsand |
| DFMB | John Olbers I | Cuxhaven |
| *DIJS* | John Schröder | Hamburg |
| DGSF | Jonni Wilhelmine | Hamburg |
| *DIOZ* | Jonny Jonas | Hamburg |
| *DCKB* | Jop | Haren/Ems |
| *DANF* | Josef Bodden | Kiel |
| *DGWA* | Josef Joham | Hamburg |
| *DFZD* | Jürgen | Stade |
| DFLD | Jürgen Dieter | Cuxhaven |

| Unterscheidungssignale | Namen der Schiffe | Heimathafen |
|---|---|---|
| *DGXG* | Jürgen Stahmer | Hamburg |
| *DGXU* | Jürgen Wehr | Hamburg |
| *DGMR* | Juelsand | Hamburg |
| DGTW | Juist | Hamburg |
| *DCER* | Just | Emden |
| *DJBR* | Jul | Wyk/Föhr |
| *DHFG* | Juliane Schröder | Hamburg |
| *DIXX* | Julianka | Itzehoe |
| DHQB | Julia | Hamburg |
| *DICN* | Julin | Hamburg |
| *DAGF* | Julius Fock | Hamburg |
| *DGTP* | Julius Hauschildt | Hamburg |
| *DIGD* | Julius Hugo Stinnes | Hamburg |
| *DAGG* | Julius Rütgers | Hamburg |
| *DIKT* | Julius Schindler | Hamburg |
| *DHHB* | Jul. Pickenpack | Hamburg |
| DIIP | Juno | Hamburg |
| DCKF | Jupiter | Warsingsfehn |
| DCKG | Jupiter | Petkum |
| DDHO | Jupiter | Fedderwardersiel |
| DEPZ | Jupiter | Bremerhaven |
| *DGDP* | Jupiter | Hamburg |
| *DIIS* | Jupiter | Hamburg |
| *DJCW* | Jupiter | Flensburg |
| DKIC | Jupiter | Kiel |
| DGSK | Justizia | Hamburg |
| *DCVJ* | Jusitzrat Clasen | Leer |
| *DEBW* | Justus Haslinger | Bremen |
| DGSL | Jutta | Hamburg |
| DGSM | Jutta | Hamburg |
| DJXG | Jutta | Lübeck-Travemünde |
| *DIEH* | Jutta Schröder | Hamburg |
| *DFWQ* | Käte | Hamburg |
| DGSN | Käte | Hamburg |
| DGSO | Käte | Hamburg |
| DIFU | Käte | Hamburg-Finkenwerder |
| DITS | Käte | Seesteraudeich |
| *DIYV* | Käte | Schulau |
| *DGQG* | Käte Boll | Duisburg-Ruhrort |
| *DJNR* | Käte Grammerstorf | Kiel |
| *DGHD* | Käte Hamm | Hamburg |
| DHBH | Käte Hinz | Hamburg |
| DJQZ | Käte Oltmann | Hamburg |
| DGSS | Käthe | Hamburg |
| DCTH | Käthe | Haren/Ems |
| DFWR | Käthe | Bremervörde |
| DJBY | Käthe | Wyk/Föhr |
| *DIPI* | Käthe Bartels | Hamburg |
| DGSV | Käthe Block | Hamburg |
| DHBW | Käthe Brunckhorst | Hamburg |

K—R

| Unterscheidungssignale | Namen der Schiffe | Heimathafen der Schiffe |
|---|---|---|
| *DJWQ* | Käthe Heisler | Heiligenhafen |
| *DHNO* | Käthe Jonas | Hamburg |
| DJBF | Käthe Marie | Amrum |
| DIBA | Käthe-Marie | Hamburg |
| *DGSX* | Käthe Ritscher | Hamburg |
| DCCZ | Käthe Wessels | Emden |
| *DIXU* | Kahlberg | Lübeck |
| *DKIK* | Kahlberg-Liep | Kiel |
| *DEEN* | Kahlenberg | Bremen |
| *DGHV* | Kajen | Hamburg |
| DHPO | Kaltehofe | Hamburg |
| DGSY | Kamerad | Hamburg |
| *DHQD* | Kamerun | Hamburg |
| *DEER* | Kandelfels | Bremen |
| DJBW | Kapitäne Christiansen | Wyk/Föhr |
| *DHKF* | Kapmöwe | Lübeck |
| DGSZ | Kaptaube | Hamburg |
| *DHLS* | Kapt. Jan Reinicke | Hamburg |
| *DIGR* | Karen Bolten | Hamburg |
| *DIIC* | Karin | Hamburg-Finkenwerder |
| *DJVQ* | Karin | Heikendorf |
| *DJPJ* | Karin | Kiel |
| DKIS | Karin-Christa | Kiel |
| *DEDY* | Karin Cords | Bremen |
| DGSG | Karin W | Hamburg |
| DIGY | Karl | Hamburg |
| DDHP | Karl | Oldenburg |
| *DCUR* | Karl | Haren/Ems |
| *DKEK* | Karl-Christian | Lübeck |
| *DANG* | Karl Fock | Hamburg-Finkenwerder |
| DJBH | Karl Friedrich | Dagebüll |
| DDHQ | Karl Georg | Brake |
| *DJVR* | Karl Grammerstorf | Kiel |
| DJRL | Karl-Heinz | Heiligenhafen |
| *DIDR* | Karl Leonhardt | Hamburg |
| *DJCH* | Karl Gunther Lohse | Flensburg |
| DGTD | Karla | Burgstaaken |
| *DEOJ* | Karlsburg | Bremerhaven |
| *DFLN* | Karlsruhe | Cuxhaven |
| DEPS | Karoline | Heikendorf |
| *DIBM* | Kaspir Robert Müller | Hamburg |
| *DAGK* | Kassel | Cuxhaven |
| *DIDP* | Kassel | Hamburg |
| *DEBU* | Kattenturm | Bremen |
| *DGTF* | Katerine | Hamburg-Finkenwerder |
| DGTG | Katharina | Hamburg |
| *DIGQ* | Katharina | Hamburg |
| DCKK | Katharina | Haren/Ems |
| DFWT | Katharina | Mühlenhafen |
| DFSX | KatharinaBecker | Westmoorende |

| Unterscheidungssignale | Namen der Schiffe | Heimathafen der Schiffe |
|---|---|---|
| *DCUX* | Katharina Dorothea Fritzen | Emden |
| DCKL | Katharina Elisabeth | Juist |
| *DGLT* | Katharina Kolkmann | Hamburg |
| DGTH | Kattegat | Hamburg-Finkenwerder |
| DFYH | Keen Tied | Itzehoe |
| DGTI | Kehdingen | Hamburg |
| DCKN | Kehrewieder | Ihlowerfehn |
| DKGP | Kehrheim | Kiel |
| *DAGL* | Kehrwieder | Büsum |
| *DJHP* | Kehrwieder | Büsum |
| *DJTL* | Kehrwieder | Kiel |
| *DKIP* | Kehrwieder | Kiel |
| *DJXN* | Kehrwieder | Heikendorf |
| DITX | Kehrwieder | Burg/Dithm. |
| DFWU | Kehrwieder | Wischhafen |
| DITY | Kehrwieder | Seester |
| *DKLG* | Kehrwieder | Lübeck-Travemünde |
| *DGTK* | Kehrwieder II | Hamburg |
| *DHJN* | Keitum | Rendsburg |
| *DLBE* | Kelkheim | Bremen |
| *DINO* | Kelon | Hamburg |
| *DGNR* | Kettwig | Hamburg |
| DJVS | Kiel 30 | Kiel |
| *DANI* | Kiel | Kiel |
| DIXO | Kiel | Kiel |
| DIMO | Kirchwerder | Hamburg |
| *DECB* | Kitty Porr | Hamburg |
| DJTM | Kitzeberg | Kiel |
| DCKT | Klara Katharina | Greetsiel |
| DHID | Klaus | Hamburg |
| *DIJF* | Klaus | Hamburg |
| *DIKJ* | Klaus Block | Hamburg |
| *DIMD* | Klaus Buck | Hamburg |
| DKHO | Klaus Dieter | Kiel |
| DJHR | Klaus Groth | Büsum |
| *DFUB* | Klaus Jagemann | Stade |
| *DIJC* | Klaus Leonhardt | Hamburg |
| *DKCS* | Klaus Oldendorff | Lübeck |
| *DHNS* | Klaus Schoke | Hamburg |
| *DGXT* | Klaus Turowsky | Hamburg |
| *DLAN* | Klosterfrau | Bremen |
| *DHFH* | Klaus Wilhelm | Hamburg |
| *DJSZ* | Knurrhahn | Kiel |
| *DFKV* | Koblenz | Cuxhaven |
| *DIAL* | Koblenz | Hamburg |
| *DHLW* | Köhlfleet | Hamburg |
| *DICO* | Köln | Hamburg |
| *DIEW* | Köln | Hamburg |
| DGTM | Königsberg | Hamburg |
| *DIPX* | Kösterberg | Hamburg |
| *DAGM* | Kolberg | Lübeck |
| DDOL | Kolibri | Bremen-Vegesack |

| Unterscheidungssignale | Namen der Schiffe | Heimathafen | Unterscheidungssignale | Namen der Schiffe | Heimathafen |
|---|---|---|---|---|---|
| DDSA | Kolibri | Bremen | *DIBC* | Leada | Hamburg |
| *DHLY* | Kolonius | Hamburg | *DGZO* | Leanna | Hamburg |
| *DECD* | Kondor | Bremen | DGTU | Leda | Hamburg |
| *DCWJ* | Kondor | Haren/Ems | DCEZ | Ledingerland | Leer |
| DCDU | Kondor | Norddeich | *DCGX* | Leerort | Emden |
| DIJR | Kondor | Hamburg | *DHOA* | L. F. Mathies | Hamburg |
| DCKV | Konkordia | Haren/Ems | DHNR | Leichter 1 | Hamburg |
| *DGLL* | Konrad | Kiel | DIHI | Leichter III | Hamburg |
| *DHQP* | Konsul Nimtz | Hamburg | *DGYU* | Leipzig | Hamburg |
| *DJVG* | Konsul Sartori | Kiel | DCLH | Lena | Haren/Ems |
| *DCSH* | Konsul Schulte | Emden | DCLJ | Lena Katharina | Haren/Ems |
| *DIGO* | Konstanz | Hamburg | DCLK | Lene | Leer |
| *DESE* | Koopmann Bohn | Bremerhaven | DGTV | Lene Reinhold | Hamburg |
| *DHKB* | Korbach | Hamburg | *DAGQ* | Leo Fürbringer | Emden |
| *DINU* | Kormoran | Hamburg | *DCWP* | Leonore | Leer |
| DKMJ | Kormoran | Emmerich | *DHGT* | Leopard | Hamburg |
| *DHLK* | Krautsand | Hamburg | DDOO | Lerche | Bremen-Vegesack |
| *DILJ* | Krefeld | Hamburg | *DEGK* | Lesum | Bremen |
| DGGG | Krischan Stark | Hamburg | *DEGT* | Lesum | Bremen |
| *DIDZ* | Krautsand | Hamburg | *DEAH* | Levante | Bremen |
| *DJRB* | Kronsberg | Hamburg | DHII | Levensau | Hamburg |
| DJRP | Kronsort | Eckernförde | *DGMN* | Leverkusen | Hamburg |
| *DJDE* | Krusau | Flensburg | *DIBV* | Libanon | Hamburg |
| *DILK* | Kuhwerder | Hamburg | DJBI | Libelle | Flensburg |
| *DAOT* | Kurefjord | Bremen | DCLL | Liberté | Greetsiel |
| *DJWH* | Kurfürst | Burgstaaken | DJBZ | Liberty | Munkmarsch |
| *DFMN* | Kurmark | Cuxhaven | *DEET* | Lichtenfels | Bremen |
| *DEDV* | Kurt Arlt | Bremen | *DEAT* | Lichtenstein | Bremen |
| *DEEQ* | Kurt Bastian | Bremen | *DKAF* | Liebe | Heiligenhafen |
| *DEFA* | Kybfels | Bremen | *DLAW* | Liebenfels | Bremen |
| *DJPM* | Laboe | Kiel | *DEAX* | Liebenstein | Bremen |
| *DKIQ* | Laboe | Kiel | *DAKJ* | Liesbeth | Burgstaaken |
| *DKHR* | Labor et Fides | Kiel | DGTY | Liesbeth | Hamburg |
| *DAPH* | Lacklan | Hamburg | DCLM | Liesbeth | Haren/Ems |
| *DKGR* | Lahn | Duisburg-Ruhrort | DCLN | Liesbeth-Grete | Haren/Ems |
| *DDUU* | Lahnstein | Bremen | *DKLI* | Lieschen | Haffkrug |
| *DFNE* | Land Hadeln | Otterndorf | DCRQ | Liese-Lore | Haren/Ems |
| DGTQ | Landkirchen | Hamburg | DCLO | Lilie | Norden |
| DGTS | Landrath Küster | Hamburg-Finkenwerder | DDHT | Lilly | Brake |
| DCGS | Langeoog I | Langeoog | DGTZ | Lilly | Hamburg |
| DCKZ | Langeoog II | Emden | *DDNA* | Lilo Friederich | Bremen |
| DGED | Langeoog III | Langeoog | DCLP | Lina | Elisabethfehn |
| DCLA | Langeoog IV | Langeoog | *DKHC* | Lina | Möltenort |
| DCSL | Langeoog VI | Langeoog | *DHNT* | Lina Robert Müller | Hamburg |
| *DCVD* | La Paloma | Brake | *DLBD* | Lindenfels | Bremen |
| *DABW* | Lasbek | Hamburg | DGUB | Line Hinsch | Hamburg |
| *DHLM* | Las Palmas | Hamburg | DCLQ | Liny | Greetsiel |
| *DAGR* | Latona | Bremen | DCVG | Lippe | Emden |
| *DGBJ* | Laumühlen | Hamburg | *DKMG* | Lippe | Duisburg-Ruhrort |
| *DICY* | Lautertal | Hamburg | *DGUC* | Lisa | Hamburg |
| *DDAC* | Lauting | Emden | DGUF | Lisa | Hamburg-Finkenwerder |
| DCLC | Laurenz | Haren/Ems | DGUE | Lisa | Wischhafen |
| DCLD | Lauria | Haren/Ems | DFYI | Lisa | Krautsand |
| *DILC* | Leabeth | Hamburg | DFKD | Lisa I | Hamburg |
| *DIMU* | Lealott | Hamburg | *DGQH* | Lisa Eichmann | Hamburg |

| Unterscheidungssignale | Namen der Schiffe | Heimathafen der Schiffe |
|---|---|---|
| *DAGV* | Lisa Essberger | Hamburg |
| DGUG | Lisa Oltmann | Hamburg |
| *DHML* | Lisboa | Hamburg |
| DGUH | Liselotte | Hamburg |
| *DJBX* | Liselotte | Flensburg |
| *DHOB* | Liselotte Essberger | Hamburg |
| *DILT* | Lissabon | Hamburg |
| DJYW | Lissy | Emden |
| *DIEG* | Lissy Schulte | Hamburg |
| *DFMT* | Lörrach | Cuxhaven |
| DDRR | Löwe | Bremen |
| DJTW | Löwe | Kiel |
| *DAGW* | Lofoten | Bremerhaven |
| DJYX | Lore | Neustadt/Holst. |
| *DFML* | Lore Ottens | Cuxhaven |
| DKLH | Loreley | Heiligenhafen |
| *DGTO* | Lori Dreyer | Hamburg |
| DGUI | Lothar | Hamburg |
| *DGYY* | Lothareins | Hamburg |
| DKJL | Lotte | Neustadt/Holst. |
| DKKB | Lotte | Niendorf |
| DGOV | Lotte Nagel | Krautsand |
| *DLDN* | Louise | Bremen |
| DGZH | Louise | Hamburg |
| *DHDX* | Louise Lattmann | Hamburg |
| *DGLZ* | Louise Schupp | Hamburg |
| *DDRZ* | Lucas Pieper | Hamburg |
| DKEN | Luchs | Neustadt/Holst. |
| *DHGO* | Lucetta | Hamburg |
| DFSJ | Luci | Barnkrug |
| DJIC | Lucia | Kiel |
| *DKHF* | Lucianna | Kiel |
| *DHBR* | Lucie Schulte | Hamburg |
| *DHGJ* | Lucy Essberger | Hamburg |
| *DKJU* | Ludolf Oldendorff | Lübeck |
| *DIEC* | Lucie Vollmers | Hamburg |
| *DDOP* | Ludwig Friederich | Bremen |
| *DERS* | Ludwig Janssen | Bremerhaven |
| *DHJP* | Ludwigsburg | Hamburg |
| *DHFX* | Ludwigshafen | Hamburg |
| *DEQF* | Ludwig Schweisfurth | Bremerhaven |
| *DAGX* | Lübbe Hartmann | Leer |
| *DJWG* | Lübeck | Lübeck |
| DKCK | Lübeck | Lübeck |
| DCLR | Lübbert | Haren/Ems |
| *DFTW* | Lühe | Stade |
| *DHJO* | Lühesand | Hamburg |
| *DAHB* | Lützow | Bremerhaven |
| *DGOQ* | Lugano | Hamburg |
| DGUM | Luise | Hamburg |
| DGUN | Luise | Hamburg |
| DHMH | Luise | Hamburg |
| DIYK | Luise | Friedrichskoog |

| Unterscheidungssignale | Namen der Schiffe | Heimathafen der Schiffe |
|---|---|---|
| *DGZI* | Luise I | Hamburg |
| *DDHU* | Luise Bergmann | Brake |
| *DIMW* | Luise Bornhofen | Hamburg |
| *DGNU* | Luise Leonhardt | Hamburg |
| *DDUG* | Lumme | Bremen |
| DCIG | Lux | Emden |
| *DHKV* | Lystum | Rendsburg |
| DGJM | Mabel Violet | Hamburg |
| DGUV | Margaretha | Hamburg |
| DFWW | Magda | Krautsand |
| DGUP | Magdalena | Pellworm |
| *DJAV* | Magdalene | Flensburg |
| DEPY | Magda-Lene | Neustadt/Holst. |
| *DDNU* | Magdalene Vinnen | Bremen |
| DFZJ | Magda Elfers | Assel |
| DIOB | Magda Wegener | Hamburg |
| *DHRC* | Magdeburg | Hamburg |
| *DEPW* | Magnet | Bremerhaven |
| *DGDS* | Magnet II | Hamburg |
| *DENX* | Magnet III | Hamburg |
| *DGUR* | Magret-Inge | Hamburg |
| DCCV | Maike Meyer-Gerhards | Borkum |
| *DHMA* | Mai Rickmers | Hamburg |
| *DKMF* | Main | Duisburg-Ruhrort |
| *DIGS* | Mainz | Hamburg |
| *DJZH* | Maja | Lübeck |
| DEAI | Maja | Bremen |
| DDDL | Makrele | Wilhelmshaven |
| *DIFF* | Malaga | Hamburg |
| *DEOC* | Malangen | Bremerhaven |
| DJRH | Mamsell | Kiel |
| *DHMM* | Manfred Stansfield | Hamburg |
| *DHEH* | Mangan | Hamburg |
| *DANK* | Mannheim | Bremerhaven |
| DFNI | Man to | Cuxhaven |
| *DHMR* | Marabu | Hamburg |
| DGUT | Marga | Hamburg |
| *DHRF* | Marga | Hamburg |
| *DJMR* | Marga | Maasholm |
| *DEAJ* | Marga Kiepe | Bremen |
| *DIEA* | Margaret C. Ertel | Hamburg |
| DFSW | Margareta | Assel |
| *DETE* | Margarete Elisabeth | Kiel |
| *DGZF* | Margarete Peters | Hamburg |
| DCLU | Margaretha | Haren/Ems |
| DFSS | Margaretha | Barnkrug |
| DFWX | Margaretha | Stade |
| DFWY | Margaretha | Gauensiek |
| DFWZ | Margaretha | Krautsand |
| DGUU | Margaretha | Hamburg |
| DGUW | Margaretha | Hamburg |
| *DIOG* | Margaretha Bischoff | Hamburg |

| Unterscheidungssignale | Namen der Schiffe | Heimathafen der Schiffe |
|---|---|---|
| *DGUY* | Margaretha Nibbe | Cranz/Elbe |
| DDHZ | Margarethe | Brake |
| *DEQH* | Margarethe | Bremerhaven |
| DJXL | Margarethe | Lübeck-Schlutup |
| *DKCQ* | Margarethe III | Lübeck-Travemünde |
| *DECV* | Margarethe Honold | Bremen |
| *DHKK* | Margarethe Reckmann | Hamburg |
| *DGVE* | Margit | Hamburg-Finkenwerder |
| *DKEW* | Margot Entz | Rendsburg |
| DESF | Margot Jacobs | Brake |
| DFID | Margretha | Ostrhauderfehn |
| DFXA | Margrid | Krautsand |
| DFMV | Margrit | Cuxhaven |
| DCLW | Maria | Haren/Ems |
| DCLX | Maria | Haren/Ems |
| DFXB | Maria | Abbenfleth |
| DDIA | Maria | Barssel |
| DGVF | Maria | Hamburg |
| DGVG | Maria | Hamburg |
| *DJQD* | Maria | Heikendorf |
| *DCIX* | Maria Anna Schulte | Emden |
| *DABM* | Maria Althoff | Hamburg |
| DCLY | Maria Christina | Haren/Ems |
| DFXC | Maria Dorothea | Assel |
| DCLZ | Maria Elfring | Haren/Ems |
| DCMA | Maria Elise | Haren/Ems |
| DJBA | Maria Elise | Flensburg |
| DJQO | Maria Fr. Joerk | Kiel |
| DCMB | Maria Gebina | Haren/Ems |
| DCDB | Maria-Lena | Haren/Ems |
| *DCWA* | Maria Schulte | Hamburg |
| *DENT* | Maria von Jever | Bremerhaven |
| *DECP* | Mariaeck | Bremen |
| *DJLO* | Mariana | Büsum |
| *DEGN* | Mariann | Bremen |
| DGVO | Marianne | Hamburg |
| DGVP | Marianne | Hamburg |
| DHMZ | Marianne | Hamburg |
| DGVN | Marianne | Brake |
| *DJRU* | Marianne J. Nimtz | Hamburg |
| DFVB | Marianne Söhl | Ritsch/Kehdingen |
| DGVR | Marido | Hamburg |
| DCGJ | Marie | Haren/Ems |
| DCME | Marie | Leer |
| DFXD | Marie | Bützfleth |
| DFXE | Marie | Ritsch/Kehd. |
| DFYU | Marie | Gauensiek |
| DGVS | Marie | Hamburg |
| DGVT | Marie | Hamburg |
| DICE | Marie | Hamburg |

| Unterscheidungssignale | Namen der Schiffe | Heimathafen der Schiffe |
|---|---|---|
| DJIG | Marie | Husum |
| DJZA | Marie | Lübeck |
| DGVQ | Marieanne | Hamburg |
| *DIZD* | Marie Both | Glückstadt |
| *DIGP* | Marie Boettger | Hamburg |
| DIUJ | Marie-Eleonore | Helgoland |
| DGRB | Marie-Elise | Flensburg |
| DIUK | Marie Falk | Möltenort |
| *DDPP* | Marie Fisser | Emden |
| DCMG | Marie-Hermine-Elise | Ditzum |
| *DGFR* | Marie-Louise Haltermann | Hamburg |
| DJTZ | Marie-Luise | Strande |
| *DICI* | Marie Rüsch | Hamburg |
| DDLM | Marie Schwinge | Brake |
| *DINE* | Marie Steffens | Hamburg |
| DJBL | Marie Ursula | Flensburg |
| DJZB | Mariechen | Heiligenhafen |
| DGRC | Mariechen II | Hamburg |
| DCMH | Mar. B. R. Schlichting | Norddeich |
| *DLBH* | Marienfels | Bremen |
| *DGEV* | Marietta Bolten | Hamburg |
| DFIG | Marion | Cuxhaven |
| *DFMO* | Mark Brandenburg | Cuxhaven |
| DGHY | Marina | Hamburg |
| *DDLL* | Marlies | Brake |
| *DESP* | Marlies | Bremerhaven |
| DKFG | Marlies | Rendsburg |
| DFVN | Marlies II | Uetersen |
| DHDJ | Marita | Haren/Ems |
| DGMQ | Marita-R. | Hamburg |
| *DECS* | Marmara | Bremen |
| DCFT | Mars | Warsingsfehn |
| DEGR | Mars | Bremen |
| DJEA | Mars | Büsum |
| *DIJW* | Marschenland | Hamburg |
| DIXP | Marta | Elmshorn |
| DGWG | Martha | Hamburg |
| DGWH | Martha | Hamburg |
| DGWI | Martha | Hamburg |
| DIBD | Martha | Hamburg-Finkenwerder |
| DJIO | Martha | Hamburg |
| DCMI | Martha | Bensersiel |
| DCUZ | Martha | Emden |
| *DGWM* | Martha Ahrens | Hamburg |
| DGWN | Martha Christine | Hamburg |
| *DGNB* | Martha Friesecke | Hamburg |
| DJTC | Martha Elfriede | Kiel |
| *DHIF* | Martha Peters | Hamburg |
| *DHFC* | Martha Russ | Hamburg |
| *DCJE* | Martina | Haren/Ems |
| *DJUA* | Martin | Heikendorf |
| *DGFF* | Martin Friedrichs | Hamburg |

| Unterscheidungssignale | Namen der Schiffe | Heimathafen | Unterscheidungssignale | Namen der Schiffe | Heimathafen |
|---|---|---|---|---|---|
| *DHLG* | Martin Lütje | Hamburg | DGXK | Meta Schröder | Hamburg-Finkenwerder |
| *DIHF* | Marwa | Hamburg | DCMQ | Meteor | Bensersiel |
| *DGNP* | Marxburg | Hamburg | *DEQM* | Meteor | Schulau |
| DFSQ | Mary | Barnkrug | DGXL | Meteor | Hamburg |
| DFXG | Mary | Königreich | DJLG | Meteor | Pellworm |
| DGWQ | Mary | Hamburg | *DJDH* | Meteor II | Hamburg |
| *DGFB* | Mary Robert Müller | Hamburg | *DABT* | Methan | Hamburg |
| DGWR | Matador | Hamburg | *DKGK* | Michael | Kiel |
| DHIN | Matador | Hamburg | *DIFY* | Michael M. | Hamburg |
| DGWS | Matador | Rendsburg | DIIZ | Michel | Hamburg |
| DGWT | Matador II | Hamburg | *DHIA* | Midgard | Hamburg |
| DDIC | Mathilde | Brake | *DAHN* | Midlum | Bremen |
| DGWU | Mathilde | Hamburg | *DGAN* | Mikado | Hamburg |
| DIBR | Mathilde | Hamburg | *DIKK* | Millerntor | Hamburg |
| DFXH | Mathilde | Wischhafen | DDUV | Milos | Bremen |
| *DHJE* | Matthias Föcher | Hamburg | *DDOV* | Mime | Bremen-Vegesack |
| DGWX | Max | Hamburg | DGXO | Mimi | Hamburg |
| *DEFV* | Max Arlt | Bremen | *DJCI* | Mimi Horn | Glückstadt |
| *DHPJ* | Max Bornhofen | Hamburg | DCMS | Minchen | Haren/Ems |
| *DAHL* | Max Brauer | Hamburg | *DEGG* | Minden | Bremen |
| *DFAG* | Max Gundelach | Bremerhaven | *DCMT* | MinDir. Streil | Emden |
| *DFAK* | Max Pust | Bremerhaven | *DAHO* | Minerva | Bremen |
| DIHQ | Max S | Hamburg | DGXP | Minna | Hamburg |
| *DEQA* | Mechthild | Bremerhaven | DGXR | Minna Catharina | Hamburg |
| *DEFP* | Mecklenburg | Bremen-Vegesack | DGXS | Minna Marie | Hamburg |
| DGKN | Medem | Hamburg | *DABX* | Minna Schupp | Hamburg |
| DGUM | Mehetal | Hamburg | *DKLU* | Mira | Lübeck |
| DDBX | Meike | Möltenort | *DJEB* | Miranda | Büsum |
| DCML | Mein Glück | Greetsiel | DGCB | Mittelrhein | Emden |
| DDOT | Meise | Bremen-Vegesack | *DIYU* | Mittelriff | Schulau |
| *DLAV* | Meise | Bremen-Vegesack | DKCR | Mobil | Lübeck |
| *DKJT* | Melilla | Hamburg | DHKR | Mobil Oil | Hamburg |
| DCBO | Melior | Haren/Ems | DDOH | Modag | Lübeck-Travemünde |
| DCSS | Mellum | Emden | *DEUM* | Mönchengladbach | Bremerhaven |
| DDBY | Mellum | Wilhelmshaven | DJUC | Möltenort | Kiel |
| DLDM | Mellum | Bremen | DJPK | Mönkeberg | Kiel |
| *DLDX* | Mellum | Bremen | *DIFZ* | Mönkedamm | Hamburg |
| DGWZ | Melpomene | Hamburg | *DDUB* | Möwe | Bremen |
| *DDSW* | Memel | Bremen | DDIH | Möwe | Brake |
| *DKKO* | Memel | Niendorf | DDII | Möwe | Duisburg |
| *DGXA* | Memelland | Hamburg | *DAHQ* | Möwe | Hamburg |
| *DKMA* | Mercator | Walsum | DGXV | Möwe | Hamburg |
| DIBK | Mercur | Flensburg | DJZF | Möwe | Hamburg |
| DGXB | Meridian | Brake | DCMY | Möwe | Haren/Ems |
| *DJDD* | Merkur | Flensburg | DJRG | Möwe | Laboe |
| DGXC | Merkur | Hamburg | DJWP | Möwe II | Lübeck-Travemünde |
| DFXI | Merkur | Freiburg/Elbe | *DKCH* | Möwe III | Lübeck-Travemünde |
| *DLAY* | Merkurius | Bremen | DIAT | Mok Wi | Hamburg |
| *DHMG* | Messina | Hamburg | *DANL* | Mollex IV | Hamburg |
| DGXD | Meta | Hamburg | *DEUN* | Mond | Bremerhaven |
| DGXE | Meta | Hamburg | *DGXX* | Monica | Warsingsfehn |
| DHFN | Meta | Hamburg | *DKEX* | Monica Parchmann | Bremen |
| DFXJ | Meta Adele | Gauensiek | | | |
| DGXH | Meta-Grete | Hamburg | | | |
| *DGXI* | Meta Holst | Hamburg-Finkenwerder | | | |

| Unterscheidungssignale | Namen der Schiffe | Heimathafen der Schiffe |
|---|---|---|
| *DDTA* | Monika Wiards | Bremen |
| DGPP | Monsun | Hamburg |
| *DINK* | Montan | Hamburg |
| *DGVX* | Montania | Hamburg |
| DGPO | Morian | Uetersen |
| *DHJZ* | Morsum | Rendsburg |
| *DCBD* | Mosel | Duisburg-Ruhrort |
| *DFAZ* | Mosel | Bremerhaven |
| *DEDR* | Moselstein | Bremen |
| *DHQX* | Moseltal | Hamburg |
| DJWY | Motorfisch | Hamburg |
| *DHHV* | Mülheim-Ruhr | Hamburg |
| *DANN* | München | Bremerhaven |
| DCNB | Münster | Emden |
| *DFLK* | Münster | Cuxhaven |
| *DJDK* | Münster | Flensburg |
| *DDKR* | Münsterland | Barssel |
| *DGDD* | Münsterland | Hamburg |
| DGXZ | Mulli | Hamburg |
| *DIHA* | Muansa | Hamburg |
| DGOG | Muschelgrund | Hamburg-Finkenwerder |
| DGYA | Muschi | Hamburg-Finkenwerder |
| DCNC | Mutterliebe | Haren/Ems |
| DCND | Muttersegen | Haren/Ems |
| *DEBN* | Nabob | Bremen |
| *DHQU* | Nady | Hamburg |
| DGYB | Najade | Lübeck |
| *DHKM* | Najade | Hamburg |
| *DGPF* | Nanna | Hamburg |
| *DGFA* | Nanni Russ | Hamburg |
| DDKS | Narwal | Oldenburg |
| *DGOO* | Natal | Hamburg |
| DEQD | Nation | Bremerhaven |
| *DGEK* | Naumburg | Hamburg |
| *DDTS* | Nautilus | Bremen |
| DKJB | Navico I | Hamburg |
| DIHH | Navico III | Hamburg |
| DIHT | Navico IV | Hamburg |
| DJWW | Navico V | Lübeck |
| *DGYC* | Neckar | Hamburg |
| DKME | Neckar | Duisburg-Ruhrort |
| *DEDG* | Neckarstein | Bremen |
| *DLBP* | Neidenfels | Bremen |
| *DIMN* | Nelly Haltermann | Hamburg |
| *DAHS* | Neptun | Brake |
| DETA | Neptun | Bremerhaven |
| *DEBS* | Neptun | Bremen |
| *DJBU* | Neptun | Flensburg |
| DKJW | Neptun | Burgstaaken |
| *DAHT* | Neptun | Hamburg |
| *DETI* | Neptun III | Niendorf |
| DGYD | Neptunes | Hamburg |

| Unterscheidungssignale | Namen der Schiffe | Heimathafen der Schiffe |
|---|---|---|
| *DGTX* | Nerissa | Hamburg |
| *DGBV* | Ness | Hamburg |
| *DINL* | Nessand | Hamburg |
| DGYE | Nessdiek | Hamburg-Finkenwerder |
| *DHFI* | Nesserland | Hamburg |
| *DANO* | Nesshuk | Hamburg-Finkenwerder |
| *DEDQ* | Nestor | Bremen |
| *DKKH* | Nettelbeck | Laboe |
| *DJPU* | Neuende | Hamburg |
| *DGYF* | Neuenfelde | Hamburg |
| *DLCA* | Neuenfels | Bremen |
| *DKKT* | Neukuhren | Niendorf |
| *DJTN* | Neumünster | Kiel |
| *DEUF* | Neuwerk | Niendorf |
| *DHOF* | Neuwerk | Hamburg |
| *DGAQ* | Neuwied | Hamburg |
| *DIFS* | Nicola | Hamburg |
| *DGYG* | Niederelbe | Hamburg |
| DEPQ | Niederelbe | Hamburg-Finkenwerder |
| *DHRR* | Niedermehnen | Hamburg |
| *DKMD* | Niederrhein | Duisburg-Ruhrort |
| *DAHW* | Niedersachsen | Bremerhaven |
| *DEAB* | Niedersachsen | Bremen |
| DGYH | Niedersachsen | Hamburg |
| *DHMQ* | Niedersachsen | Hamburg |
| *DANP* | Niedersachsen | Cuxhaven |
| *DEGI* | Nienburg | Bremen |
| DFIO | Nige Oge | Neufeld |
| *DHRD* | Nigeria | Hamburg |
| DGYI | Niobe | Hamburg |
| DGYJ | Niobe | Hamburg |
| *DEQU* | Nixe | Hamburg-Finkenwerder |
| DGYK | Nixe | Hamburg |
| DGYL | Nobiskrug | Hamburg |
| *DHKW* | Nobistor | Hamburg |
| DJMH | Nöck | Kappeln/Schlei |
| *DLBY* | Nora Hugo Stinnes | Bremen |
| DIJO | Nord | Hamburg |
| *DKLJ* | Nordcap | Lübeck-Travemünde |
| DCNG | Norden | Varelerhafen |
| *DGYM* | Norden | Hamburg |
| *DIPW* | Nordenfeld | Hamburg |
| *DAIG* | Nordenham | Cuxhaven |
| *DHKX* | Nordenham | Hamburg |
| DESL | Nordenham | Bremerhaven |
| *DLBS* | Nordenham | Bremen |
| *DEUV* | Norderau | Bremerhaven |
| DFXK | Norderelbe | Hamburg |
| DGGO | Norderelbe II | Hamburg |
| *DJNL* | Norderholm | Kiel |
| *DAIC* | Norderney | Hamburg |

| Unterscheidungssignale | Namen der Schiffe | Heimathafen der Schiffe |
|---|---|---|
| DCFK | Norderney | Emden |
| DCNI | Norderney | Emden |
| *DHFY* | Norderney | Cuxhaven |
| *DDOY* | Norder Till | Bremen |
| DJBM | Nordfriesland | Wyk/Föhr |
| *DIJK* | Nordkap | Hamburg |
| *DDUZ* | Nordland | Bremen |
| *DEQG* | Nordland | Hamburg |
| *DHAJ* | Nordland | Hamburg |
| *DJWB* | Nordland | Lübeck |
| DKBU | Nordland | Niendorf |
| DGCI | Nordland I | Wyk/Föhr |
| DFIQ | Nordlicht | Cuxhaven |
| *DGZZ* | Nordlicht | Hamburg |
| DJLB | Nordlicht | Büsum |
| *DKEL* | Nordlicht | Burgstaaken |
| DCBX | Nordmark | Norddeich |
| DJPX | Nordmark | Eckernförde |
| DGYP | Nordmark | Hamburg |
| *DIGH* | Nordmeer | Hamburg |
| *DJSE* | Nordmeer | Neustadt/Holst. |
| *DJHX* | Nordmeer | Büsum |
| DJNB | Nordmeer | Burgstaaken |
| *DEAU* | Nordsee | Bremerhaven |
| DERF | Nordsee | Bremerhaven |
| DFAB | Nordsee | Bremerhaven |
| *DIXH* | Nordsee | Schulau |
| *DAIH* | Nordstern | Bremerhaven |
| DCNN | Nordstern | Warsingsfehn |
| *DGYQ* | Nordstern | Hamburg-Finkenwerder |
| *DGZL* | Nordstern | Hamburg |
| *DIML* | Nordstern | Hamburg |
| DJPY | Nordstern | Eckernförde |
| DJZL | Nordstern | Lübeck-Travemünde |
| *DIPQ* | Nordwald | Hamburg |
| *DJKV* | Nordwest | Maasholm |
| *DACC* | Nordwind | Hamburg |
| *DGYT* | Nordwind | Hamburg |
| *DKEZ* | Nordwind | Rendsburg |
| DCAZ | Norfa | Düsseldorf |
| *DHMX* | Norrland | Hamburg |
| DITT | Nova | Stade |
| *DFAM* | Nürnberg | Bremerhaven |
| DDRS | Nr. 2 | Hamburg |
| DDRX | Nr. 12 | Bremen |
| DDRW | Nr. 13 | Bremen |
| DDPE | Nr. 129 | Bremen |
| DDRM | Nr. 134 | Bremen |
| DDPL | Nr. 153 | Bremen |
| DDPM | Nr. 156 | Bremen |
| DDPN | Nr. 157 | Bremen |
| DDPQ | Nr. 162 | Bremen |
| DDPR | Nr. 163 | Bremen |
| DDPU | Nr. 168 | Bremen |
| DDPV | Nr. 169 | Bremen |
| DDPW | Nr. 170 | Bremen |

| Unterscheidungssignale | Namen der Schiffe | Heimathafen der Schiffe |
|---|---|---|
| DDPX | Nr. 171 | Bremen |
| *DETW* | Nymphe | Hamburg-Finkenwerder |
| DGYS | Nymphe | Wilhelmshaven |
| DGSC | Obereider | Rendsburg |
| *DCAT* | Oberhausen | Duisburg-Ruhrort |
| *DAIJ* | Oberpräsident Delbrück | Hamburg |
| DHOW | Ocean | Hamburg |
| *DLCD* | Ockenfels | Bremen |
| DDMT | Ochtum | Bremen |
| *DLBU* | Octavia | Bremen |
| *DHOE* | Odenwald | Hamburg |
| *DKLS* | Oderbank | Burgstaaken |
| DGGT | Odin | Kiel |
| DCNT | Odin | Haren/Ems |
| *DCVZ* | Odin | Emden |
| DIVB | Odin | Glückstadt |
| DJYY | Odin IV | Lübeck-Travemünde |
| *DKEM* | Örtze | Niendorf |
| DIJI | Oelsauger II | Hamburg |
| DDTO | Oktant | Bremen |
| *DAIK* | Oldenburg | Bremerhaven |
| DDPY | Oldenburg | Bremen-Vegesack |
| *DGIZ* | Oldenburg | Hamburg |
| *DHLA* | Oldenburg | Hamburg |
| DGYV | Olga | Hamburg |
| *DJQG* | Olhörn | Kiel |
| *DHRW* | Olga | Hamburg |
| DHQS | Onabe | Hamburg |
| *DIFP* | Ophelia | Hamburg |
| *DAIL* | Orion | Emden |
| DCNU | Orion | Westrhauderfehn |
| DETB | Orion | Lübeck-Travemünde |
| DGYX | Orion | Hamburg |
| DIVC | Orion | Burg/Dithm. |
| DJFQ | Orion | Büsum |
| DJZN | Orion | Hamburg |
| *DHAM* | Orion II | Hamburg |
| *DILX* | Ortrud Müller | Hamburg |
| *DIOP* | Oscar Mathies | Hamburg |
| DGOS | Osiris | Hamburg |
| *DAIN* | Oskar Schulze | Bremerhaven |
| *DESQ* | Osnabrück | Bremerhaven |
| DJZO | Ost | Hamburg |
| DKLR | Ostbries | Haffkrug |
| *DFTA* | Oste | Stade |
| DJBN | Oste | Wyk/Föhr |
| DGYZ | Oste | Hamburg |
| *DHQW* | Oste | Hamburg |
| *DIAH* | Osterbek | Hamburg |
| DCHM | Osterems | Greetsiel |
| DCNV | Osterems | Borkum |
| DGZA | Ostetal | Hamburg |

| Unterscheidungssignale | Namen der Schiffe | Heimathafen der Schiffe | Unterscheidungssignale | Namen der Schiffe | Heimathafen der Schiffe |
|---|---|---|---|---|---|
| DCNW | Ostfriesland .... | Juist | DJKG | Paulina ....... | Büsum |
| *DCVQ* | Ostfriesland .... | Leer | *DIBH* | Pazifik ........ | Hamburg |
| *DGZB* | Ostmark ....... | Hamburg | *DIZE* | P. C. Asmussen . | Elmshorn |
| *DAIO* | Ostmark ....... | Cuxhaven | *DHQL* | Pegasus ....... | Hamburg |
| *DHOJ* | Ostpreußen..... | Hamburg | *DADI* | Peine .......... | Cuxhaven |
| DJWZ | Ostpreußen..... | Heiligenhafen | *DICK* | Peka .......... | Hamburg |
| DGZC | Ostsee ......... | Hamburg | DCDX | Pelikan ........ | Greetsiel |
| DJZP | Ostwacht ...... | Burg/Fehmarn | *DIDO* | Pelion ......... | Hamburg |
| DGBO | Othmarschen ... | Hamburg | DJJL | Pellworm ...... | Pellworm |
| DGHU | Ottensen ...... | Hamburg | DJJM | Pellworm ...... | Pellworm |
| *DHQQ* | Otterberg ...... | Hamburg | *DHGP* | Pergamon .... | Hamburg |
| DCNZ | Ottina ........ | Haren/Ems | *DIGN* | Perikles ....... | Hamburg |
| *DCUS* | Otto.......... | Haren/Ems | *DDMX* | Perikles ...... | Bremen |
| *DGXY* | Otto.......... | Hamburg | DCOC | Perle .......... | Carolinensiel |
| DCES | Otto Bolte ..... | Emden | *DDNJ* | Perseus ........ | Bremen |
| *DHRA* | Otto Blumenfeld | Hamburg | *DESC* | Perseus ........ | Bremerhaven |
| *DANR* | Otto Bröhan ... | Hamburg | *DHOU* | Perseus ........ | Hamburg |
| DIBP | Otto Kamm II . | Hamburg | *DJZQ* | Perseus ........ | Burgstaaken |
| *DCWS* | Otto Nübel .... | Emden | DFXM | Persia ......... | Dornbusch |
| *DHKT* | Otto Porr ...... | Hamburg | DFXN | Peter ......... | Krautsand |
| DCUC | Otto Schepers .. | Haren/Ems | DFXO | Peter ......... | Ritsch/Kehd. |
| *DHIO* | Otto Schubert .. | Hamburg | DHIQ | Peter ......... | Hamburg |
| DCAK | Overstolz vom Rhein ... | Köln | DJTF | Peter ......... | Lübeck |
| | | | *DKEY* | Peter Ahrens ... | Hamburg |
| *DGWW* | Ozean ......... | Hamburg | *DIAE* | Peter Frese..... | Hamburg |
| *DIJG* | Pagensand ..... | Hamburg | *DIYQ* | Peter Meyer .... | Uetersen |
| *DLCY* | Pagenturm .... | Bremen | *DHAC* | Peter S ........ | Hamburg |
| *DHMV* | Palermo ...... | Hamburg | *DAIT* | Peter Schlack .. | Hamburg |
| *DJCZ* | Pallas ........ | Flensburg | *DEUD* | Peter von Danzig | Lübeck-Travemünde |
| *DLAS* | Pallas ........ | Bremen | | | |
| DGZD | Pallos ......... | Hamburg | DCCW | Peter Wessels .. | Emden |
| *DIES* | Palma ......... | Hamburg | *DHNU* | Petra ......... | Hamburg |
| DGKG | Palmyra ....... | Glückstadt | DGZJ | Petrolina....... | Hamburg |
| DGFI | Palmyra ....... | Hamburg | DCSJ | Petschili ....... | Emden |
| *DIQF* | Palmyra ....... | Hamburg | DKBK | Pfadfinder ..... | Niendorf |
| *DJKH* | Paloma ........ | Büsum | DJPH | Phönix ........ | Heikendorf |
| *DICU* | Pamela ........ | Hamburg | *DLDC* | Phönix ........ | Bremen |
| *DECK* | Pan ........... | Bremen | *DLDH* | Phönizien ...... | Bremen |
| *DIFK* | Parnass ....... | Hamburg | *DGBH* | Pickhuben ..... | Hamburg |
| *DILP* | Parthenon .... | Hamburg | DJMO | Pidder Lüng.... | Hallig Hooge |
| *DGRQ* | Partner ....... | Hamburg | *DJTO* | Pillau ......... | Heikendorf |
| DIMF | Patricia ....... | Hamburg | DKHN | Pil 35 ......... | Möltenort |
| *DILV* | Passajes ...... | Hamburg | *DFLM* | Pinguin ........ | Cuxhaven |
| *DKEG* | Passat ....... | Lübeck | *DHPI* | Pinguin ........ | Hamburg |
| *DIDU* | Passau ........ | Bremerhaven | DGZK | Pinnau ........ | Hamburg |
| *DHER* | Paul .......... | Hamburg | DHCQ | Pionier ........ | Bensersiel |
| *DFXL* | Paul Gährs .... | Estebrügge | DCTW | Pionier II ...... | Emden |
| *DECM* | Paul Honold ... | Bremen | *DAIV* | Pitea .......... | Hamburg |
| DIAQ | Paul Hoop ..... | Hamburg | DGZN | Pirat .......... | Hamburg |
| *DHHR* | Paul Lübcke ... | Hamburg | *DIIR* | Piräus ......... | Hamburg |
| *DESJ* | Paul Meentzen . | Bremerhaven | *DEFS* | Pirol .......... | Bremen |
| *DIIQ* | Paul Rickmers .. | Hamburg | DCEJ | Pirola ........ | Warsingsfehn |
| *DCEA* | Paul Rosenberg | Emden | *DKMM* | Pirola ........ | Lübeck-Travemünde |
| *DHOT* | Paula ......... | Hamburg | | | |
| DCOA | Paula ......... | Haren/Ems | *DGPJ* | Plan .......... | Hamburg |
| *DETS* | Paula ......... | Bremerhaven | *DHNG* | Planet ....... | Hamburg |
| DKDY | Paula Helling... | Niendorf | DIKB | Plato ......... | Hamburg |
| *DIFA* | Paula Rahmann | Hamburg | *DLDO* | Pluto .......... | Bremen |

| Unterscheidungssignale | Namen der Schiffe | Heimathafen der Schiffe |
|---|---|---|
| *DDRG* | Poel | Hamburg |
| DFTH | Pohlmann II | Assel |
| DGZR | Polaris | Hamburg |
| DGZS | Polarstern | Hamburg |
| *DJZS* | Polchow | Lübeck |
| *DEDO* | Pollux | Bremen |
| DHEL | Pollux | Oldersum |
| DETL | Pollux | Lübeck-Travemünde |
| DHLJ | Pollux | Hamburg |
| DHOS | Pollux | Hamburg |
| *DJBG* | Pollux | Flensburg |
| *DADX* | Pommern | Bremerhaven |
| *DEFR* | Pommern | Bremen-Vegesack |
| *DJCA* | Pommern | Flensburg |
| DFZO | Ponape | Grünendeich |
| *DGZT* | Portia | Hamburg |
| *DHRJ* | Porto | Hamburg |
| *DIJJ* | Portunus | Hamburg |
| *DHRI* | Poseidon | Hamburg |
| *DFIZ* | Präsident Freiherr von Maltzahn | Cuxhaven |
| *DLDR* | Praunheim | Bremen |
| DGZU | Preciosa | Hamburg |
| DJZU | Pregel | Hamburg |
| DGZV | Presto | Hamburg |
| *DDOE* | Proteus | Bremen |
| *DHOC* | Proteus | Hamburg |
| *DEUP* | Preußen | Bremerhaven |
| DJZV | Preußen | Lübeck-Travemünde |
| *DLBC* | Priamus | Bremen |
| *DCOH* | Prinz Homburg | Emden |
| DHKS | Puck | Bremen |
| DJMG | Puck | Kappeln/Schlei |
| *DDTC* | Pylades | Bremen |
| *DHJC* | Quadriga | Hamburg |
| *DICV* | Quadrivium | Hamburg |
| *DIIY* | Quartett | Hamburg |
| *DIBZ* | Quartole | Hamburg |
| DIZA | Quellental | Pinneberg |
| DCOJ | Quo Vadis | Haren/Ems |
| *DIKI* | Quo vadis | Hamburg |
| *DHLQ* | Rabat | Hamburg |
| *DLCR* | Rabenfels | Bremen |
| *DEEO* | Raffelberg | Bremen |
| DETP | Rainer Falko | Lübeck |
| *DKFA* | Rantum | Rendsburg |
| DCAM | Rauschelay | Kaub |
| *DIKN* | Ravensberg | Hamburg |
| *DLAA* | Ravenstein | Bremen |
| DFXQ | Rebecka | Barnkrug |
| *DFTV* | Rebena | Stade |
| *DGRP* | R. C. Rickmers | Hamburg |
| *DANS* | Rechtenfleth | Bremen |
| DCOL | Regina | Haren/Ems |

| Unterscheidungssignale | Namen der Schiffe | Heimathafen der Schiffe |
|---|---|---|
| DDIP | Regina | Brake |
| DGZX | Regina | Hamburg |
| DKLD | Regina | Lübeck |
| *DDLC* | Regine Ohlrogge | Brake |
| *DAPM* | Regulus | Bremerhaven |
| *DFAF* | Regulus | Bremerhaven |
| *DHOG* | Rehhorst | Hamburg |
| *DGSW* | Reibel I | Hamburg |
| *DKGI* | Reibel II | Hamburg |
| *DLCT* | Reichenfels | Bremen |
| *DLAU* | Reifenstein | Bremen |
| *DDIQ* | Reiher | Hamburg |
| DCOO | Reimar | Haren/Ems |
| *DCVS* | Reimar Edzard Fritzen | Emden |
| DGZY | Reina | Hamburg |
| *DHHI* | Reinbek | Hamburg |
| DCOP | Reinhard | Haren/Ems |
| *DEPN* | Reinhard | Cuxhaven |
| DGMO | Reinhard I | Hamburg |
| *DHPK* | Reinhart Lorenz Russ | Hamburg |
| DCOQ | Reinhold | Haren/Ems |
| *DKFF* | Reinhold Krusemark | Rendsburg |
| DDSP | Rekum | Bremen |
| *DAJE* | Remscheid | Cuxhaven |
| *DGRY* | Remscheid | Hamburg |
| *DLAH* | Renata Schröder | Bremen |
| *DFZY* | Renate | Stade |
| *DKLN* | Renate | Niendorf |
| *DFTP* | Renate Becker | Stade |
| DERH | Renate Holling | Rendsburg |
| *DJUH* | Rendsburg | Kiel |
| DJZW | Reni | Eckernförde |
| DCOR | Resi | Norderney |
| DCOS | Res Nova | Haren/Ems |
| *DCAR* | Rhein | Duisburg-Ruhrort |
| *DLCN* | Rheinfels | Bremen |
| DIVK | Rheingold | Hamburg |
| *DCOT* | Rheinland | Emden |
| *DAJG* | Rheinland | Bremen-Vegesack |
| *DHHM* | Rheinland | Hamburg |
| *DIAW* | Rheinland | Hamburg |
| *DDUN* | Rheinstein | Bremen |
| DCOU | Ria | Haren/Ems |
| DJZY | Richard | Kiel |
| *DETV* | Richard Kaselowsky | Bremerhaven |
| *DHBO* | Richard Kaselowsky | Hamburg |
| *DJBQ* | Rimberg | Flensburg |
| *DCCL* | Rita | Haren/Ems |
| *DDDJ* | Rita | Kiel |
| *DHJB* | Rita | Hamburg |

| Unterscheidungssignale | Namen der Schiffe | Heimathafen der Schiffe | Unterscheidungssignale | Namen der Schiffe | Heimathafen der Schiffe |
|---|---|---|---|---|---|
| *DIKY* | Rita Bartels | Hamburg | DCAU | Ruhr | Duisburg- |
| DFTO | Rita Holst | Stade | | | Ruhrort |
| DFWG | Ro. 14 | Hamburg | *DADB* | Ruhr | Hamburg |
| DCTJ | Robbe | Norden | *DHNH* | Ruhrland | Hamburg |
| *DHGU* | Robert | | *DCAV* | Ruhrort | Duisburg- |
| | Bornhofen | Hamburg | | | Ruhrort |
| *DEES* | Robert | | *DEAL* | Ruhrstein | Bremen |
| | Meyhoefer | Bremen | DHAG | Rungholt | Hamburg |
| *DIFD* | Rodenbek | Hamburg | DJBP | Rungholt | Wyk/Föhr |
| *DDKY* | Rodenkirchen | Strohausen | DJII | Rungholt | Husum |
| DEUX | Rogge I | Bremerhaven | *DIPT* | Rungholt | Hamburg |
| DEUY | Rogge XVII | Bremerhaven | *DJTI* | Ruth | Kiel |
| DEUZ | Rogge XVIII | Bremerhaven | *DFZE* | Ruth-Dieter | Stade |
| DFAC | Rogge 25 | Bremerhaven | *DKML* | Saar | Duisburg- |
| *DEFH* | Roland | Bremen | | | Ruhrort |
| *DEUH* | Roland | Bremerhaven | *DERT* | Saarbrücken | Bremerhaven |
| DHAB | Roland | Hamburg | *DAJL* | Saarland | Bremen- |
| DJUE | Roland | Kiel | | | Vegesack |
| DIEQ | Roland II | Hamburg | *DHBC* | Saarland | Hamburg |
| *DIAU* | Roland Russ | Hamburg | *DDUX* | Saarstein | Bremen |
| *DFHS* | Roland | | *DFRP* | Sabine | Uetersen |
| | von Wedel | Cuxhaven | DJSP | Sabine | Kiel |
| *DECO* | Rolandseck | Bremen | *DEFK* | Sachsen | Bremen- |
| *DETH* | Rolano | Schulau | | | Vegesack |
| *DHRT* | Rolf | Hamburg | *DFKU* | Sachsen | Cuxhaven |
| *DCVA* | Rolf | Haren/Ems | *DGHF* | Safi | Hamburg |
| *DFZW* | Rolf | | *DENP* | Sagitta | Bremerhaven |
| | Behrmann | Krautsand | *DION* | Sagitta | Hamburg |
| DHAD | Rolf-Hubert | Hamburg | DGUZ | Salmo | Hamburg |
| DJBO | Rolf Verhey | Dagebüll | DCOY | Salva Nos | Haren/Ems |
| *DFLS* | Ronald | Osten | *DEUG* | Salzburg | Bremerhaven |
| *DLBM* | Roseneck | Bremen | DKLX | Samland | Niendorf |
| *DANT* | Rosengarten | Hamburg- | DCFX | Santa Maria | Haren/Ems |
| | | Finkenwerder | *DEQJ* | Sancta Maria | Schulau |
| *DIYP* | Rosita Maria | Uetersen | *DCUL* | St. Antonius | Haren/Ems |
| DKAA | Roswitha | Neustadt/Holst. | *DHNA* | Sankt Johann | Hamburg |
| *DLCX* | Rotenfels | Bremen | DCPX | St. Joseph | Haren/Ems |
| *DAJK* | Rotersand | Bremerhaven | *DGAU* | Sankt Marien | Hamburg |
| *DHDT* | Rothenburg | Hamburg | *DIAJ* | St. Michael | Hamburg |
| *DLAK* | Rothenstein | Bremen | DESB | St. Monika | Emden |
| DKHK | Rudi Klaus | Möltenort | DCPY | St. Nikolaus | Haren/Ems |
| DCOW | Rudolf | Haren/Ems | *DIDD* | St. Patrick | Hamburg |
| DJKS | Rudolf Engels | Büsum | *DHPC* | Santa Catarina | Hamburg |
| *DKKR* | Rudolf-Hermann | Heiligenhafen | *DHNL* | Santa Elena | Hamburg |
| | Rudolf | | *DIEP* | Santa Inés | Hamburg |
| DILW | Karstens | Hamburg | *DHQR* | Santa Isabel | Hamburg |
| *DHFQ* | Rudolf Oetker | Hamburg | *DIGE* | Santa Rita | Hamburg |
| *DCUM* | Rudolf | | *DIGW* | Santa Rosa | Hamburg |
| | Schepers | Haren/Ems | *DIDV* | Santa Teresa | Hamburg |
| DCDN | Rudolph Wendt | Leer | *DHMP* | Santa Ursula | Hamburg |
| DHAF | Rügen | Flensburg | *DGRI* | Sapele Palm | Hamburg |
| *DHIB* | Rügen | Hamburg | DHRK | Sarrius | Hamburg |
| *DHRU* | Rügen | Hamburg | DFJD | Sathurn | Hamburg |
| *DFJC* | Rügen | Cuxhaven | DDCM | Saturn | Kiel |
| *DKEB* | Rüm Hart | Seester | *DEUL* | Saturn | Bremerhaven |
| *DDDF* | Rüstringen | Wilhelmshaven | *DIKM* | Saturn | Hamburg |
| *DGTC* | Rugard | Hamburg | *DIWU* | Saxnot | Glückstadt |
| DFXR | Ruhr | Bützfleth | *DHKL* | Saxonia | Hamburg |

| Unterscheidungssignale | Namen der Schiffe | Heimathafen der Schiffe |
|---|---|---|
| DCAP | Scharhörn | Düsseldorf |
| *DHOL* | Scharhörn | Hamburg |
| *DGFY* | Schauenburg | Hamburg |
| *DGAD* | Scheersberg | Hamburg |
| DHAN | Schlei | Hamburg |
| *DEFM* | Schlesien | Bremen-Vegesack |
| *DFKS* | Schlesien | Cuxhaven |
| *DDST* | Schleswig | Bremen-Vegesack |
| DJAM | Schleswig | Flensburg |
| *DESO* | Schleswig-Holstein | Bremerhaven |
| *DJDF* | Schleswig-Holstein | Flensburg |
| DJOA | Schleswig-Holstein | Kiel |
| *DANW* | Schlutup | Kiel |
| *DLDG* | Schönfels | Bremen |
| *DGOA* | Schürbek | Hamburg |
| *DESW* | Schütting | Bremerhaven |
| *DLAB* | Schütting | Bremen |
| DDJT | Schulschiff Deutschland | Oldenburg |
| *DFLL* | Schwaben | Cuxhaven |
| *DEDS* | Schwabenstein | Bremen |
| DHAO | Schwalbe | Hamburg |
| DHAP | Schwalbe | Hamburg |
| DHAR | Schwalbe | Hamburg-Finkenwerder |
| DHAQ | Schwalbe | Hamburg |
| DJTB | Schwalbe | Eckernförde |
| DCOZ | Schwalbe | Wyk/Föhr |
| DJUV | Schwalbe | Kiel |
| DIYF | Schwalbe | Lägerdorf |
| *DLBB* | Schwalbe | Bremen |
| DHAS | Schwalbe II | Hamburg |
| *DKHM* | Schwalbenberg | Heikendorf |
| DHAT | Schwan | Hamburg |
| *DJQI* | Schwan | Möltenort |
| DJUW | Schwan | Neumühlen/Kiel |
| *DDMU* | Schwaneck | Bremen |
| *DEDK* | Schwanheim | Bremen |
| *DJQJ* | Schwansen | Kiel |
| *DJCX* | Schwennau | Flensburg |
| DJUX | Schwentine | Neumühlen |
| *DJVN* | Schwentine | Kiel |
| *DANX* | Schwertfisch | Bremerhaven |
| DCFS | Schwimmkran II | Leer |
| *DFZX* | Schwinge | Stade |
| *DIAF* | Schwinge | Hamburg |
| *DANY* | Seeadler | Hamburg-Finkenwerder |
| DCPF | Seeadler | Emden |
| DDIU | Seeadler | Brake |
| DFXS | Seeadler | Wischhafen |
| DHAU | Seeadler | Hamburg |
| *DHKC* | Seeadler | Hamburg |
| *DJOO* | Seeadler | Kiel |
| DJQK | Seeadler | Rendsburg |
| DKAH | Seeadler | Maasholm |
| DKEH | Seeadler | Lübeck-Travemünde |
| DKEI | Seeadler | Niendorf |
| DKJZ | Seeadler | Niendorf |
| *DKLE* | Seeadler | Heikendorf |
| *DEEY* | Seeclipper | Bremen |
| *DDSR* | Seefalke | Bremerhaven |
| *DEGY* | Seefalke | Bremen |
| *DGST* | Seefalke | Hamburg |
| DHAW | Seefalke | Hamburg |
| *DHPD* | Seefalke | Hamburg |
| *DJFG* | Seefalke I | Büsum |
| DGBW | Seefalke III | Hamburg |
| DCPK | Seehund | Papenburg |
| DJMK | Seehund | Maasholm |
| DKKI | Seelöwe | Timmendorfer Strand |
| DFNH | Seelotse | Cuxhaven |
| DETJ | Seelust | Heikendorf |
| DCPM | Seelust | Spiekeroog |
| DDJX | Seemöve | Brake |
| *DKJS* | Seemöve | Burgstaaken |
| DHAY | Seemöve | Hamburg |
| DHAZ | Seemöve | Hamburg |
| *DKDS* | Seemöve | Lübeck-Travemünde |
| DFJL | Seemöwe | Cuxhaven |
| *DIYS* | Seerose | Schulau |
| DIVS | Seerose II | Neufeld |
| DKAK | Seeschwalbe | Lübeck |
| DFJO | Seestern | Cuxhaven |
| DHBA | Seestern | Kiel |
| DIVU | Seestern | Burg/Dithm. |
| *DJRI* | Seestern | Heikendorf |
| DKKJ | Seestern | Niendorf |
| *DJAQ* | Seestern II | Kiel |
| *DFKZ* | Seeteufel | Bremen |
| *DDLB* | Seetramper | Brake |
| *DHHC* | Seevogel | Hamburg |
| DIID | Seilmoker | Hamburg-Finkenwerder |
| DHBD | Selma | Hamburg |
| DDHF | Selma Borries | Brake |
| *DILD* | Selma Nimtz | Hamburg |
| *DAJW* | Senator | Hamburg |
| *DJXP* | Senator Hagelstein | Lübeck |
| *DKJH* | Senator Possehl | Lübeck |
| *DHIY* | Senior | Hamburg |
| *DIDX* | Serena | Hamburg |
| *DHKU* | Setubal | Hamburg |
| *DLCP* | Seven Seas | Bremen |
| DHLD | Shell 42 | Hamburg |
| DHLX | Shell 43 | Hamburg |

| Unterscheidungssignale | Namen der Schiffe | Heimathafen der Schiffe |
|---|---|---|
| *DIQG* | Sevilla | Hamburg |
| *DCJC* | Siebenbürgen | Leer |
| DJBT | Siegfried | Neustadt/Holst. |
| DHBG | Siegfried Brey | Hamburg |
| *DLDS* | Siegstein | Bremen |
| *DEGA* | Sielwall | Bremen |
| *DKDP* | Signal | Lübeck |
| *DCAB* | Sigrid | Köln |
| *DKIB* | Sigrid | Kiel |
| DKIH | Sigrid | Kiel |
| *DKGE* | Silbermöve | Kiel |
| *DKJC* | Silbermöve | Hamburg |
| DKHQ | Silbermöve | Kiel |
| DGNE | Silesia | Hamburg |
| DKFS | Silke | Rendsburg |
| *DIMX* | Silvana | Hamburg |
| *DEDT* | Silvia | Bremen |
| *DIGJ* | Simon von Utrecht | Hamburg |
| *DIDB* | Simplon | Hamburg |
| DHIC | Simson | Hamburg |
| DACD | Sindbad X | Hamburg |
| *DHFJ* | Sinstorf | Hamburg |
| DGVD | Sintra | Hamburg |
| DHBI | Sirene | Brake |
| DFYR | Sirene | Freiburg/Elbe |
| DEAC | Sirius | Bremen |
| DCPR | Sirius | Westrhauderfehn |
| *DIVV* | Sirius | Seester |
| DESG | Sirius | Arnis/Schlei |
| DDCS | Sirius | Duisburg |
| DJYV | Sirius II | Neustadt/Holst. |
| *DAKA* | Skagerrak | Hamburg-Finkenwerder |
| *DAKB* | Skolpenbank | Bremerhaven |
| DHBJ | Sleipner | Hamburg |
| *DHBK* | Sleipner | Hamburg |
| *DILM* | Sleipner II | Hamburg |
| *DJFO* | Sliesand | Maasholm |
| *DAKC* | Söderhamn | Hamburg |
| DJSU | Söte Deern | Eckernförde |
| *DIKX* | Solingen | Hamburg |
| *DIKP* | Solveig Rickertsen | Hamburg |
| *DHGY* | Sonderburg | Hamburg |
| *DLAI* | Soneck | Bremen |
| DESU | Sonne | Bremerhaven |
| DJQL | Sonja | Kiel |
| *DAOA* | Sophie | Leer |
| DFXU | Sophie | Laboe |
| DFZC | Sophie | Wischhafen |
| *DGEU* | Sottorf | Hamburg |
| *DAOH* | Sparenburg | Emden |
| *DAPD* | Sperber | Bremen |
| DDQH | Sperber | Bremen-Vegesack |
| DFND | Sperber | Cuxhaven |

| Unterscheidungssignale | Namen der Schiffe | Heimathafen der Schiffe |
|---|---|---|
| DHBM | Sperber | Hamburg |
| *DKIM* | Sperber | Kiel |
| DCPU | Spes Mea | Haren/Ems |
| *DFAJ* | Speyer | Bremerhaven |
| DCPW | Spiekeroog | Spiekeroog |
| DHBN | Spika | Hamburg |
| *DKEP* | Spika | Lübeck |
| DICB | Spitzerdorf | Hamburg |
| DHBP | Spongia | Hamburg |
| *DHOX* | Spreewald | Hamburg |
| *DLDJ* | Spreestein | Bremen |
| DJUS | Spüler Friedrich | Rendsburg |
| *DAOB* | Stade | Cuxhaven |
| *DHPH* | Stadeland | Bremen |
| *DFSM* | Stadersand | Stade |
| *DDKZ* | Stadland | Brake |
| *DKFL* | Stadt Essen | Rendsburg |
| *DEGE* | Stadthagen | Bremen |
| *DFAU* | Stadt Herten | Bremerhaven |
| DJLM | Stadt Husum | Husum |
| *DJUY* | Stadt Kiel | Kiel |
| *DCVR* | Stadt Leer | Leer |
| DJRC | Stadtrat Suhr | Eckernförde |
| *DLBX* | Star | Bremen |
| *DIDT* | Steckelhörn | Hamburg |
| *DHDY* | Steendiek | Hamburg |
| *DIIK* | Steendiek | Hamburg-Finkenwerder |
| DJUZ | Steffen | Kiel |
| DCPZ | Steffi | Haren/Ems |
| *DJVA* | Stein | Kiel |
| DDUR | Steinbock | Bremen |
| DCWW | Steinbock | Rhaudermoor |
| DIZB | Steinburg | Itzehoe |
| DKAP | Steinbutt | Heiligenhafen |
| *DAPF* | Stella | Emden |
| *DKAZ* | Stella | Lübeck |
| DCQA | Stephan | Haren/Ems |
| *DLBF* | Stephanitor | Bremen |
| *DLBW* | Stepenitz | Bremen |
| *DDND* | Sternenfels | Bremen |
| *DAKK* | Stettin | Emden |
| *DKCC* | Stettiner Haff | Lübeck-Travemünde |
| DEEC | Stier | Bremen |
| *DAKL* | Stillesee | Hamburg |
| DDNY | Stina B | Bremen |
| *DHEU* | Stintfang | Hamburg |
| DCQH | Stölkenhörn | Hamburg |
| *DHBU* | Stör | Hamburg |
| DHOR | Stör | Hamburg |
| DCQB | Störtebecker | Borkum |
| DDAH | Störtebeker | Wangerooge |
| *DKIJ* | Störtebecker | Laboe |
| DKKL | Störtebecker | Niendorf |

| Unterscheidungssignale | Namen der Schiffe | Heimathafen der Schiffe |
|---|---|---|
| *DKLP* | Stolper Bank | Lübeck-Travemünde |
| *DEGF* | Stolzenau | Bremen |
| *DDNT* | Stolzenfels | Bremen |
| *DHBV* | Stormarn | Hamburg |
| *DHIZ* | Stralsund | Hamburg |
| *DJTA* | Strande | Kiel |
| *DERX* | Straßburg | Bremerhaven |
| DDQL | Strauss | Bremen-Vegesack |
| DKII | St. S. 48 | Kiel |
| DJVH | St. S. 80 | Kiel |
| DJVI | St. S. 81 | Kiel |
| DKHH | St. S. 82 | Kiel |
| DKHI | St. S. 83 | Kiel |
| *DGQP* | Stubbenhuk | Hamburg |
| DINM | Stubbenhuk | Hamburg |
| DDQY | Stur | Bremen |
| DIBO | Sturmvogel | Hamburg |
| DJNC | Sturmvogel | Kappeln/Schlei |
| DJKB | Sturmvogel | Büsum |
| DKCJ | Sturmvogel | Büsum |
| *DJXM* | Sturmvogel | Heiligenhafen |
| DKKM | Sturmvogel | Timmendorfer Strand |
| *DGFS* | Stuttgart | Hamburg |
| *DGGM* | Stuttgart | Hamburg |
| DJQS | Sucher | Rendsburg |
| *DEUU* | Süderau | Bremerhaven |
| DFXV | Süderelbe | Dornbusch |
| *DKQB* | Süderholm | Kiel |
| DHBX | Süderilw | Hamburg-Finkenwerder |
| *DKCI* | Südheide | Niendorf |
| *DHEP* | Süd-West | Hamburg |
| DHBY | Sülfmeister | Hamburg |
| *DINT* | Süllberg | Hamburg |
| *DGEJ* | Sundpilen | Hamburg |
| DCQD | Susanna-Maria | Haren/Ems |
| *DHMI* | Svealand | Hamburg |
| DKAS | Swea | Lübeck-Travemünde |
| *DHLF* | Sylvia | Hamburg |
| *DAPB* | Sylt | Hamburg |
| *DLCV* | Syrte | Bremen |
| *DJLZ* | Tamora | Büsum |
| *DHIV* | Tanga | Hamburg |
| *DHFP* | Tanganjika | Hamburg |
| *DHLZ* | Tanger | Hamburg |
| DGGZ | Tankleichter Elbe | Hamburg |
| *DAKR* | Tannenberg | Emden |
| *DLAR* | Tannstein | Bremen |
| *DIEK* | Tarbek | Hamburg |
| *DHQG* | Tarpenbek | Hamburg |
| DHCA | Taube | Elsfleth |
| DDQM | Taube | Bremen-Vegesack |

| Unterscheidungssignale | Namen der Schiffe | Heimathafen der Schiffe |
|---|---|---|
| DHCF | Taucherfahrzeug III | Hamburg |
| DHCC | Taucher Flint I | Hamburg |
| DHCD | Taucher Flint II | Hamburg |
| DHCE | Taucher Flint III | Hamburg |
| *DAIQ* | Taucher Ottar Harmstorf I | Hamburg |
| DHRZ | Taucher Ottar Harmstorf IV | Hamburg |
| DHCG | Taucher Harmstorf 5 | Hamburg |
| DHCH | Taucher Harmstorf 6 | Hamburg |
| DHCI | Taucher Ottar Harmstorf IX | Hamburg |
| *DFMK* | Taucher O. Wulf II | Cuxhaven |
| *DAIS* | Taucher O. Wulf III | Cuxhaven |
| DFNF | Taucher Otto Wulf 4 | Cuxhaven |
| DCQE | Taucher Picksack | Oldersum |
| DFKE | Taucher Sievers | Cuxhaven |
| DESH | Taurus | Bremerhaven |
| *DCAX* | Tazacorte | Duisburg-Ruhrort |
| *DLDD* | Tellus | Bremen |
| *DGIQ* | Tema Palm | Hamburg |
| DCQF | Tempo | Haren/Ems |
| *DHLU* | Tenerife | Hamburg |
| *DKAL* | Tete Oldendorff | Lübeck |
| *DFAI* | Teutonia | Bremerhaven |
| *DHIK* | Tetuan | Hamburg |
| *DEFE* | Thalia | Bremen |
| *DCHU* | Thea | Warsingsfehn |
| DHCJ | Thea | Hamburg |
| DHCK | Thea | Hamburg |
| DIWE | Thea | Kollmar/Holst. |
| *DEGJ* | Thebe | Bremen |
| DKLC | Thedje | Lübeck-Travemünde |
| *DAKV* | Thees Bott | Hamburg-Finkenwerder |
| *DDJF* | Thekla | Barssel |
| DCQJ | Thekla Helene | Haren/Ems |
| *DEFF* | Themis | Bremen |
| *DJQM* | Theoja I | Cuxhaven |
| DFHQ | Theoja II | Cuxhaven |
| DETY | Theoja III | Cuxhaven |
| *DKIW* | Theo Grammerstorf | Kiel |
| DCQK | Theo-Grete | Haren/Ems |
| DIIX | Therese | Hamburg |
| *DIQC* | Therese Horn | Hamburg |
| *DIJE* | Theresia Russ | Hamburg |
| *DCEF* | Th. Klingenberg | Emden |
| *DEFO* | Theseus | Bremen |
| *DEFN* | Thetis | Bremen |

| Unter-scheidungs-signale | Namen der Schiffe | Heimathafen | Unter-scheidungs-signale | Namen der Schiffe | Heimathafen |
|---|---|---|---|---|---|
| *DHGR* | Thetis | Hamburg | DKAX | Travemünde | Lübeck |
| DHCL | Thomas | Hamburg | *DLAJ* | Travestein | Bremen |
| *DGHE* | Thomas Schulte | Hamburg | DHCR | Treue | Hamburg |
| *DAKW* | Thor | Hamburg | DCQP | Trientje | Iheringsfehn |
| DDAA | Thor | Norddeich | *DDUE* | Trierstein | Bremen |
| *DHHN* | Thor | Hamburg | *DGPG* | Triglav | Hamburg |
| *DGZE* | Thorgerd | Hamburg | DHCS | Triton | Hamburg |
| *DIOC* | Thorstein | Hamburg | DHHK | Triton | Hamburg |
| *DGGN* | Thorwald | Hamburg | DFYK | Trinchen | Freiburg |
| *DETD* | Thüringen | Bremerhaven | DKAB | Trotz | Büsum |
| *DHHX* | Thüringen | Hamburg | *DIJN* | Trotzenburg | Hamburg |
| DAKY | Thüringen | Bremen-Vegesack | *DHAL* | Troyburg | Hamburg |
| | | | DHHG | Tross | Lübeck |
| *DEAY* | Thule | Bremen | *DIDH* | Trostbrücke | Hamburg |
| DIXN | Thyra | Elmshorn | DHBS | Trude | Rendsburg |
| DDJR | Tiefbau | Brake | *DETO* | Tübingen | Bremerhaven |
| *DDOK* | Tilo von Wilmosky | Bremen | *DHAX* | Tübingen | Hamburg |
| | | | *DDTU* | Tucana | Lübeck |
| *DDQN* | Tilly | Strohausen | *DECW* | Turmfalke | Bremen |
| *DIMQ* | Tilly Böge | Hamburg | *DKJM* | Twee Breeder | Burgstaaken |
| *DHGC* | Tilly Russ | Hamburg | *DHCB* | Ubena | Hamburg |
| *DCQL* | Tim | Haren/Ems | *DGTL* | Uhlenhorst | Hamburg |
| *DCBL* | Tim. S. | Haren/Ems | *DIKD* | Ulanga | Hamburg |
| *DHMU* | Timandra | Hamburg | *DAID* | Ulm | Cuxhaven |
| *DCCB* | Timberto | Haren/Ems | DHCT | Undine | Hamburg |
| *DKFN* | Tinnum | Rendsburg | DFTC | Undine | Gauensiek |
| DHCO | Tine Schröder | Hamburg | DHCU | Undine | Hamburg |
| DCQM | Tini | Emden | *DIAX* | Ungeheuer | Hamburg |
| DHCP | Tinka | Hamburg | DEUR | Union 5 | Bremerhaven |
| *DHNN* | Titania | Hamburg | *DGJW* | Uni Porr | Hamburg |
| DCQN | Tjeda | Emden | DCJA | Unitas | Leer |
| *DINN* | Togo | Hamburg | DCJF | Unitas-S | Haren/Ems |
| *DLAX* | Torstein | Bremen | *DGSU* | Unkas | Hamburg |
| *DGIR* | Transatlanta | Hamburg | *DDLK* | Unterweser | Brake |
| *DIEY* | Transatlantic | Hamburg | DKDJ | Unverzagt | Lübeck |
| *DGPR* | Transcanada | Hamburg | *DHDM* | Urania | Osten |
| *DHHZ* | Transerie | Hamburg | *DINZ* | Urania | Hamburg |
| *DHFZ* | Transmichigan | Hamburg | *DJXJ* | Urania | Heiligenhafen |
| *DHKQ* | Transontario | Hamburg | *DERD* | Uranus | Lübeck-Travemünde |
| *DIGV* | Transozean Hugo Stinnes | Hamburg | DHCV | Uranus | Hamburg |
| *DIGC* | Transpacific | Hamburg | DFYN | Uranus | Abbenfleth |
| DIAO | Transportör II. | Hamburg | DEPM | Ursel | Bremerhaven |
| *DDKQ* | Transquebec | Hamburg | DGUK | Ursel | Hamburg |
| *DLCZ* | Transsylvania | Bremen | *DALA* | Ursula | Hamburg |
| *DHPP* | Transvaal | Hamburg | DCQS | Ursula | Emden |
| *DKMH* | Traude | Düsseldorf | DKAY | Ursula | Lübeck-Travemünde |
| *DEAR* | Traunstein | Bremen | | | |
| DFKG | Traute | Neuhaus/Oste | DKKX | Ursula | Lübeck-Travemünde |
| *DIWH* | Traute | Glückstadt | | | |
| *DEQT* | Traute | Lübeck-Travemünde | *DJZR* | Ursula Heinemeier | Lübeck |
| *DGEI* | Traute | Hamburg | *DDNF* | Ursula Legenhausen | Oldenburg |
| DERC | Traute Schumacher | Bremerhaven | *DINR* | Ursula Peters | Hamburg |
| *DIFI* | Trave | Hamburg | *DEPT* | Ursula Rickmers | Bremerhaven |
| *DJUR* | Trave | Kiel | *DHJX* | Ursula Schulte | Hamburg |
| *DKKA* | Travemünde | Lübeck | *DIIE* | Urundi | Hamburg |

| Unterscheidungssignale | Namen der Schiffe | Heimathafen der Schiffe |
|---|---|---|
| *DILG* | Usambara | Hamburg |
| *DILF* | Usaramo | Hamburg |
| DIBU | Usedom | Hamburg |
| *DIOK* | Usedom | Hamburg |
| DFMW | Uta | Cuxhaven |
| *DHIR* | Uta | Hamburg |
| *DCBC* | Ute | Düsseldorf |
| DJQV | Ute | Kiel |
| *DABG* | Utgard | Hamburg |
| DJAY | Uthlande | Wyk/Föhr |
| *DKLM* | Utsire | Niendorf |
| *DGOD* | Uwe | Hamburg |
| *DIHZ* | Uwe | Hamburg |
| DJWD | Uwe | Lübeck-Travemünde |
| DHCX | Uwe-Ursula | Hamburg |
| *DIDA* | Värmland | Hamburg |
| DGVL | Vagabund | Hamburg |
| *DHCY* | Valborg | Hamburg |
| *DIHL* | Valda Ahrenkiel | Hamburg |
| *DGXQ* | Vale | Hamburg |
| *DHMO* | Valencia | Hamburg |
| *DHEW* | Valeria | Hamburg |
| *DHPE* | Vangard | Hamburg |
| *DFAH* | van Ronzelen | Bremerhaven |
| DCGG | Variatie | Neermoor |
| *DFAP* | Varuna | Bremerhaven |
| DFTK | Vaterland | Stade |
| *DJYH* | Vega | Lübeck |
| *DEFC* | Vegesack | Bremen |
| DGWK | Vegesack | Bremen |
| *DEDJ* | Veleda | Bremen |
| *DALG* | Venus | Bremerhaven |
| DFXZ | Venus | Oberndorf |
| DFYA | Venus | Gauensiek |
| DJBD | Venus | Flensburg |
| *DJYG* | Venus | Lübeck-Travemünde |
| *DKBG* | Venus | Burgstaaken |
| *DKLO* | Venus | Niendorf |
| *DINQ* | Verano II | Hamburg |
| DJQW | Veritas | Kiel |
| DHCZ | Vertrauen | Hamburg |
| DCQY | Vertrauen | Warsingsfehn |
| DCWX | Vertrauen | Haren/Ems |
| *DDTD* | Vesta | Bremen |
| *DGHC* | Victor | Hamburg |
| DCRC | Victoria | Emden |
| *DALC* | Victoria | Lübeck |
| DIFH | Victoria | Hamburg |
| DCRA | Vier Gebrüder | Warsingsfehn |
| DCRB | Vier Gebrüder | Carolinensiel |
| *DALE* | Vierlande | Hamburg |
| *DJQX* | Viktoria | Kiel |
| DFYB | Vineta | Barnkrug |
| DCTX | Vineta | Norderney |
| DJZM | Vineta | Lübeck-Travemünde |
| *DECY* | Vinum | Bremen |
| *DHKZ* | Virgilia | Hamburg |
| *DIPA* | Vogelsberg | Hamburg |
| *DJYZ* | Vogelsand | Lübeck |
| *DIIG* | Vogesen | Hamburg |
| *DIJQ* | Voline | Hamburg |
| *DAGU* | Volksdorf | Hamburg |
| *DIED* | von Beckerath | Hamburg |
| *DHHQ* | Vormann Rass | Hamburg |
| DJNH | Vorwärts | Arnis/Schlei |
| DKGU | Vorwärts | Laboe |
| *DJVL* | Vorwärts | Brunsbüttelkoog |
| DCRG | Vorwärts | Neuharlingersiel |
| *DALF* | Vorwärts | Hamburg |
| DHDD | Vorwärts | Hamburg |
| DHDE | Vorwärts | Hamburg |
| DDJI | Vorwärts | Brake |
| DCRI | Vorwärts | Rhaudermoor |
| DGSI | Vriendschap | Hamburg |
| DDUS | Vulcan | Bremen |
| *DIBF* | Vulkan | Hamburg |
| *DALH* | Wachtel | Bremen-Vegesack |
| *DHQK* | Wagrien | Hamburg |
| *DIEO* | Waldeck | Hamburg |
| *DCAI* | Waldemar Peter | Köln |
| *DHDG* | Walküre | Hamburg |
| *DKGV* | Walküre | Kiel |
| DGUA | Wally | Hamburg |
| DDKX | Walter | Bremen |
| DHDH | Walter | Hamburg |
| DHDI | Walter | Hamburg |
| DIWK | Walter | Hamburg |
| DFYC | Walter | Weserdeich |
| DFWA | Walter | Lübeck |
| *DCAA* | Walter Behrens | Köln |
| *DIPG* | Walter Richter | Hamburg |
| *DFLP* | Waltraut | Cuxhaven |
| DFSN | Waltraut | Grünendeich |
| *DKHB* | Waltraut | Heikendorf |
| DKBT | Waltraut | Heiligenhafen |
| *DJVX* | Waltraud Behrmann | Rendsburg |
| *DJEK* | Waltraud Thorborg | Hamburg |
| DHDL | Wanda | Hamburg |
| DKQC | Wangenstein | Strande |
| *DCPG* | Wangerooge | Emden |
| *DIJP* | Wappen von Hamburg | Hamburg |
| *DIFG* | Warendorp | Lübeck |
| DDSO | Warfleth | Bremen |
| *DESD* | Wartburg | Bremerhaven |
| DCJI | Wega | Greetsiel |
| DHDN | Wega | Cuxhaven |
| DETG | Wega | Lübeck-Travemünde |
| *DIPF* | Weimar | Hamburg |

| Unterscheidungssignale | Namen der Schiffe | Heimathafen der Schiffe |
|---|---|---|
| DHDO | Weißer Greif | Eckernförde |
| *DDSU* | Weissesee | Bremerhaven |
| *DGSJ* | Weißenburg | Hamburg |
| DIPE | Welf | Hamburg |
| *DGZP* | Welheim | Hamburg |
| *DHGE* | Welle | Hamburg |
| *DJSK* | Wellingdorf | Kiel |
| DKFE | Wera | Rendsburg |
| *DKEV* | Wera Böhrnsen | Rendsburg |
| *DKCD* | Werner | Burgstaaken |
| *DHDR* | Werner | Hamburg |
| DKIZ | Werner Martin Krüger | Heikendorf |
| *DICL* | Werner Felter | Hamburg |
| *DIQE* | Werner Frank | Hamburg |
| *DLAP* | Werner Vinnen | Bremen |
| *DEDC* | Werrastein | Bremen |
| *DIBJ* | Werratal | Hamburg |
| *DEUK* | Wesel | Bremerhaven |
| *DALK* | Weser | Bremerhaven |
| DDQR | Weser | Bremen |
| DHDS | Weser | Hamburg |
| DHIJ | Weser | Hamburg |
| DDOS | Weserland | Bremen |
| DDLH | Wesermarsch | Brake |
| *DEDA* | Weserstein | Bremen |
| *DEEH* | Wesertal | Bremen |
| *DLCH* | Wesertal | Bremen |
| DCRN | Westerems | Borkum |
| *DALO* | Westfalen | Bremen-Vegesack |
| *DCVN* | Westfalen | Emden |
| *DFMZ* | Westfalen | Cuxhaven |
| *DIME* | Westfalen | Hamburg |
| *DALP* | Westpreußen | Bremerhaven |
| *DEAP* | Westsee | Bremerhaven |
| *DKDW* | Wickede | Lübeck |
| *DGZM* | Widar | Hamburg |
| *DALR* | Widder | Bremen |
| *DIWT* | Widder | Bremen |
| *DIFL* | Wiedenborstel | Hamburg |
| *DICQ* | Wien | Hamburg |
| *DGMB* | Wiesbaden | Hamburg |
| *DHJD* | Wihinapa | Hamburg |
| DJMS | Wik | Kiel |
| DCRP | Wiking | Greetsiel |
| DJLU | Wiking | Büsum |
| *DEPE* | Wiking | Bremerhaven |
| *DHIL* | Wiking | Hamburg |
| DHDU | Wilfried | Hamburg |
| DHDV | Wilfriede Klünder | Hamburg |
| *DKFK* | Wilhelm | Breiholz |
| *DHLR* | Wilhelm Bornhofen | Hamburg |
| *DGWV* | Wilhelm Doerenkamp | Hamburg |
| *DAOX* | Wilhelm Kaisen | Bremerhaven |
| DJKO | Wilhelm Külper | Büsum |
| DDJK | Wilhelm Lühring | Brake |
| *DCVB* | Wilhelm Nübel | Emden |
| *DCAJ* | Wilhelm Numssen | Köln |
| *DERK* | Wilhelm Peter | Kiel |
| *DHLC* | Wilhelm Russ | Hamburg |
| DHDW | Wilhelmina | Brake |
| DCRS | Wilhelmine | Warsingsfehn |
| DCRT | Wilhelmine | Westrhauderfehn |
| *DHFW* | Wilhelmine Essberger | Hamburg |
| DFSO | Wilhelmine Oltmann | Stade |
| DCBS | Willem Mennen | Emden |
| DHDZ | Willida | Kiel |
| DJPP | Willi | Kiel |
| *DICJ* | William | Hamburg |
| *DGVC* | Willi Huber | Hamburg |
| DHEA | Willy Charles | Hamburg |
| DHEB | Willy Marie | Hamburg |
| DCRW | Wilma | Haren/Ems |
| *DERM* | Wilma | Leer |
| *DALT* | Wilma | Hamburg-Finkenwerder |
| *DKLK* | Wiltrud | Lübeck-Travemünde |
| DIKZ | Wiltrud-Beatrice | Hamburg |
| *DEGH* | Windheim | Bremen |
| DFYD | Windhuk | Assel |
| *DGSB* | Windhuk | Hamburg |
| DHEC | Windhund | Hamburg |
| DFYE | Windsbraut | Borstel/Jork |
| DFYF | Windsbraut | Wischhafen |
| DFYG | Windsbraut | Laboe |
| DIWO | Windsbraut | Dieksanderkoog |
| *DHKI* | Winnetou | Hamburg |
| *DGUJ* | Winnie Lattmann | Hamburg |
| DCAL | Wirbellay | Kaub |
| *DGOB* | Wittebank | Hamburg |
| *DCAD* | Wittekind | Köln |
| DFLJ | Witten | Cuxhaven |
| *DHOH* | Wittorf | Hamburg |
| DKAN | Wodan | Lübeck |
| DJTX | Wodan | Kiel |
| *DJRE* | Wogram | Heikendorf |
| DEGV | Wolf | Bremen |
| DHED | Wolf | Hamburg |
| DKHG | Wolf | Kiel |
| DEOH | Wolf I | Hamburg |
| *DHIT* | Wolfgang Russ | Hamburg |
| *DJWU* | Wolfram | Lübeck |
| *DAFL* | Wolfsburg | Bremerhaven |
| *DHHU* | Wolfsburg | Hamburg |
| *DHIW* | Wotan | Hamburg |
| DHEF | Wotan | Hamburg |

| Unter-scheidungs-signale | Namen der Schiffe | Heimathafen der Schiffe | Unter-scheidungs-signale | Namen der Schiffe | Heimathafen der Schiffe |
|---|---|---|---|---|---|
| DIYX | Wotan ........ | Glückstadt | *DINI* | Zephyros....... | Hamburg |
| DHEG | Woterküken.... | Büsum | *DALY* | Zeus.......... | Bremen |
| *DHLB* | W.Th.Stratmann | Hamburg | *DDTV* | Zeus II........ | Bremen |
| *DEGZ* | Wümme ....... | Bremen | DIXQ | Zita........... | Elmshorn |
| *DDSL* | Württemberg... | Bremen-Vegesack | *DKLQ* | Zufriedenheit .. | Lübeck-Travemünde |
| *DFNA* | Württemberg... | Cuxhaven | | | |
| *DIEF* | Württemberg... | Hamburg | DIWP | Zukunft ....... | Uetersen |
| *DICS* | Würzburg...... | Düsseldorf | DJKX | Zukunft ....... | Büsum |
| *DGSH* | Wuppertal ..... | Hamburg | *DKGS* | Zukunft ....... | Heikendorf |
| *DFMR* | Wuppertal ..... | Cuxhaven | DKLB | Zukunft ....... | Neustadt/Holst. |
| DDQW | Zaunkönig ..... | Bremen-Vegesack | DCSA | Zwei Gebrüder.. | Warsingsfehn |
| | | | DDJM | Zwei Gebrüder.. | Fedderwardersiel |

FSC
www.fsc.org
MIX
Papier | Fördert gute Waldnutzung
FSC® C083411

Kolibri 360 GmbH
Ferdinand-Jühlke-Straße 7
99095 Erfurt, Deutschland
produktsicherheit@kolibri360.de